(a) 原始图像

(b) 虚拟物体景象

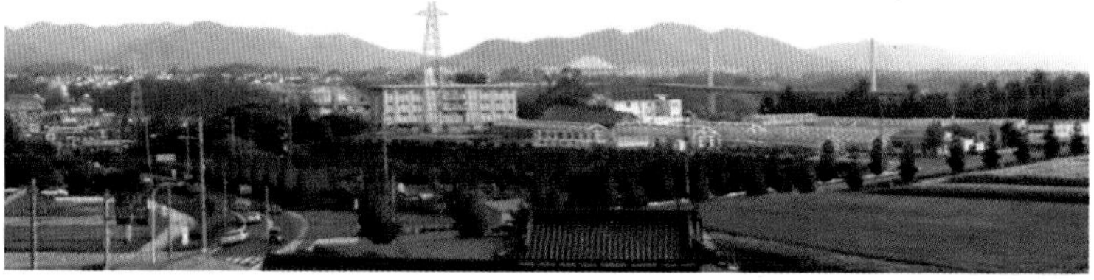

(c) 虚实融合图像

图 1.1　在现实场景中融入虚拟物体

(a) 从三个不同观察者视角拍摄的同一个现实场景

(b) 与拟建桥梁合成以后的虚实融合场景

图 1.2　空间注册的场景保持虚拟物体在现实场景中空间位置的稳定性

(a) 红色轿车直接与背景图合成　(b) 用现实光照环境绘制后再合成　(c) 另一个视角下的合成图像

图 1.4　增强现实的光照一致性

(a) 投影仪产生的乐器界面　(b) 投影仪改变教堂外观

图 1.14　基于实体模型的空间增强现实实例

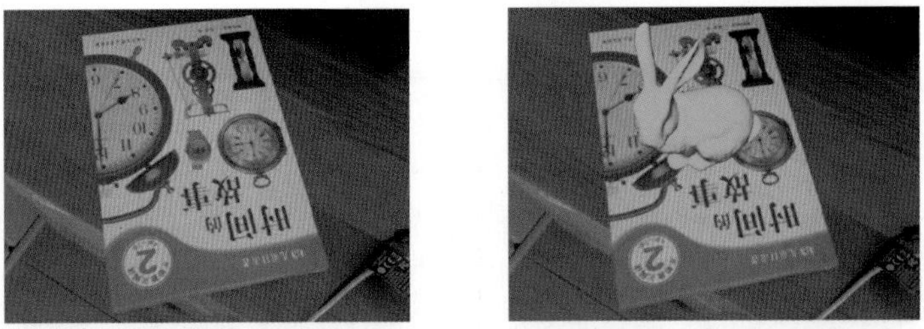

(a) 输入图像　(b) 虚实融合结果

(c) 虚拟物体随视角变化　(d) 虚拟物体随标志物运动

图 5.1　基于自然标志物的增强现实

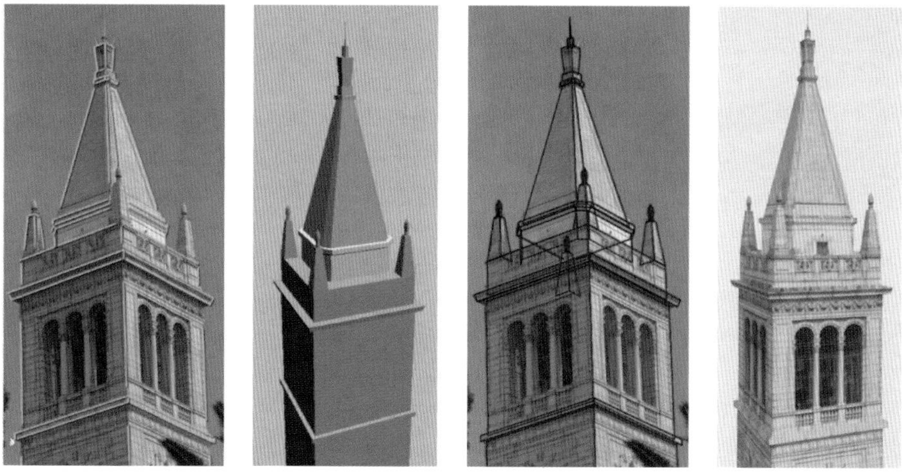

(a) 体元的匹配　　(b) 重建几何模型　　(c) 体元与原始图像　　(d) 重建模型的纹理图像

图 6.9　基于体元的重构

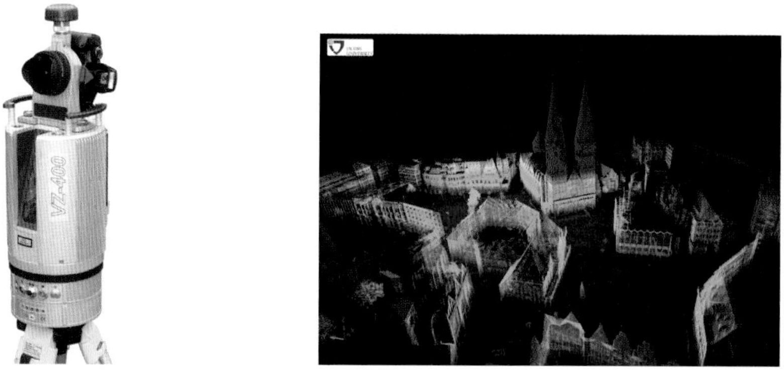

(a) 激光扫描仪　　(b) 激光扫描仪获得的场景点云

图 6.11　激光扫描重构场景

（参考来源见附录 E）

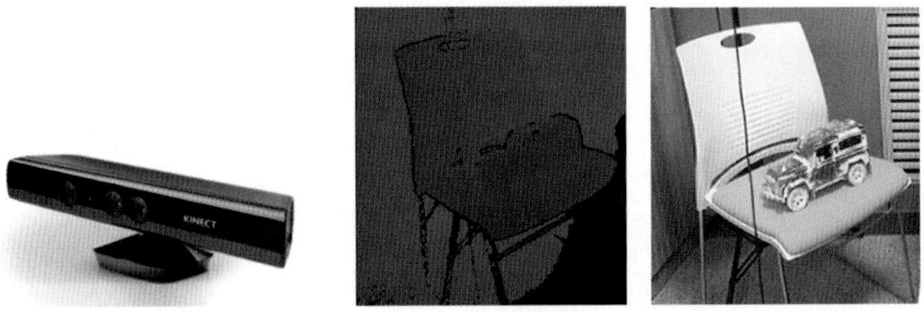

(a) Kinect设备　(b) 深度图像　(c) 彩色图像

图 6.13　Kinect 深度视频采集器

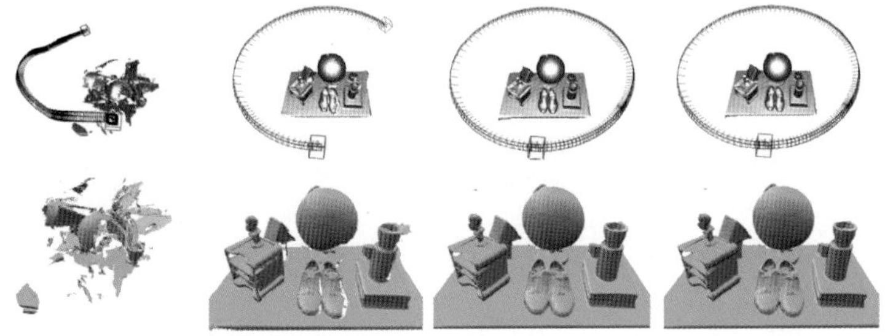

(a) 连续帧跟踪　(b) 未闭合环　(c) 闭环　(d) 多次闭环

图 6.14　KinectFusion 方法的结果图

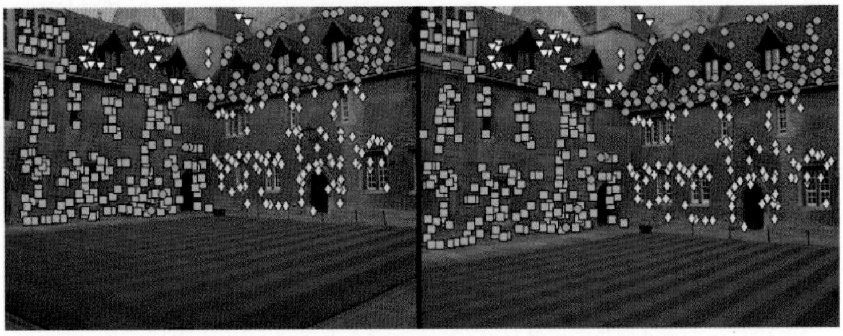

图 6.15　RANSAC 算法的多平面检测结果

(a) 原始图像　　(b) 忽略遮挡的虚实融合结果　　(c) 考虑遮挡的虚实融合结果

图 7.1　虚实融合遮挡处理示意

(a) 原始图像　　(b) 忽略在地面投射阴影　　(c) 在地面投射阴影

图 7.2　忽略与考虑在地面投射阴影的虚实融合结果

(a) 漫反射　　(b) 陶瓷质感　　(c) 金属质感

图 7.8　Cook-Torrance 模型的绘制效果

(参考来源见附录 E)

(a) 关闭实时光线跟踪的绘制结果　　(b) 开启实时光线跟踪的绘制结果

图 7.15　使用 NVIDIA RTX 系列显卡进行实时光线跟踪的绘制结果

（参考来源见附录 E）

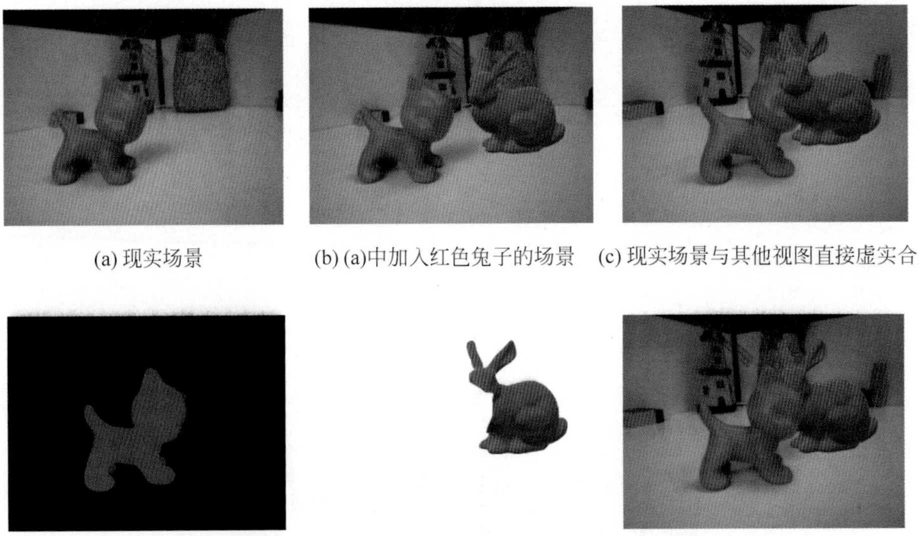

(a) 现实场景　　(b) (a)中加入红色兔子的场景　　(c) 现实场景与其他视图直接虚实合成

(d) (c)中猫的深度图　　(e) 去掉兔子被遮挡的部分　　(f) 用(e)与原图像合成

图 7.18　采用深度视频图像生成的遮挡关系

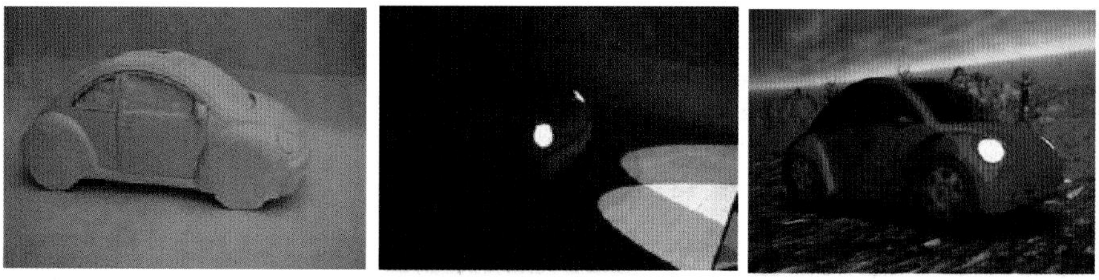

(a) 白色的3D实体模型　　(b) 增强现实效果一　　(c) 增强现实效果二

图 7.22　基于 3D 模型的空间增强现实

图 8.5　用来进行光照求解的采样点示意图

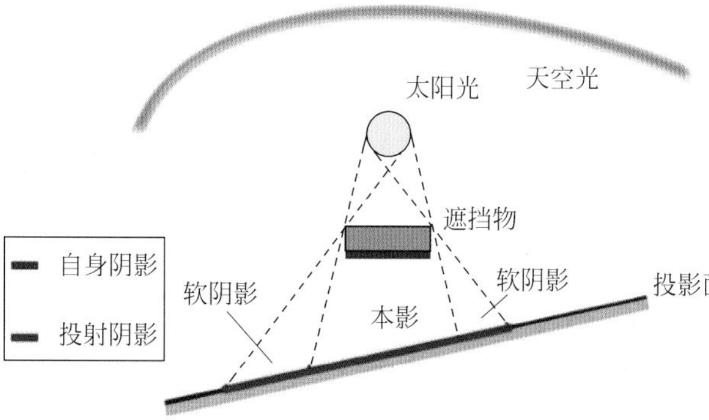

图 9.1　阴影生成原理

(a) 虚拟轿车　　(b) 虚拟小鸭　　(c) 虚拟救生圈

图 9.7　虚实阴影交互效果，右上角为原图

(a) 直接合成的结果　　(b) 一致化处理后的结果

图 10.3　图像合成的一致化处理

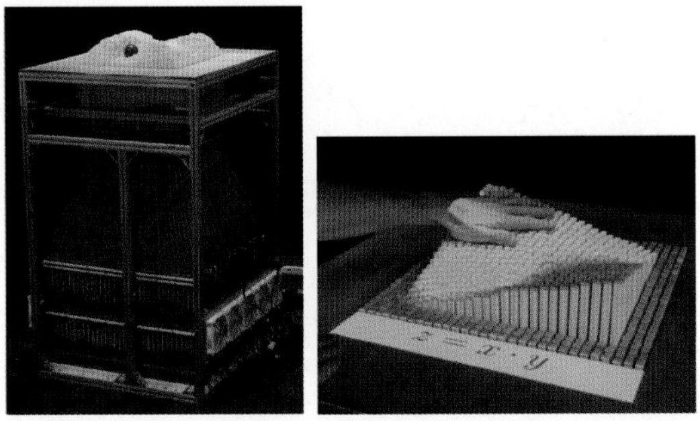

(a) 实体交互设备　　(b) 叠加了增强现实的实例

图 11.10　实体用户界面

• 高等学校虚拟现实技术系列教材 •

增强现实

算法基础

秦学英 刘艳丽 钟 凡 邢冠宇 编著

清華大学出版社
北京

内容简介

本书是一本讲述增强现实基本原理和算法的教材。全书共分为11章。首先介绍增强现实基本模型和原理、空间变换与相机模型。然后介绍增强现实所必需的空间注册与跟踪算法，包括基于平面标志的方法、基于3D点跟踪的方法、视频序列跟踪及有限重建方法等。在此基础上，讲解了增强现实中的虚实融合技术和空间增强现实技术，包括虚拟物体的绘制、虚实物体间的遮挡处理、光照环境的恢复、阴影的生成及图像融合。最后简单介绍增强现实环境中的人机交互技术。

本书的特点是：针对增强现实中主要原型的基础算法进行介绍，重视基本原理和基本算法的陈述。为了便于复习和提高应变能力，各章都附有习题，并在扩展阅读部分提供深入学习相关内容的文献和发展方向。全书力求简单易懂，基础全面，便于自学。

本书可作为高等院校相关专业高年级本科生的教材，也可作为从事增强现实领域技术开发的广大科技工作者自学的入门书籍。

图书在版编目(CIP)数据

增强现实算法基础/秦学英等编著. —北京：清华大学出版社，2023.3
高等学校虚拟现实技术系列教材
ISBN 978-7-302-62633-6

Ⅰ. ①增… Ⅱ. ①秦… Ⅲ. ①算法理论－高等学校－教材 Ⅳ. ①O141.3

中国国家版本馆CIP数据核字(2023)第019701号

责任编辑：安 妮
封面设计：刘 键
责任校对：韩天竹
责任印制：朱雨萌

出版发行：清华大学出版社
网 址：http://www.tup.com.cn，http://www.wqbook.com
地 址：北京清华大学学研大厦A座　**邮 编**：100084
社 总 机：010-83470000　**邮 购**：010-62786544
投稿与读者服务：010-62776969，c-service@tup.tsinghua.edu.cn
质量反馈：010-62772015，zhiliang@tup.tsinghua.edu.cn
课件下载：http://www.tup.com.cn，010-83470236
印 装 者：三河市科茂嘉荣印务有限公司
经 销：全国新华书店
开 本：185mm×260mm　**印 张**：13.75　**插 页**：4　**字 数**：347千字
版 次：2023年5月第1版　**印 次**：2023年5月第1次印刷
印 数：1～1500
定 价：59.00元

产品编号：096549-01

前言

PREFACE

设想一下，当高铁线路选址人员进行实地考察时，面对幽深的峡谷，如果原建设方案中设计的大桥腾空而起，呈现在设计人员眼前，而且可在现场从不同的视角进行观察，必然能够更好地论证原选址方案的合理性。同样地，当游客来到一个文化遗址观赏古代遗留下来的壁画时，面对岩壁上褪色、缺损和脱落的壁画，不免心生遗憾。这时若采用某种显示模式，使呈现在游客眼前的壁画恢复原作的风貌，甚至使壁画中的人物鲜活地动起来，则可使游客眼前一亮，大大增强他们的文化体验感。上面介绍的场面正是增强现实的典型应用场景。通过运用增强现实技术，可以使车展中心无须耗费大量的精力去调集、陈列各种不同的豪车，随着销售员绘声绘色的讲解，一辆辆展车会实时地呈现在观众的眼前，其光影效果跟真实的展品一模一样，观众可以看到展车周围的现场实景，大大提升了展示效果的真实性。在不远的将来，增强现实技术还能让远程的朋友瞬间出现在眼前，相聚在同一间办公室，愉快地交谈和讨论问题。

以上应用场景通过将虚拟景物无缝地嵌入现实场景中，大大增强了虚拟景物存在的真实感，扩展了人们对现实场景的体验和认知。这种真实感体现在虚拟景物与现实场景的空间一致性、光照一致性和交互一致性。由于计算机与现实世界存在的巨大鸿沟，这种一致性需要通过复杂计算和设备的支持方可实现。

尽管国内外对增强现实技术的研究如火如荼，但迄今为止，增强现实技术的教科书并不多见。为此，我们编写了本书，作为高年级本科生、研究生，以及一般从事科研和开发的工程人员所使用的入门教材。

增强现实技术中所涉及的基本理论和算法涉及空间注册、相机定标理论及满足精度、速度和稳定性的实用算法。作为一本面向工程应用的书籍，我们不准备向读者介绍其中艰深的定标、跟踪、重建等理论，而仅对基本模型及计算策略进行比较详细的叙述，以便读者可以把握技术的现状，并将这些技术应用到与增强现实相关的工作中。此外，本书将从基础内容开始讲述相关算法，以免读者反复查阅参考文献。增强现实中的呈现设备也非常重要，但是涉及光学、电子、机械等多个学科的内容，因此不作为本书的主要内容。

本书汇聚了增强现实前沿的、核心的基础算法。全书共分为 11 章。第 1 章概述增强现实技术的全貌，介绍增强现实的基本概念、简史、呈现模式、应用领域及与虚拟现实的关系。第 2 章介绍空间几何的表示及其变换关系、相机的几何模型及如何通过单幅图像来恢复相机的内、外部参数。第 3 章讲述通过平面标志实现空间注册的增强现实方法，并介绍主要的实验工具，读者借此即可实现简单的增强现实算法。第 4 章讲述增强现实中如何通过空间点定位来实现空间注册与定位，并简要介绍常用的传感器技术及系统。第 5 章介绍图像中的特征检测、匹配的基础理论和方法，为基于视觉的空间注册技术奠定基础。第 6 章主要讲述基于视频序列的静态场景定标理论和方法，介绍相机的多视角几何模型及静态场景的有限重构技术，通过立体视觉、多视点几何及深度图等，重构现实场景中与虚拟物体发生关系的部分。第 7 章讲述虚实环境融合一致性的基本概念与特点，简要介绍真实感绘制技术、基于空间注册的遮挡处理及空间增强现实技术。第 8 章讨论真实场景光照重建的基本方法。第 9 章讲述虚实场景间的光影交互和融合，特别是虚实场景间阴影、镜面映射交互效果的模拟方法。第 10 章介绍增强现实中常用的图像融合方法，以获得画面视觉的良好效果。第 11 章简要介绍增强现实环境中的交互技术，讲述用户与虚拟物体的交互手段，以及虚拟物体与现实场景的交互方法。在每章的后面，概要地列出了相关主题在近年的研究成果，并给出了相关文献。为了让读者加深理解，每章的最后给出了一些习题。

本书可作为 48 课时的教学安排，也可作为 32 或 64 课时的教材。作者制作了相应的教学 PPT，供教师授课时选用。本书采用分工合作的方式编写，第 1、2、4、6、11 章由山东大学软件学院秦学英撰写，第 3、5、10 章由山东大学计算机学院钟凡撰写，第 7～9 章由四川大学计算机学院刘艳丽和邢冠宇撰写。浙江大学 CAD&CG 国家重点实验室彭群生参与了本书的策划和组织，提出了许多重要的建议，并审定了全书的内容。在本书的编写过程中，姜新波、李佳宸参与了本书的插图绘制和文稿整理。

本书由科技部重点研发计划与自然科学基金委资助出版。在本书的编写过程中，得到了同行们的大力支持和指导，在此一并表示衷心感谢！

由于作者水平有限，书中的错误和疏漏在所难免，恳请读者批评指正。

作　者

2023 年 1 月

目录

CONTENTS

第1章 增强现实概述

CHAPTER 1

增强现实是近年来蓬勃发展的新兴技术，是在计算机、光学、电子、机械等多个学科交叉的基础上发展起来的，在算法上与计算机图形学、计算机视觉与图像处理有着密切的关系。增强现实通过直观地呈现虚拟物体嵌入现实场景的景象，可以加深对虚拟物体的体验，延伸人类对现实场景的感知和认知。在工业生产、商业活动以及日常生活等各行各业中，均有望产生显著的影响。增强现实技术的宏大应用前景已初见端倪。

1.1 增强现实的基本概念

视频演示

计算机技术创造了前所未有的技术奇迹。在20世纪60年代计算机图形学刚刚萌芽的时候，在显示器上仅能够呈现简单的图形。但是，这种将计算机模拟的形状以直观的方式呈现在显示器屏幕上的体验激发了人们无穷的想象力。更进一步讲，如果将计算机模拟的景象与现实场景一起呈现，那么将是什么样的情景呢？图1.1(a)呈现了一个地方的现实场景，正在设计改造环境。图1.1(b)将设计的桥梁、铁塔、树木等用计算机模拟出来，再与现实场景融合。图1.1(c)是虚实融合后的效果图，从中可以看到场景中出现了更多的景物，却无须花费巨资建造实物。如果逼真到设计师和住民都感到这是“真实存在”的桥梁和铁塔，那么，从景观评价的角度来讲，不仅可以让设计师对设计方案进行评估，一般的周围居民也可以据此发表感受和见解，进而对设计方案做出进一步采纳与否的决定。当然，这在客观上是一种“欺骗”感官的手段，但是，在产品营销、军事演习、景观评价、教育、游戏仿真、娱乐等只需要满足感官需求的应用来说，具有重要的应用价值。这是增强现实技术的初衷，目前已成为人类技术的重要发明。

增强现实(augmented reality，AR)是将计算机构建的虚拟物体与现实场景叠加在一起，使人类的感官产生虚拟物体与现实场景一体化共存的知觉体验技术。其中的虚拟物体，既可以是计算机模拟的3D物体、人和真实环境，也可以是文字、数字、数据等抽象信息，但都必须以可见、可听或者可触摸等形式来呈现，观察者将感知到虚拟物体在现实场景中的存在性，包括对其进行观察、触摸以及交互的体验。理论上，如果这种存在感完美符合人类所有的知觉体验，包括视觉、听觉、触觉、嗅觉、味觉等，那么，人类单凭自己的感官将无法分辨虚拟物体是否真实存在。从这个意义上来说，通过增强现实环境，人类的感官知觉能自然地延伸到计算机世界。这将极大地提高人类认识世界、改造世界的能力。

(a) 原始图像

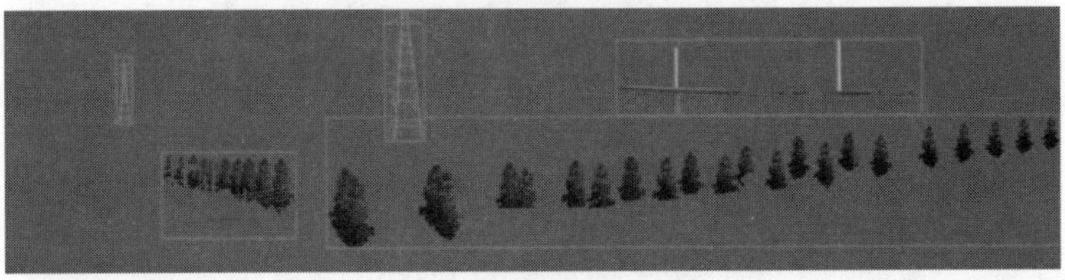

(b) 虚拟物体景象

(c) 虚实融合图像

图 1.1　在现实场景中融入虚拟物体(见彩插)

视频演示

增强现实环境应具备如下 3 个特性,即虚实共存、3D 注册和实时交互,称为增强现实三要素。这里所讲的虚实共存是指将虚拟景物融入真实场景从而使虚实物体共存同一空间;3D 注册(3D registration)指确定虚拟物体在现实场景中的空间关系,包括位置、姿态、尺度等,并且让观察者从不同角度都稳定地感受到这种关系;实时交互是在 3D 注册的前提下,用户与虚拟物体之间以及虚拟物体与现实场景之间发生的信息交流和反馈。在这 3 个要素中,其困难在于如何使得观察者感受到虚实共享统一空间。虚实场景之间实现实时 3D 注册,并能够自然交互,是观察者感受到虚拟物体在现实场景中存在的重要属性。本质上,3D 注册就是确定相对位置与姿态的过程。下文中,简称位置与姿态为位姿。

在增强现实中,使用户感知到虚拟与现实一体化的效果也称为虚实融合。然而,模拟所有的感官体验仍然是非常困难的,如逼真的嗅觉、触觉等感官体验。由于视觉是人类最为重要的感知通道,因此,增强现实首先以满足人类视觉上的虚实融合体验为目标,并在营造这种视觉体验的技术上取得了巨大进展。在视觉以外的知觉形式上,听觉上的增强现实音效也较为成功,如虚拟乒乓球落在现实地面上反弹的声音。但是,在触觉、味觉、嗅觉等感知器官的模拟方面,尽管人们经历了长期的努力,进展仍然有限,与视觉上的成功相比,显得微不足道。因此,本书主要关注视觉方面的算法介绍。

增强现实并非物理地制造了虚拟物体的实体,而是刺激了人类的感官,“感觉”到虚拟物体存在于现实环境中。因此,增强现实重要的是要以观察者为主体,让他感受到虚实融合的景象,形成感知上的个性化体验,且这种体验必须符合现实世界的认知属性。

如上所述,在增强现实中,必须使虚拟物体与现实场景空间保持一种恒定的关系,称为空间一致性。空间一致性表现为,一个静止的虚拟物体在现实场景中的位置、姿态、大小尺度等不因视点的变化而变化。也就是说,在一个多人共享的增强现实环境中,每一个观察者看到的虚拟物体与现实场景的 3D 空间关系是恒定且一致的。因此,需要基于虚拟物体与现实场景的空间关系定义,将虚拟物体与现实场景进行 3D 注册。3D 注册即确定另一空间中的物体在当前空间中如何表示,它本质上是不同空间之间关系的体现,因此也称为空间注册。

如图 1.2(a)所示,场景中拟设计建造一座大桥,为了评估桥梁的设计方案,需要制作大桥建成后的景观。对于一个观察者(如拍照的相机)来说,可根据其视点位置、视线方向与朝向定义一个坐标系,该坐标系称为观察者坐标系,所对应的空间称为观察者空间。增强现实技术的关键是通过传感器或现实场景画面,确定观察者空间与现实场景的变换关系。这样,对于不同的观察者来说,虽然虚拟桥梁的外观也随之变化,但是虚拟桥梁与现实场景保持了稳定的空间关系,其观察到的景象如图 1.2(b)所示。

(a) 从三个不同观察者视角拍摄的同一个现实场景

(b) 与拟建桥梁合成以后的虚实融合场景

图 1.2 空间注册的场景保持虚拟物体在现实场景中空间位置的稳定性(见彩插)

要实现这样的目标,通常涉及多个空间之间的映射关系。如图 1.3 所示,在虚拟物体与现实场景空间注册的基础上,通过观察者头部配置的传感器,来确定观察者与现实场景不断变化的空间注册关系,从而计算出观察者与虚拟物体之间的空间注册关系。这些空间之间变换关系的精密、快速及鲁棒的估计是增强现实保持虚实空间在视觉上一致性的基本保证。

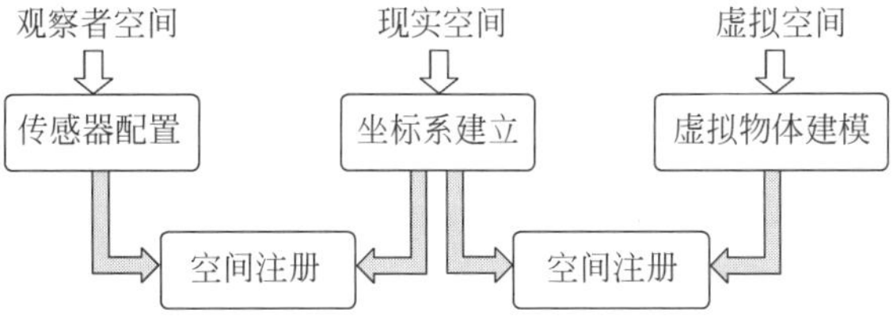

图 1.3 增强现实的空间注册

当虚拟物体嵌入现实场景中时，其外观的光照效果会直接影响虚实融合的逼真度。如图 1.4(a)所示，如果虚拟轿车采用局部光照模型绘制，那么，地面上将没有任何阴影，即便满足了空间一致性，效果也非常虚假。这对于评测设计方案来说是远远不够的。不仅如此，由于假设虚拟物体处于真实环境中，所以，虚拟物体必须与现实场景共享光照环境，包括光源、阴影投射、相互反射等。这种虚拟物体与现实场景在光照上的协同性和交互作用，称为光照一致性。要使虚拟物体的嵌入是融洽的，就必须模拟这种一致性。从图 1.4(b)和图 1.4(c)中可以看到，采用现场的光照环境对轿车进行高度真实的绘制以后，并附着逼真的阴影，再合成到图像中去，则融合后的效果非常逼真，如同真实存在一样。

(a) 红色轿车直接与背景图合成

(b) 用现实光照环境绘制后再合成

(c) 另一个视角下的合成图像

图 1.4　增强现实的光照一致性(见彩插)

增强现实的交互性既指虚实物体间的相互作用，也涵盖了用户与虚拟对象之间的信息交流，如图 1.5 所示。当然，这里不涵盖用户与现实场景间的交互，因为这是自然发生的。在现实世界中，物体之间、人与物体之间随时随地都可能发生相互作用和反馈。虚拟物体对交互作用的响应一般需要符合客观规律，接受现实环境的约束，并满足在线实时的要求，这称为交互一致性。交互一致性主要分为符合基本物理规律和符合社会与心理规范两类。例如，一个虚拟皮球被拍打后会加速运动，如果碰到地面会按照运动规律反弹；一辆虚拟轿车在路面行驶时，遇到红灯不能通行；虚拟行人遇到障碍或者其他行人有不同的避让方式等。

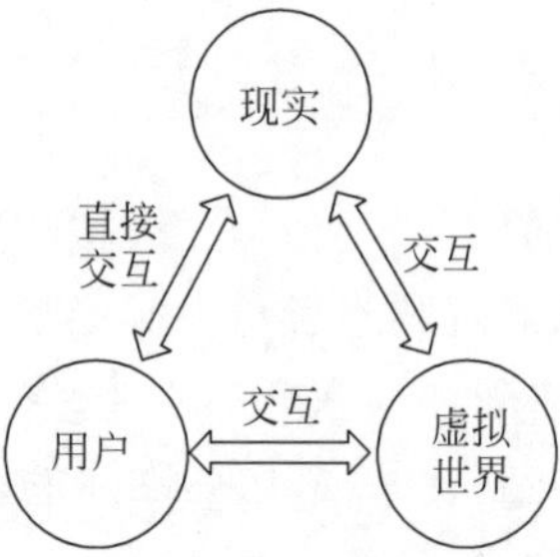

图 1.5　增强现实环境的三元素及相互关系

增强现实要想使人类视觉感官产生如同真实存在一般的体验，就必须使得虚拟物体与现实场景保持空间一致性、光照一致性和交互一致性。空间一致性保证虚拟物体在空间关系中与现实场景保持一致；光照一致性则保证虚拟物体在外观上与现实环境相协调；交互一致性确保虚拟物体在物理和语义两个层面符合人的认知。增强现实中的 3 个一致性保证了虚实融合的可靠性和可信性，是增强现实技术的重要支柱。为了在视觉上实现这 3 个一致性，还需要专业设备为观察者呈现增强现实景象，形成对视觉感官的物理刺激。

当观察者不断移动的时候，嵌入现实场景中的虚拟物体即便静止不动，其外观也必须随之呈现相应的变化。因此，增强现实需要特殊的显示呈现设备。为了获得最佳的感知一致性，理想的状态是为每一位观察者配备一个专用设备并固定佩戴。观察者既能看见现实的场景，又能观察到嵌入现实场景中的虚拟对象。典型的设备是头盔显示器，在观察者的眼睛前方设置显示器并固定佩戴在观察者的头部，呈现其应该观察到的光线束。但是，头盔显示器在佩戴的时候并不方便。事实上，在增强现实的发展历史中，发展了多种多样的呈现设备，以适应增强现实在各种环境中的应用。

图 1.6 给出了增强现实系统的主要构成，一般分为传感器数据采集、空间注册、交互反馈、虚实融合、呈现等环节。首先，传感器根据获得的各种数据来估计空间注册参数，识别交互意图并据此驱动反馈响应参数，由此获得观察虚拟物体的视点、视向等参数并绘制其图像。然后，将虚拟影像进行处理并与背景融合。最后，输出到呈现设备并显示最终结果。在这个闭环中，各步骤基本上按顺序进行。由于人类的感知系统一直处于工作状态，因此，增强现实必须是一个实时在线的系统。由于中间环节涉及大量的复杂计算，因此，实时性是系统的一个主要指标，通常要求画面的更新频率达到 30 帧/秒以上，需要系统具备强大的计算能力。时间延迟是指现实场景发生的时刻与其相应的虚拟景象呈现的时刻的差异，也是一个非常重要的指标。一般来说，计算总是需要时间的，增强现实系统的时间延迟总是存在的，即使每一个环节都保证实时，系统也常常会有较大的时间延迟。时间延迟不仅会导致虚拟物体与所嵌入的真实场景瞬间脱离，而且会影响人类感官通道的一致性，甚至使用户产生强烈的眩晕感觉。例如，当用户突然偏头从另一个角度观察场景时，系统响应滞后，在观察者空间上经过若干时间后才能显示在画面上，势必造成虚拟物体与现实场景失配。因此，增强现实系统应尽量减少时间延迟。

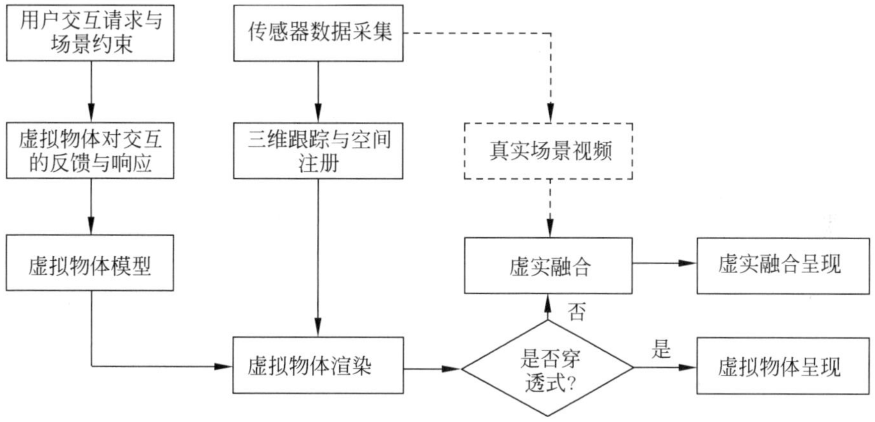

图 1.6 增强现实系统的主要构成

如何评价一个增强现实系统的优劣呢？增强现实系统评价采用用户知觉体验(perception)、性能及交互性(performance/interaction)、协同性(collaboration)3 方面作为依据。由于增强现实的目的是在用户的知觉器官上形成虚实一致性体验，因此，需要考察什么样的知觉线索可以用于区分现实与虚拟。在性能和交互性上，用户如何与叠加在现实场景上的信息交互？如何利用真实世界的物体来与增强现实环境中的虚拟物体进行交互？增强现实的界面如何设计才能提高面对面交互或者远程协同的目的？在评估增强现实系统时，需要在以上方面分别进行用户测试。

增强现实环境的建立，从概念上说，需要符合三要素的要求；从技术上说，要实现在视觉感知层面虚实无缝融合的效果，就需要使虚拟物体与现实场景满足空间、光照、交互的一致性，并且在系统层面具备实时性，甚至强实时性，以及时间延迟很小的要求。为了满足这些要求，增强现实就必须突破硬件设备上的障碍。与此同时，增强现实融合效果的高度精密性需要采用大量的复杂算法，它们涉及计算机图形学、计算机视觉甚至人工智能等领域。增强现实任务的复杂性使得增强现实技术通常是复杂学科交叉后的结果，并对技术构成极大的挑战性。

1.2 增强现实简史

增强现实技术是在多学科交叉的过程中发展起来的，从计算机技术的角度来看，主要涉及硬件设备和软件算法两方面，但算法又常常与硬件的选择关联。回顾增强现实的历史，可以粗略地将其分为 1965—1989 年的幼稚期、1990—1999 年的发展初期、2000—2010 年的活跃期和 2010 年以后的爆发期。目前，增强现实已处于产业化应用的初级阶段。在 50 余年的发展过程中，研发了大量的原型系统、核心技术和算法。

增强现实技术最早发端于 20 世纪 60 年代，计算机图形技术刚刚能够在显示器上呈现非常简单的图形，图形学之父 Ivan Sutherland 就研制了世界上首款增强现实头盔显示器。该显示器非常笨重，无法真正使用，但具备了增强现实头盔显示器的基本功能。佩戴头盔显示器后，在用户的视野中，现实场景通过透射进入人眼，并通过光学折射在视野中呈现出一个立方体的虚像。尽管这一款头盔显示器非常粗陋，但它描绘了一个魔幻的世界，就是如果将图形绘制的影像与现实场景融为一体，就可以产生亦真亦幻的情景。尽管这只是非常初始的想法，但是立即进入美国军方研究机构和国家实验室的研制计划中，而学术界则在一大段时间内都缺乏进一步的发展。

1990 年，波音公司的 Dave Mizell 和 Tom Caudell 共同开发了一个用于辅助工程师布线的增强现实系统，在他们发表的学术论文中，首次使用了增强现实（augmented reality）一词，这一领域的专业命名由此诞生，并沿用至今。从此开始，增强现实引起了学术界和工业界的极大兴趣，经历了非常活跃的研发时期。这一时期的关注点主要集中在显示设备和应用模型、空间注册、交互技术等领域，出现了各种不同种类的原型系统，探索采用不同的模式与技术来构建系统的原理性、基础性技术和方法。这一时期出现的主要系统有 1994 年 R. Azuma 等的跟踪注册系统、1996 年 H. Fuchs 等的医学增强现实系统、1996 年 J. Rekimoto 的 Transvision、1997 年 S. Feiner 等的旅游机器（touring machine）。由于空间一致性是增强现实的基础，因此，空间注册的跟踪技术、显示技术以及交互技术是主要的关注焦点，而光照一致性的关注则相对较少，毕竟如果虚拟物体在场景中毫无规律地抖动，那么，光照效果再逼真也毫无意义。这一时期，在空间注册方法上也有多种多样的探索，主要使用电磁、惯性单元、光标（fiducial）等跟踪器来实现高频率的在线空间注册。尽管视觉传感器的研究非常活跃，但是系统使用却很有限。头盔显示器有了很大的进步，与第一款头盔相比，变得更为轻量、灵活，但是仍然过于沉重，并且显示效果欠佳，常常导致眩晕等现象。显示方式从单一的头盔显示，逐渐发展到更为宽泛的显示方式，包括投影仪、手持设备、视频显示器等。尽管当时的系统还比较粗陋，但在实时交互方面仍然开展了很多有益的探索。

进入 21 世纪以后，增强现实迎来了一个非常活跃的发展时期。有更多的研究机构开展头盔显示器的研究与开发，并广为人知，唤起了大众对于增强现实景象的渴望。这进一步推动了增强现实技术的发展。这一时期的标志性进展是发布于 2000 年的 ARToolKit。由华盛顿大学研制的增强现实平台软件开发包(software development kit,SDK)采用视觉方法对平面标志物进行空间注册。普通程序员不需要了解空间注册的复杂算法,就可以实现增强现实的效果。ARToolKit 的发布使得增强现实技术进入大众视野,后来进行了商业开发,并广泛应用于大型展销会的轿车展示等商业活动。虽然于 2005 年就开始有手机版本的开发包,但直到 2010 年才有 Andriod 平台的开发包。ARToolKit 实现了增强现实环境中平面标志这样动态实物的跟踪与 3D 注册,具有便捷的交互性能。这一时期,增强现实的模型也有极大的发展,如采用投影仪、光学原理等实现的空间增强现实技术。随着配备移动网络的智能手机和 PAD 等手持设备的出现,在这些带有触摸屏的设备上,有望实现增强现实便捷的、随时随地的交互,引发了大众对于增强现实技术的兴趣。随着空间注册技术的逐渐成熟,光照一致性成为增强现实中的重要问题。

2010 年以后,增强现实进入爆发期。硬件设备的更新是增强现实技术走向成熟的标志。早期的增强现实头盔显示器过于沉重,并且需要缆线与计算机连接,空间注册的效果较差,并且非常昂贵。谷歌公司在 2014 年发布过一款移动产品,即谷歌智能眼镜(Google glasses),外观跟一般的眼镜差不多,非常轻便,采用无线网络进行信息交流,并且可以进行语音、手势等智能交互。虽然这款智能眼镜的演示视频非常炫酷,但在商业上并不成功,很快就宣布停产,主要是因为它在计算能力和续航能力上表现欠佳。尽管如此,谷歌眼镜给出了未来增强现实技术的重要模式,以及人类与信息世界交互方式的重要改变。2016 年,微软公司发布了一款智能性的增强现实眼镜 Hololens,较谷歌眼镜更重,体积也更大,但是因为配备了摄像头和深度摄像头,其智能计算的效果更好,视野中的画面清晰明亮,迅速成为增强现实领域的标志性产品,并于 2019 年发布了 Hololens 2。智能手机作为增强现实的重要显示设备,由于其增强现实的观察者是智能手机的相机,与用户的视点并不重合,因此难以提供高度的沉浸感。但是,由于设备的便捷性,智能手机已经成为一种重要的显示设备。在增强现实的软硬件平台均有商业化工具的前提下,增强现实技术迎来了爆发式发展的时期。

在软件平台方面,2017 年苹果公司与谷歌公司两大巨头几乎同时发布了各自的手机版增强现实开发平台及其开发包,即 ARKit 和 ARCore。这两款开发平台不需要设置标志,空间注册非常稳定,具有较强真实感的增强现实效果。由于智能手机是已经普及的设备,因此,增强现实技术首先在手机上取得了商业上的成功。我国在增强现实领域的进展也是突飞猛进。2019 年,商汤科技有限公司发布了增强现实的开发平台 SenseAR,华为、网易、腾讯、百度等顶级公司也有增强现实的开发平台和应用系统发布,一些专业公司如亮风台、上海视辰等迅速成长。可以预期的是我国在增强现实领域将形成国际水平的产业生态。

增强现实作为智能时代的重要产业,其宏大的发展前景已经初见端倪。首先在游戏娱乐、教育及面向群体的产品发布等产业中获得重要应用,这个时期主要采用基于 2D 平面标志进行注册的增强现实技术。随着新一代移动端增强现实技术的成熟,它将在智能制造、机器人训练、辅助驾驶、医疗手术、装配维修、个体性的产品发布等更为广泛的产业领域产生重要影响。由于增强现实技术联结了虚拟和现实,通过移动互联网,也就联结了数字世界和现实世界,因此将成为智能时代的计算平台,成为人工智能的交互界面。

1.3 增强现实的呈现

增强现实的目的是使人类的知觉系统感知到虚拟物体在现实场景中的存在。由于人类的知觉系统是以自我为中心的,视觉系统是以瞳孔为中心的,所以,当瞳孔的位置和朝向发生变化时,所呈现的虚拟场景也应做相应的变化,这给呈现系统带来技术上的巨大困难。下面,按照增强现实的呈现方式对增强现实系统进行分类。

增强现实的视觉呈现有多种方式,主要采用可主动发出光线的设备。发光物体一般有两种:显示器和投影仪。显示器以像素为单位,通过自主发出指定亮度的光线来呈现图像,能够自主呈现清晰的景象,计算机终端、手机等都是这样的显示器。目前,一些立体显示器通过旋转发光体,或者全息显示等策略,自动呈现 3D 景象。这些显示器仍然属于自主发光体。投影仪则是按照图像沿指定方向投射出相应颜色和亮度的光线,通过在幕布或者实物上增加亮度而成像,从而改变原来景物的外观。这里,幕布或实物发出的光线是由投影仪导致的,是被动发光体。

目前,增强现实显示器基本上是这两种显示器,或者二者与光学器件的组合。按照用户与显示器的距离,主要分为 3 类:头戴式设备、手持式设备和空间显示设备。头戴式设备是为用户设计的专门设备,其观察者视野与用户的视野重合。手持式设备的观察者视野通常根据设备上摄像头的拍摄方位来定义,需要用户通过对画面的理解,实现与现实的对应。空间显示设备则一般是较为大型的设备,不需要用户佩戴或手持就可以观察到虚拟景象,但是形成的增强现实效果是受限的。下面分别予以介绍。

1.3.1 头盔显示器

增强现实的头盔显示器是一种头戴式显示器。头盔显示器的优势是它跟随用户的观察方式。为了形成虚拟物体真实存在的光学刺激,头盔显示器一般为用户的双目各配置一个专门的显示器来呈现所需的画面,从而构成所显示物体的立体视觉。显示器的成像原理各不相同。通常情况下,头盔显示器采用高清晰的平面或者曲面来显示画面。增强现实头盔显示器的困难在于,既要为双目呈现位于视线前方的虚拟景象,又不能屏蔽同样位于视线前方的现实场景,要求在呈现虚拟物体的同时,也要让用户能够观察到现实场景。增强现实的头盔显示器按照观察现实场景的方式,分为视频穿透式头盔显示器和光学穿透式头盔显示器。

1. 视频穿透式头盔显示器

视频穿透式头盔显示器是头盔显示器的一种,通过视频来呈现被遮挡的现实场景,这是"视频穿透"的由来。众所周知,直接发光的显示器会形成遮挡,导致人眼看到虚拟物体就无法看到现实场景的困境。由美国北卡罗来纳州立大学教堂山分校的 H. Fuchs 教授团队制作的视频穿透式头盔显示器及其原理分别如图 1.7(a)和图 1.7(b)所示。视频穿透式头盔显示器在其前方配置双目摄像头,首先通过跟踪器实现头盔对现实世界的空间注册,间接确定了在当前视野与虚拟物体之间的坐标变换关系,然后根据此关系绘制虚拟物体的影像,并将其合成到摄像头所拍摄的视频图像上,最后通过头盔显示器呈现虚实融合的画面。视频穿透式头盔显示器的缺点是,现实世界的观察是通过头盔显示器前方的摄像头来完成的,一般摄像头和头盔显示器都有一个缺点,就是视野狭窄;更严重的是头盔前摄像头的位置与眼睛的位置间有差异,导致观察者对近距离物体的感知总是存在空间上的偏差。系统的时间延迟对视频穿透式头盔显示器是有影响的,尽管在呈现的画面上虚实物体与现实场景一致,但是仍然跟用户自身的行为构成了时间差,从而会导致较为严重的视觉感知与身体感知失调的现象。

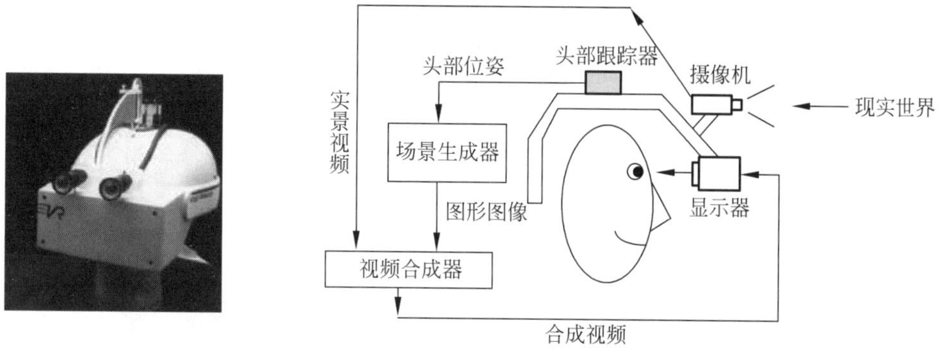

(a) 视频穿透式头盔显示器　　(b) 工作原理示意图

图 1.7　视频穿透式头盔显示器及其工作原理示意图

2. 光学穿透式头盔显示器

光学穿透式头盔显示器也是头盔显示器的一种,在眼睛前方的显示器是具有透射和折射属性的光学透镜,现实场景的光线通过光学器件直接进入人眼,而虚拟物体的景象通过光学器件的反射也进入人眼,在视线前方成虚像,由此构成虚实融合的景象。与视频穿透式头盔显示器一样,头部跟踪器首先实现空间注册的功能,其次通过场景生成器生成虚拟物体的外观图形,然后通过发光器将虚拟物体的影像投射到光学显示器上,最后通过反射进入人眼。这样,用户就能够同时观察到虚拟物体和现实场景,形成虚实融合的画面。光学穿透式头盔显示器的优点是可以直接观察到现实场景,减少了因为佩戴头盔而产生的视野障碍。虽然虚拟物体通过反射方式同样进入人眼,但是,现实场景的光线很难完全屏蔽,因此,现实场景的光线会跟虚拟物体的光线叠加,尤其是当现实场景较为明亮的时候,会严重干扰对虚拟物体的观察。当光学穿透式头盔显示器在系统有时间延迟时,会产生较为严重的空间失配现象,使得虚拟物体变得飘忽不定。光学穿透式头盔显示器的实例及其原理图分别如图 1.8(a)和图 1.8(b)所示。

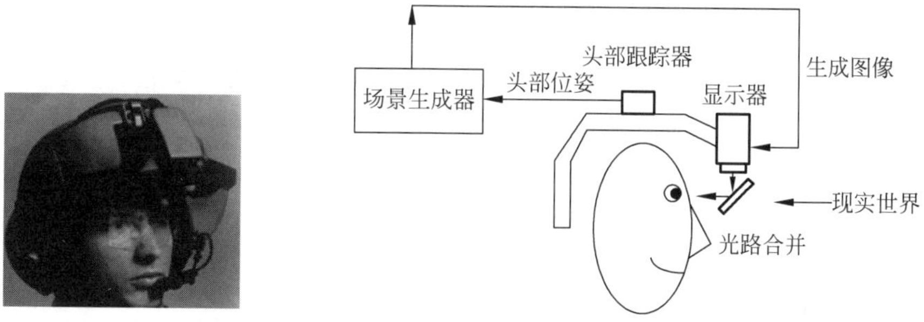

(a) 光学穿透式头盔显示器　　(b) 工作原理示意图

图 1.8　光学穿透式头盔显示器及其工作原理示意图

1.3.2 智能眼镜

智能眼镜也是一种头戴设备，是智能化、轻量化的光学穿透式头盔显示器。头盔显示器的发展表明：光学穿透式头盔是更为理想的增强现实呈现设备，但仍然存在笨重、跟踪器精度不高、虚拟物体的亮度不足等问题。2014 年，谷歌公司率先发布了第一款商业用途的智能眼镜 Google glasses，如图 1.9(a)所示。该眼镜在外观上与普通眼镜的差异不大，但是在原理上与光学穿透式头盔显示器异曲同工，并在其上配置了增强现实呈现、无线网络、语音交互与手势交互等功能。Google glasses 不仅具有增强现实的虚实融合功能，还具有良好的智能性。谷歌眼镜掀起了增强现实技术的一个高潮，使大众了解了增强现实可能对生活方式产生的改变。然而，Google glasses 并未取得商业上的成功，究其原因，主要是在于过于追求轻量和智能性，在电源配置、计算能力、显示亮度等方面能力不足，无法实现良好的增强现实功能。

(a) 谷歌眼镜(Google glasses)
(参考来源见附录E)

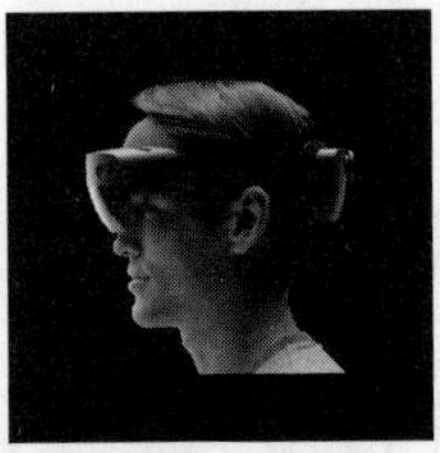

(b) 微软的Hololens 2
(参考来源见附录E)

图 1.9 智能眼镜

2016 年，微软发布的 Hololens 也是一款智能眼镜，配备智能传感器，是头盔显示器轻量化、智能化的升级版。Hololens 眼镜与 Google glasses 相比较，更好地兼顾了重量与计算性能的关系，不仅具有精确的定位功能，还具有智能交互功能，即语音交互和手势交互。Hololens 配备深度视频的采集设备，提高了其智能交互的鲁棒性。由于采用了全息显示技术，因此，虚拟物体在显示器中非常明亮逼真，成为智能眼镜的标杆。这款眼镜体积小、重量轻，计算性能仍然不够强大，并受到视野较为狭窄的制约。2019 年，微软的 Hololens 2 发布，如图 1.9(b)所示。其性能进一步提高，为增强现实技术带来了良好的体验。智能眼镜代表了增强现实头戴式显示设备的发展方向。

1.3.3 屏幕穿透式显示器

平面显示器是非常常见的显示器，如计算机平板电脑和智能手机的显示器等。头盔和眼镜都是穿戴式的设备，尽管能提供虚实高度一致的视觉感受，但头盔显示器往往非常笨重，眼镜虽然轻便，但是跟头盔一样，往往视野狭窄、分辨率低、价格昂贵。由于在很多应用场合并不要求有完美的效果，因此，用户可以随时获得一些定性的结论就行。这样，出现了直接在屏幕上观看的增强现实系统。

1. 屏幕显示器

普通个人计算机的显示屏幕是非常简便的显示器，一般是固定位置的，不会配合视点的运动。如果添加一个可以自由移动的摄像头，将摄像头作为观察者，捕获的实时画面，由计算机进行空间注册，据此生成虚拟物体的影像并与现场画面合成，呈现在显示屏上，这称为屏幕穿透式显示器。虽然这不能直接给予用户与感知系统完全一致的虚实融合的光刺激，但通过观看虚实融合的视频画面，用户可以间接理解虚拟物体与现实场景间的一致性关系，并可通过操作镜头的观察角度来调整视野范围，加深这种理解。通过视频来呈现增强现实的效果，具有简单易行、成本低廉的特点。这样的增强现实系统，只要实时性足够好，时间延迟对观察效果几乎没有影响，且显示器不影响用户的视野，灵活方便。在需要提供虚实物体间关系信息的时候非常适用。图 1.10 是 O. Bimber 等于 2005 年给出的屏幕穿透式增强现实实例，摄像头拍摄了桌面上的一块恐龙脚印化石的影像，再通过增强现实技术叠加上恐龙的脚，并将画面输出到屏幕上，可以看出吻合得很好。

图 1.10　屏幕穿透式显示器的实物

2. 手持式显示器

手持式设备主要指便携式的平板电脑和智能手机两种，一般固定配置了摄像头和无线网络，也具备较强的计算性能。作为增强现实的设备，由于手持式显示器与屏幕显示器的原理差不多，主要区别在于手持设备可以由用户自主操控，且设备运动与增强现实画面直接关联，因此手持设备比计算机屏幕更为便捷直观。图 1.11 是 O. Bimber 等制作的增强现实实例。手持式设备的触摸屏也是良好的交互工具，便于在各种环境中使用。由于智能手机几乎人手一部，非常普及，因此，用户不需要购置专用的设备就可以体验增强现实的应用。这使得增强现实的设备门槛降至最低，成为增强现实最具实用价值的平台。苹果公司和谷歌公司发布的 ARCore 和 ARKit 的增强现实开发包，就是为了抢占增强现实在移动设备领域的开发市场而建立的技术生态。迄今为止，在智能手机上已经有大量的增强现实应用。可以预见的是，随着增强现实技术的发展，大众化的增强现实应用具有很大的发展空间。

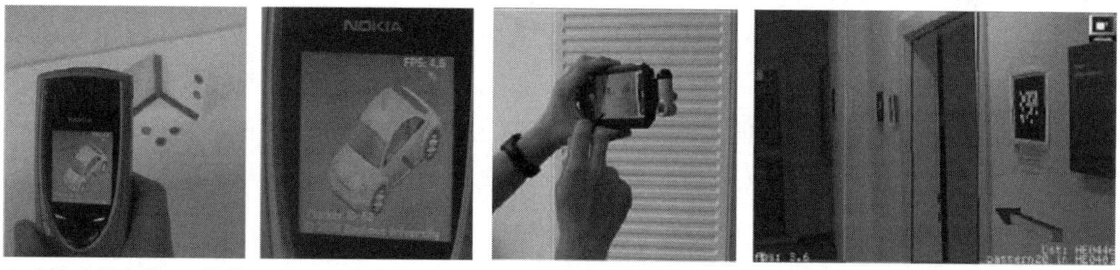

(a) 手持式设备的AR效果　(b) (a)的放大图　(c) 手持设备的AR效果　(d) (c)中看到的AR效果

图 1.11　手持式增强现实的应用场景

1.3.4　空间增强现实

空间增强现实是在现实场景中通过几何造型、发光设备、光学器械等营造可直接裸眼体验的增强现实环境。尽管头盔显示器和智能眼镜具有良好的虚实融合感受，但穿戴式设备本身也会添加烦琐的负担，产生被设定的感受。因此，能否在不需要佩戴任何设备的情况下直接观察到增强现实的虚实融合效果呢？答案是肯定的，空间增强现实就是为此而设计的。空间增强现实的首要困难是如何在裸眼的情况下呈现具有立体感的虚拟物体。尽管裸眼立体显示器不断出现,但其立体效果往往是有限的。不仅如此,立体显示器一般不再透明,这对于增强现实、观察现实场景的需求是非常不利的。这里介绍两种主要的空间增强现实系统的显示原理。

1. 空间增强现实显示盒

图 1.12 给出了 O. Bimber 等制作的空间增强现实显示盒。这个显示盒利用半透明、半反射特性的光学平面材质构成虚实共存的景象。其原理如图 1.12(a)所示:在一个倒置的台型盒子中间放置需要呈现的实物,这个盒子就是一个显示盒,四周用兼具透射和反射材质的薄面制作。在盒子下方放置普通平面显示器,使其呈现虚拟物体的外观,并使其画面通过显示盒的表面反射进入观察者视点。这样,从观察点将看到直接透射过来的实物,以及通过反射进入视野的虚拟景象。图 1.12(b)和图 1.12(c)给出了 2 个实例,在盒中分别呈现了一个胸像和狮子的全身像。当然,由于缺乏对现实物体的遮蔽,使得即使在虚拟物体出现的区域,实物的光线仍然进入视野,在视觉上将产生双影叠加的重影效果,因此,显示盒一般设置在较为黑暗的场所效果更佳。

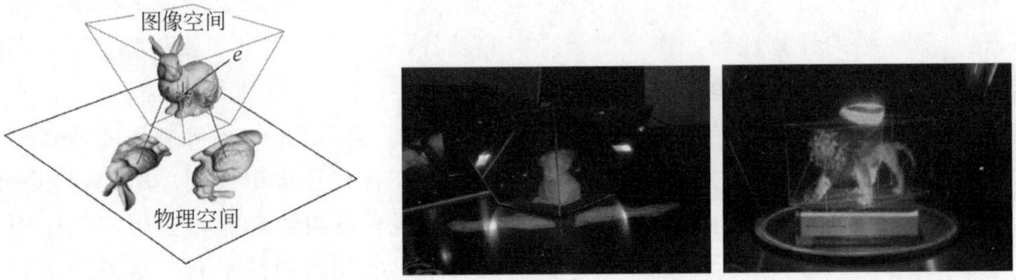

(a) 原理图　　(b) 效果图一　　(c) 效果图二

图 1.12　反射式空间增强现实显示盒

由于这样的显示盒设备并不复杂,而且可以从 4 个侧面分别裸眼观看,因此适合博物馆、科技馆这样的场景。其缺陷是,当视点位置移动的时候,按照光线的反射原理,其虚拟物体的像应该发生相应的变化,但是在缺乏对视点定位的情况下,无法对这样的变化做出响应,因此,只有在正对盒子侧面的角度静态观察,才会显得效果逼真,否则虚实物体会有一定程度的失配。当然,由于注视点在盒子中间,空间位置变化相对较小,这样的失配通常并不明显。空间显示盒这样的设备还有很多变种,以适应不同的场景,尤其是视点相对固定的小场景。

手持式镜面显示器给出了一个类似的效果。图 1.13 是美国匹兹堡大学的 G. Stetten 等制作的一个反射式的增强现实环境,将超声信号实时地叠加在人体上。图 1.13(a)是系统的原理图,病人的病灶位于半透明-半反射面的下方,用户位于镜面上方,可以透过镜面观察到病灶;病灶的超声波信号或其他获取的信号呈现在镜面上方,通过镜面反射进入人眼,其虚像与病灶重合。这样,用户看到的是病灶及对应的检查透式结果的融合画面,从而能更为直观地理解检查信息与病灶之间的关系。由于这样的设备一般在使用时用户的视角是固定的,因此用户不需要佩戴任何设备,就可以观察到良好的虚实融合效果。图 1.13(b)是设备的外观,图 1.13(c)是正式使用时的效果图,可以看见超声数据叠加在手部之上。这样的设备在手术中也非常有用,通过叠加检查的数据指导手术的过程。

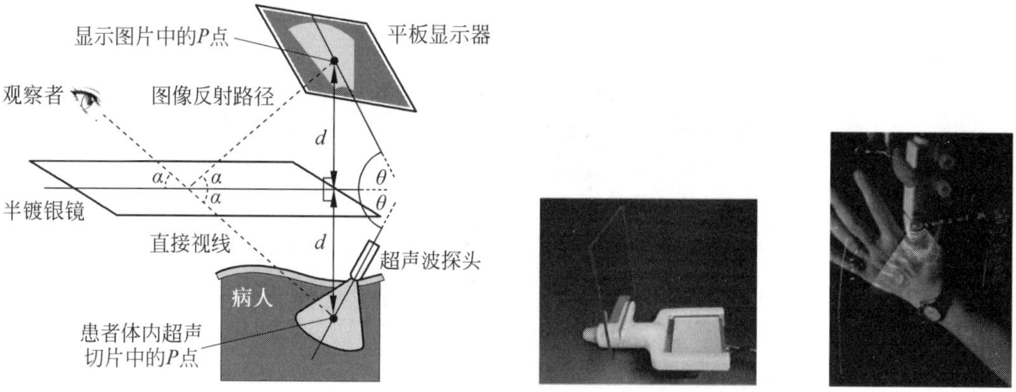

(a) 原理图　　(b) 设备外观　　(c) 使用实况

图 1.13　手持式镜面显示器

2. 基于实体 3D 模型的投影式空间增强现实

空间增强现实由于试图用裸眼观察虚拟物体，因此，当观察点位置发生变化时，如何对虚拟物体外观的变化做出响应成为核心问题。空间增强现实的一个解决思路是为虚拟物体建造实体 3D 模型，采用投影仪来赋予 3D 模型的表面纹理和材质的真实效果。众所周知，漫反射表面的光亮度具有恒定性，即从任意角度和距离观察，其亮度都不会发生变化。也就是说，如果在某个具有漫反射属性的点投射了一定亮度的光线，那么，从任意方位观察到的亮度都是相同的。不过，这难以呈现具有镜面反射属性的材质效果，并且无法使得物体发生几何形变或者运动。通过空间注册，在 3D 实体上采用投影仪投射光线，可达到改变其外观、生成特定视觉效果的目的。例如，图 1.14 是 O. Bimber 等采用投影仪制作的增强现实效果：其中图 1.14(a)可见一个小朋友在敲击桌面上的方块，这些方块对应着一个个音符，当敲击这些方块时，就会听到对应音符的声音，这样桌面也成为乐器了；图 1.14(b)则呈现了用投影仪营造的教堂外观，其实原始的模型是纯白色的。

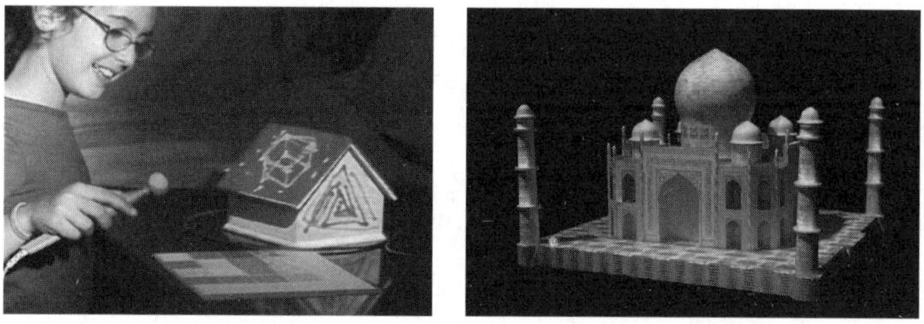

(a) 投影仪产生的乐器界面　　(b) 投影仪改变教堂外观

图 1.14　基于实体模型的空间增强现实实例(见彩插)

通过投影仪-相机的组合，可以在任意现实景物表面呈现特定的效果，这是一种基于实体模型的增强现实系统的变体。相机作为观察视点，通过几何校准建立投影仪的每条光线与观察者视线的对应关系，包括几何关系与亮度关系。基于观察者视野中的影像，计算投影仪需要投射光线的强度。这样，不仅能够矫正观察者位置移动时场景景物几何外观的变化，也能补偿场景亮度带来的干扰。这样的投影仪-相机组合，既可以固定也可以随身携带，甚至有头戴式的,是非常方便的增强现实系统。图 1.15 是 J. P. Rolland 等利用投影仪-相机的组合来实现的增强现实效果。

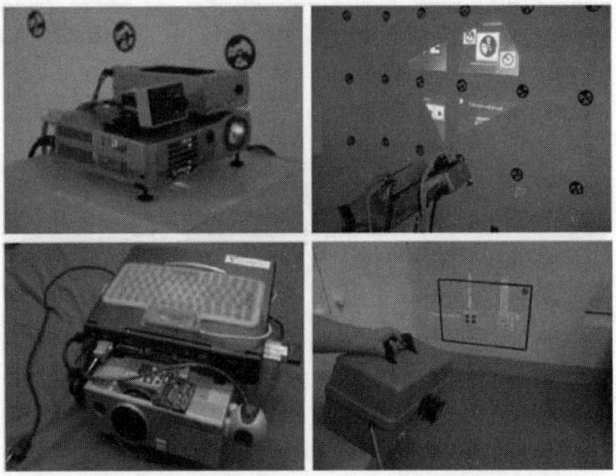

(a) 投影仪设备　　(b) 效果图

图 1.15　利用投影仪-相机的组合实现的增强现实效果

空间增强现实是针对群体的呈现方式,用户无须佩戴任何设备,即可裸眼观看虚实融合的效果。但是,虚拟对象的外观变化依赖于隐藏的显示器或投影仪的光影变化,难以发生形变或运动,交互也非常困难。

1.3.5 遥在

遥在是通过计算机技术和网络技术,将本地对象置身于远程环境中,或者在本地环境中植入远程对象,如同在异地空间现场的体验。也就是说,用户要无障碍地置身于远程环境中,像亲临现场一样与当地用户进行交流,包括动态变化、眼神接触、视点移动等。遥在将位于不同时空的对象,通过网络无缝地融合在一起,是未来的重要通信方式。需要指出的是,视频通话直接将本地和远程的摄像头捕捉到的画面直接通过网络传输给对方,尽管给予了视觉上的信息呈现,但在知觉上,远程对象只是本地显示器上的一幅画面,与遥在有本质的差异。

遥在一般归类为增强现实或虚拟现实技术。尽管遥在涉及的双方均为现实中存在的对象,但是将异地空间的对象融为一体,需要将远程对象通过实时重构,数字化为虚拟对象,再经过高速网络传输至本地,并作为虚拟景象呈现。遥在的一种方式是远程的虚拟对象并不与现实环境融合,本地用户通过虚拟现实的头盔显示器看到远程环境,并与之交互。这样的遥在技术可归为虚拟现实技术。例如,通过操控远程的机器人,实现在远程环境中的遥在技术,浸入远程空间并与其交互。但是,如果在本地实现了远程环境与现实环境的空间注册和融合呈现,则归入增强现实技术。虚拟对象传输至本地后,经过空间注册与本地的现实空间进行实时融合,成为虚实共存的环境。

Holoportation 是微软公司与北卡罗来纳州立大学教堂山分校共同研制的增强现实遥在演示系统。通过多个 Kinect 采集远程人物的动态几何数据,重构以实现人物的虚拟化;通过网络传输到本地,并采用增强现实技术呈现,实现虚实融合。这样,本地用户通过

Hololens 就可以实时观察到远程用户。如果本地有实时重构本地用户的系统，那么同样地，远程的用户也可以实时地观察到本地用户。这样，就在视觉上形成有效的自然交互。随着 5G 时代的来临，重构数据并实时传输的时间延迟问题将不复存在，因此，通过重构-传输-呈现的方式，实现远程与本地之间空间的共享。图 1.16 所示是微软发布的一个演示视频；左侧的穿黑格衬衫的男士其实是在远程环境中，从左上角的子图像中可以看到远程画面；右侧的白色衬衫的男士在本地环境中，而场景中的显示器呈现了人物的实时数字化虚拟模型。两个人远隔任意距离，都可以通过网络的连接，面对面交流。通过这样的遥在系统实现远程手术、远程会议、远程维护、远程装配等任务，是新一代增强现实技术的重要应用。

图 1.16　微软研制的 Holoportation 系统
（参考来源见附录 E）

图 1.17 是美国北卡罗来纳州立大学教堂山分校 H. Fuchs 团队成员 R. Raskar 等提出的未来办公室遥在设想。在未来办公室里，工作人员通过增强现实技术，将身处不同空间的人员置身于本地办公室中，通过空间增强现实技术营造一个空间共享、自由交互的办公室，突破办公室的空间限制，实现办公空间的无障碍随意组合。当然要达到未来办公室描述的理想境界，目前的技术手段尚有距离，但是从技术上说是完全可能的。

(a) 现实场景　　(b) 系统启动后的效果图

图 1.17　未来办公室的概念模型

增强现实的模式有很多，人们设想了大量的增强现实技术的应用模式，这些模式在走向应用的过程中，逐渐发展或被淘汰。增强现实本质上改变了人机交互的范式，将人类与机器之间的交互通道改为自然的人机交互方式。因此，很多人将增强现实技术看作人机交互技术的一种。由于增强现实需要对现实场景进行感知，而这种感知能力是人工智能的特征，因此，增强现实技术也属于人工智能的延伸。

1.4 增强现实应用

增强现实在研发初期，就是应用目的很明确的技术，尤其是由工业界主导的研发项目。经过多年的发展，增强现实逐渐从专业的应用发展到大规模的、大众参与的技术，在商业应用领域取得了初步的成功。由于增强现实技术与现实场景密切联系，因此，增强现实将会广泛应用于娱乐、游戏、教育、工业、医疗等领域，未来将会进一步渗透至各行各业，具有广阔的应用前景。下面给出有良好应用前景的领域，并进行简略的阐述。

1.4.1 教育与培训

教育与培训的大部分内容其实都是通过人类的知觉系统进入大脑来理解和认知的。基于增强现实技术的教育可扩展书本、课堂和实验室的学习环境，使学习内容以更为生动直观的方式进入学习者的知觉系统，从而加深对所学知识的理解。例如，在边远地区的学校可能会缺乏观察生物细胞结构的高分辨率显微镜，如果采用增强现实技术，则学生可操作一台模拟的显微镜，显微镜上所有的调节旋钮与真实显微镜相同，其目镜中应观察到的画面则通过虚拟方式呈现，如此既可以培养学生的实验操作能力，又能观察到科学的结果。

同样的思路也体现在人员培训中。有些知觉系统的训练需要极高的代价，如航天员飞行训练。因为飞船等航天器材是非常昂贵的，飞行器升空成本很高，因此需要进行地面飞行训练。图 1.18(a)是美国北卡罗来纳州立大学教堂山分校 R. Azuma 等给出的 AR 辅助飞行器着陆训练的 AR 示意图，通过增强现实呈现飞行器的着陆姿态，帮助宇航员调整飞行器姿态。图 1.18(b)是应用于教育的示例，小朋友在桌面上用玩具字符拼写了英文 car，则系统在桌面右上方给出一个轿车的图案。

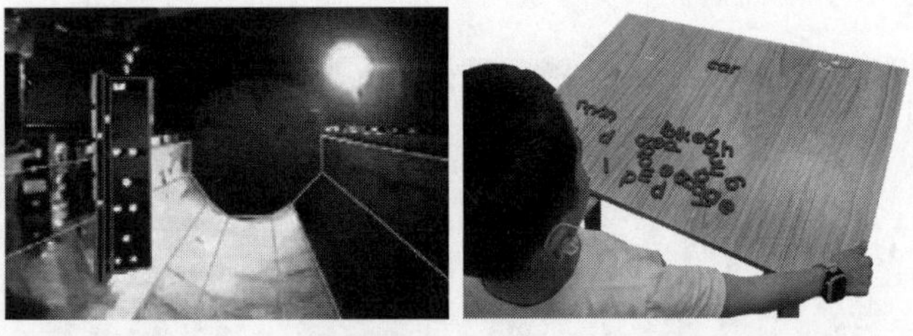

(a) AR辅助飞行器着陆训练　　(b) 教育

图 1.18　飞行器着陆训练及用于教育的增强现实

增强现实也应用于延展书籍的内容。尽管教科书等书籍、教具已经比较丰富，但是这些技术都不会比增强现实呈现的效果更为逼真和直接，更为符合人类天然的认知方式。图 1.19 是一个增强现实用于书籍的实例：当读者用手机对准狮子的页面时，就会呈现狮子的动画，并在书页和书桌上走来走去。

增强现实技术在教育行业的应用还有很大的空间，所有需要直观呈现的知识点，利用增

图 1.19 用于书籍的增强现实

(参考来源见附录 E)

强现实都可以帮助理解和记忆。由于增强现实还能够产生正确的互动,因此是最合适的教具。当然,要全面展开增强现实教学,尚待技术的进步。

1.4.2 医疗

增强现实在医疗行业有广阔的应用前景。医疗应用曾经是增强现实技术发展的重要动力。目前,身体检测的手段很多,人体健康的检测和维护通常需要身体的内部结构信息,关于身体的这些检测信息可以通过不同的技术手段来实现,如 CT、MRI、超声波等,这些获取的信息还可以进一步处理、重构和融合。但是,当医生在实施手术时,医生常常需要凭脑力将这些信息与病灶的实际部位对应,这样的操作相当不容易,精度也受到很大的影响。通过增强现实技术,将内部信息与病人的当前体位注册,将病灶信息以 3D 的形式直接呈现在医生的视线中,叠加在手术现场的内容上,医生因此获得了透视病人身体的超能力,从而大幅提高手术精准性。增强现实可以发挥作用的另一个领域是医生训练和康复训练,通过提供虚拟的解剖信息,帮助医学院的学生快速掌握医疗知识。图 1.20 是 O. Bimber 等于 2005 年给出的增强现实在医疗行业的应用实例。

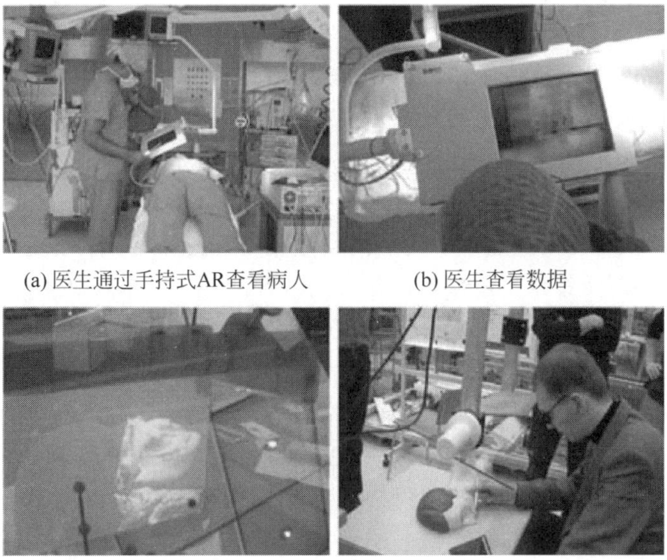

(a) 医生通过手持式AR查看病人　(b) 医生查看数据

(c) 原理图　(d) 效果图

图 1.20 增强现实在医疗行业的应用

医疗技术的另一个应用是机器人手术和远程诊疗。一旦建立了空间注册关系,机器人手术就可以顺利实施。在遥在技术充分发展的阶段,远程诊疗也必然成为可行的诊疗手段。从应用的角度来看,医疗行业是增强现实技术的重要应用领域,有充分的发展空间和需求。

1.4.3 军事

增强现实技术在军事上有非常重要的用途,除了能在军事训练方面提高效率,在信息的呈现中也展现出巨大的威力。在夜间行动中，通过导航系统获得本人的位置信息后，可在头盔显示器上叠加预存的周围地形信息，有效提升行动人员的判断能力。在真实的战场上，局势瞬息万变，谁有能力掌控从不同渠道获取的现场信息，有最快的反应速度，谁就赢得了时间并能够掌控局面。增强现实技术有助于全方位地提升军事实力，降低人员伤亡。因此，开发增强现实技术支撑下的军事行为能力，是军事发展的重要方向。图 1.21 为早期用于军事目的的穿透式头盔显示器。

图 1.21　早期用于军事目的的穿透式头盔显示器

（参考来源见附录 E）

1.4.4　智能制造

制造业是社会的重要经济支柱，增强现实可为工业 4.0 的智能制造提供重要的技术支持。在制造业完成信息数字化的改造后，如何利用这些数字信息成为关键。如果能将这些数字化信息与生产活动中的各环节形成直接的对应关系，将大大提高智能操作的精准性。

增强现实技术在智能制造业中引起了高度重视。国际上著名的航空公司，如波音和空客，均开始采用增强现实技术来解决生产环节的各种问题。1.2 节曾经提到，第一个增强现实系统就是波音公司的技术人员研发的，用来辅助技术人员铺设管线。增强现实在航空领域的部件装配、钻孔、维护、质量检测等都有重要应用，不仅可提高机械师的工作效率，更重要的是提高了操作的精度。图 1.22 展示了在空客生产线上的一种“智能增强现实工具(smart augmented reality tools，SART)”，辅助进行超过 6 万个管线定位托架的安装质量管理。操作人员利用 SART 访问飞机 3D 模型，并将操作和安装结果与原始数字设计进行对比，以检查是否有缺失、错误定位或托架损坏。增强现实技术将抽象的数字信息，形象化地呈现在生产线上，因此是智能制造时代的重要工具。

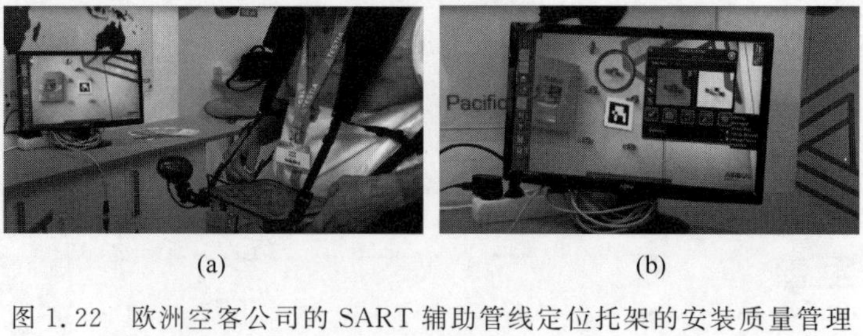

(a)　　(b)

图 1.22　欧洲空客公司的 SART 辅助管线定位托架的安装质量管理

（参考来源见附录 E）

1.4.5 市场营销

市场营销是国民经济中不可或缺的组成部分。随着智能手机的普及和电商平台的成熟，网购成为人们的重要购买方式。但是，网购主要采用照片或视频来呈现产品。然而，这样呈现的可信度不高，特别是家具等产品依赖现实环境，需要在风格和颜色上进行搭配。由于电子商务平台对于产品是否理想、与已有环境是否匹配等因素难以进行客观评价，因此，增强现实成为市场营销最为重要的应用场景之一。利用增强现实技术来展示产品，允许用户试用，可以最大化产品的真实体验。

目前，在家居等行业已经开始使用视频增强现实技术来进行营销。需要在家里添置沙发的人，可以通过 App 看到不同的沙发摆放到指定位置的样子，从而可以直接判断该款沙发是否跟其他家居适配，做出精准的购买决策。图 1.23 给出了采用增强现实技术的家具摆放实例。增强现实技术可呈现产品在现场的使用状态，并通过交互式的、动态的展示，为用户提供直观可信的判断依据。而无论是照片还是直播，都无法提供其在个性化使用场所的环境评价，这种新的产品营销策略将成为营销的重要手段。

图 1.23 Amazon 制作的家具营销的增强现实实例

（参考来源见附录 E）

1.4.6 娱乐游戏

娱乐和游戏是增强现实应用的重要领域。由于数字娱乐和游戏不会造成实体的损失和后果，只会有体验的优劣之分，而且游戏常常兼具培训和教学的功能，因此是增强现实技术最早进入应用阶段的领域。增强现实兼具了现实场景的真实体验和虚拟现实的炫酷感受，在娱乐和游戏中大受欢迎。Pokémon GO 就是曾风靡世界的第一款增强现实游戏，通过在世界各地预设一些精灵，来使玩家可以通过游戏找到这些精灵；如果玩家找到了，小精灵的增强现实影像将呈现在智能手机上。图 1.24 给出了在手机上玩该游戏的 4 个场面。娱乐和游戏的关键部分在于体感交互，随着体感设备的不断发展，微软公司的 Kinect、英特尔公司的 RealSense 等设备兼具视频摄像头和深度摄像头，极大地提高了自然交互的可靠性和鲁棒性。很多必须在专门店中才能玩的游戏，很可能在家庭中就可以玩，并且在自己熟悉的环境中玩。这将改写家庭游戏的娱乐和游戏方式。

(a) (b) (c) (d)

图 1.24　Pokémon GO 的游戏画面
（参考来源见附录 E）

1.4.7　通信

以遥在为主要手段的增强现实技术将是未来通信的主要发展方向。互联网和移动互联网的普及，使得视频画面也可以即时传递。但是，这仍然不是通信的终极目标。通信的终极目标是无论在空间上相距多远，都可以达到与面对面同样体验的无障碍交流，有语音与手势姿态的交流，甚至有眼神等微妙信息的交流。5G 网络的流量速度化解了这种通信方式在带宽上所受的限制，消除了遥在等技术在信息传输上的障碍，促成了遥在成为新型通信技术的典型模式。Holoportation 演示视频所展示的技术正在走向成熟。当然，目前该技术还不是无障碍的，如必须佩戴 Hololens 智能眼镜，而如何取消眼镜的佩戴，达到眼神对视交流的目标，是远程会议的研究目标。当遥在成为一种普及化的通信手段时，将彻底改变人类分处不同空间中的交流模式，它突破了简单的信息传递，为远距离的商业谈判、亲人团聚消除了视觉障碍。图 1.25 给出了远程会议的一个示例，参会者尽管可能远离会场，但也会产生与其他参会者共处一室的体验，人与人之间甚至可以有眼神接触。

图 1.25　远程会议的场景
（参考来源见附录 E）

增强现实技术是一种颠覆性的技术，随着人工智能时代的来临，增强现实起着越来越重要的作用，将深刻地改变人们的生产和生活方式。目前，增强现实应用比较成功的领域尚在娱乐和游戏领域，增强现实技术的强大实力并未完全显现。

1.5　增强现实与虚拟现实

增强现实几乎是与虚拟现实(virtual reality，VR)同步发展起来的，在早期常常被归为虚拟现实的子领域。所谓虚拟现实，即全部由数字信息构成的环境，力图使置身于虚拟环境中的人产生与物理世界相同的知觉体验。虚拟现实的一个应用实例是：数字构造一个机场及驾驶舱的虚拟现实环境，用于训练初学者起飞和降落的操作过程。由于所有的场景都是虚拟的，尽管让飞行员"看"到了相应的视野，但是并不需要实际的飞机在机场起降，既没有任何风险也不需要高昂的花费，就可以达到培训飞机驾驶员的目的。如果所建的虚拟环境与现实存在的特定机场相同，就可以进一步提高飞行员在该机场实际飞行的体验。

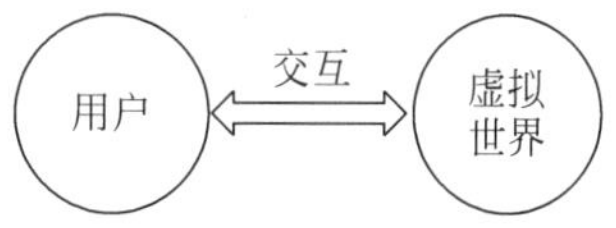

图 1.26　虚拟现实要素

从这个实例中可以看出，虚拟现实采用数字技术营造了一个封闭的、完全虚拟的环境。如图 1.26 所示，由于虚拟现实环境在使用过程中只有用户参与，仅需要处理用户与虚拟环境之间的关系，因此在技术上更为单纯。如果说虚拟现实重在仿真，那么，增强现实则通过将虚拟物体引入现实场景，扩展和延伸用户对现实世界的感知。增强现实环境中的虚拟物体必须与现实的物理世界建立直接的关联，协调共存，因此需要处理好用户-虚拟物体-现实场景三者之间的关系。当然，对用户与虚拟物体间关系和交互的处理，在技术上可以与虚拟现实技术共享。但是，增强现实技术还常常需要处理虚拟物体与现实场景之间的关系，而现实场景通常极端复杂，这成为增强现实技术的严峻挑战。当虚拟物体的前面存在真实物体的时候，需要将虚拟物体进行局部遮蔽；当虚拟物体与物理世界产生碰撞或者交互时，需要将虚拟物体做出恰当的、符合物理规律和认知科学的反应。因此，增强现实技术要求对物理世界进行充分的感知，在此基础上实现虚拟物体的交互模拟和行为决策。由于需要与现实场景建立牢固的联系，因此，在技术的发展过程中它呈现出越来越多的独特性。

虚拟现实头盔虽然仅需要看到虚拟世界，但是与增强现实头盔在结构上有很多相似之处。出于对虚拟信息视觉呈现的需求，为了获得感知上的高度一致性，增强现实与虚拟现实均采用佩戴式的头盔显示器，将其与头部相对固定，并为每一只眼睛配置独立的显示器。由于虚拟物体的外观依赖于视点的位置和观察姿态，因此，头盔显示器需要同步进行实时在线的定位跟踪，以保持空间注册的准确性。与虚拟现实头盔相区别的是，增强现实头盔不仅需要呈现虚拟信息，还需要同时观察到现实场景，这导致其显示器结构的分化。总之，增强现实与虚拟现实头盔既有共性又保持差别。基于增强现实对现实场景观察的需求，引发了对多种多样的混合环境呈现技术的研究。除了头盔显示器外，还开发了大量其他方式的呈现技术。

增强现实与虚拟现实仍然有很多共性的技术，因为二者均包含了虚拟物体，需要模拟虚拟物体或者场景，而且用户都要与虚拟环境进行实时交互。无论是虚拟现实还是增强现实，都需要让用户对虚拟物体产生视觉、听觉、触觉(包括力反馈)、嗅觉，甚至味觉等的逼真感受；对用户的自然交互，虚拟物体的响应则需符合人类的认知习惯。在对虚拟对象的处理中，两者可以共享大量的工具和方法，如数据手套。

1994年，P. Milgram等提出了现实与虚拟的连续统，阐述了增强现实与虚拟现实的区别和联系。如图1.27所示，现实世界和虚拟环境位于两端，在其间有一个连续过渡的区间，既包含现实也包含虚拟。在现实世界中，通过引入虚拟物体，实现对现实场景的增强，是为增强现实；如果在虚拟环境中，出现现实场景的物体或者人物等，实现对虚拟环境的增强，称为增强虚拟(augmented virtuality，AV)；增强现实和增强虚拟合称混合现实(mixed reality，MR)。这里，virtuality是一个生造的词，由virtual与reality合并而成。在增强现实虚实融合的过程中，现实场景中存在的有些景物并不是需要的，因此出现了将现实场景中某些特定物体予以消除的技术，称为消除现实(diminished reality，DR)。这看起来是增强现实的反面，但是消除一个物体其实是在原来的场景中添加了一个新的景象，就是原来的物体消失以后的景象，因此与增强现实技术是同源的，并且需要合理地"无中生有"。这些技术都是与现实密不可分的技术，有一定的共性，因此又常常统称为XR。从更宏观的视角来看，虚拟现实是一种新的人机交互平台，直接通过人类自然的知觉系统，实现人类与计算机之间的交互。增强现实无疑也是这种人机交互平台的发展，不仅建立虚拟与现实之间的交互性，还同时保持与现实世界的紧密联系。

图1.27 增强现实的连续统

扩展阅读

增强现实的发展历史和概貌，早期的文献可以参阅Ronald T. Azuma于1997年发表的综述论文"A Survey of Augmented Reality"，和在2001年与他人合作撰写的综述论文"Recent Advances in Augmented Reality"，这两篇综述论文有广泛的影响力。另外的综述可参考Van Krevelen等于2010年撰写的综述"A Survey of Augmented Reality: Technologies, Applications and Limitations"，以及Julie Carmigniani等于2011年撰写的综述"Augmented reality technologies, systems and applications"。随后，2008年，M. Billinghurst团队的F. Zhou等综述了增强现实领域在国际顶级会议ISMAR上在1998—2008年期间的研究进展，之后又有研究者K. Kim等追随这篇综述，在2018年用同样的风格评述了之后10年的工作。Marc Billinghurst等在2015年发表了综述"A survey of augmented reality"，全面地给出了自首款增强现实头盔诞生以来的技术发展历史，具有很高的参考价值。阅读这些文献可奠定对于增强现实领域的全面认知。增强现实技术的发展，离不开关键技术的突破，空间注册、显示技术、交互技术是增强现实领域的核心技术，其中空间注册包括了跟踪技术和校准技术，在整个研究中占据了重要地位。尤其是空间注册技术(包括跟踪)，是增强现实中涉及大量算法的关键技术。空间增强现实技术则主要在 Oliver Bimber 与 Ramesh Raskar 于 2005 年撰写的 *Spatial Agmented Reality* 一书中进行陈述，后期的发展较少。增强现实的应用模式、增强现实系统评估、移动及穿戴式 AR、可视化、多模态 AR、绘制等，也是领域中的核心问题。增强现实技术在人机交互领域也受到越来越多的重视。增强现实技术仍在快速发展中，并将在可预见的将来，深入人类生活的方方面面。

习题

1. 什么是增强现实技术？增强现实技术有哪 3 个要素？
2. 增强现实的主要模式有哪些？
3. 增强现实与虚拟现实有哪些共性技术？
4. 可以采取什么方式取代增强现实的头盔显示器或者眼镜？
5. 增强现实可以如何应用到人类生产和生活中？

第 2 章 空间变换与相机模型

CHAPTER 2

增强现实中包含现实场景和虚拟物体，增强现实的呈现既涉及真实场景空间、虚拟景物空间，也涉及以观察者为中心的空间以及呈现虚拟物体的显示器。为了确保不同观察者看到的是同一场景，它们之间必须保持空间一致性。本章主要介绍如何为这些空间建立坐标系，如何表达、计算这些空间之间的变换关系，熟悉这些知识的读者可以直接跳过，或者选择阅读其中的某些小节。

2.1 增强现实中的空间

增强现实在构建虚拟物体时已经建立了坐标系，但是现实场景的坐标系通常并不存在，只有建立坐标系，才能得到现实场景的数字表示。

2.1.1 空间坐标系

现实世界是 3D 的。观察现实世界的杯子、桌椅等物体，其形状并不因为观察的角度或者所处的空间位置而发生变化，因此它也称为刚体，所在的空间称为欧氏空间。如图 2.1 所示，建立一个 3D 的正交坐标系，又称为笛卡儿坐标系。

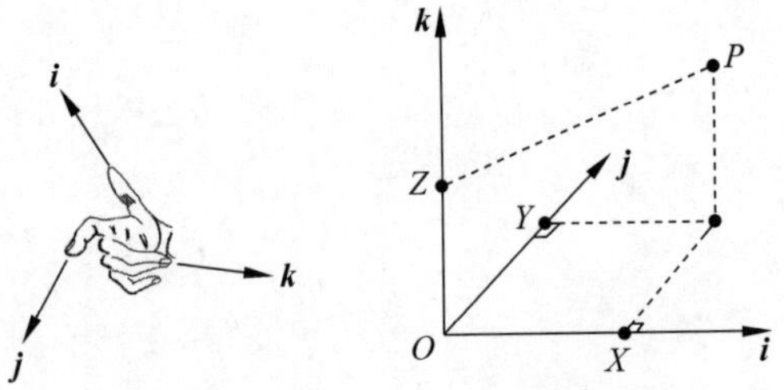

(a) 右手系 (b) 3D坐标表示

图 2.1 笛卡儿 3D 坐标系的建立

一个笛卡儿 3D 坐标系包括原点 O 和 3 个相互垂直的坐标轴 $\boldsymbol{i}$、$\boldsymbol{j}$、$\boldsymbol{k}$，其中 $\boldsymbol{i}$、$\boldsymbol{j}$、$\boldsymbol{k}$ 为单位向量。根据 3 个坐标轴的关系，可以建立左手系和右手系两种坐标系。一般采用右手系。这样，就可以通过点在坐标轴上的投影值，来表达其空间位置。任意点的 3D 空间位置由向量 $\boldsymbol{OP}$ 表示，通过该向量在 3 个坐标轴 $\boldsymbol{i}$、$\boldsymbol{j}$、$\boldsymbol{k}$ 上的投影值 $(X,Y,Z)^{\mathrm{T}}$ 来分别描述，即

$$X=\langle \boldsymbol{OP},\boldsymbol{i}\rangle$$

$$Y=\langle \boldsymbol{OP},\boldsymbol{j}\rangle$$
$$Z=\langle \boldsymbol{OP},\boldsymbol{k}\rangle \tag{2.1}$$

其中，$\langle\cdot,\cdot\rangle$表示两个向量的内积。这样，空间点就可以用坐标值来表达，向量 $\boldsymbol{OP}$ 对应的3D空间点坐标可用 $\boldsymbol{X}\in\mathbb{R}^3$ 表示，为

$$\boldsymbol{X}=\begin{pmatrix}X\\Y\\Z\end{pmatrix} \tag{2.2}$$

本书中均用大写字符表述3D点，并且将坐标轴标注为与坐标值符号相同。为了便于表达线性变换，常常使用齐次坐标来表示空间点，在原坐标向量的基础上增加一个维度，记为$(X,Y,Z,w)^{\mathrm{T}}$，其对应的三维坐标为$(X/w,Y/w,Z/w)^{\mathrm{T}}$，则式(2.2)的齐次坐标应为$(wX,wY,wZ,w)^{\mathrm{T}}$。可见，当 $w=1$ 时，普通坐标和齐次坐标非常相似。

齐次坐标的引入有两个优势：首先，在表述空间变换时有极大的便利性，可以将旋转和平移用一个矩阵表达，用矩阵的连乘就可以表示多个连续的变换；其次，当 $w=0$ 时，齐次坐标有奇异值，表示沿$(X,Y,Z)^{\mathrm{T}}$ 方向上的无穷远点，这在处理几何问题时非常便利。当 $w\neq 0$ 时，其取值对空间坐标表示的影响不大，因此在很多情况下，w 采用常数1来表示。为变量陈述的便利性，之后的章节中，均通过在向量的上方添加符号“～”来表示该向量的齐次坐标，如 $\widetilde{\boldsymbol{X}}$ 就是 $\boldsymbol{X}$ 的齐次坐标。无论是3D的还是2D的齐次坐标，本书都采用函数$\pi(\cdot)$来表示由齐次坐标转换为普通坐标的映射。

2.1.2　空间关系的表示

一旦建立了坐标系，空间中的各种位置关系都可以采用代数方法来表示。例如，点在线上、平面上两条直线交于一点、空间中3个平面交于一点等，均可采用向量或者矩阵运算来表示。特别地，当采用齐次坐标时，点、线、向量、平面方程等数学表达有统一的形式。

一般3D空间的平面表示为线性方程

$$aX+bY+cZ+d=0 \tag{2.3}$$

采用向量表示，有

$$\begin{pmatrix}a & b & c & d\end{pmatrix}\begin{pmatrix}X\\Y\\Z\\1\end{pmatrix}=0 \tag{2.4}$$

记平面$\boldsymbol{\Pi}=(a,b,c,d)^{\mathrm{T}}$，则点 $\boldsymbol{X}$ 在平面$\boldsymbol{\Pi}$ 上，可以表示为两个向量的内积

$$\langle \boldsymbol{\Pi},\widetilde{\boldsymbol{X}}\rangle=\boldsymbol{\Pi}^{\mathrm{T}}\widetilde{\boldsymbol{X}}=0 \tag{2.5}$$

式(2.5)中，$\widetilde{\boldsymbol{X}}$ 表示 $\boldsymbol{X}$ 的齐次坐标。且平面 $\boldsymbol{\Pi}$ 具有法向量 $\boldsymbol{N}=(a,b,c)^{\mathrm{T}}$。由于平面总是采用齐次坐标表示，不添加符号“～”来区分普通坐标与齐次坐标。在3D空间，点与平面形成对偶关系，点具有的所有性质，对平面来说也成立。将上式两边取转置，有

$$\langle \widetilde{\boldsymbol{X}},\boldsymbol{\Pi}\rangle=\widetilde{\boldsymbol{X}}^{\mathrm{T}}\boldsymbol{\Pi}=0 \tag{2.6}$$

这可以理解为平面 $\boldsymbol{\Pi}$ 过点 $\boldsymbol{X}$。同理，采用小写字符表示2D空间的点及其坐标值。2D空间的点记为 $\boldsymbol{x}$，其齐次坐标记为

$$\tilde{\boldsymbol{x}}=\begin{pmatrix}x\\y\\1\end{pmatrix} \tag{2.7}$$

在 2D 空间,直线与点也有对偶关系,对点成立的关系,对直线也成立。记直线为 $\boldsymbol{l}=(a,b,c)^{\mathrm{T}}$,则点在直线上和直线过点均有:$\boldsymbol{l}^{\mathrm{T}}\tilde{\boldsymbol{x}}=0$。如图 2.2(a)所示,两点 $\boldsymbol{x}_1$、$\boldsymbol{x}_2$ 决定一条直线可表达为

$$\boldsymbol{l}=\tilde{\boldsymbol{x}}_1\times\tilde{\boldsymbol{x}}_2 \tag{2.8}$$

可以验证,两点 $\boldsymbol{x}_1$、$\boldsymbol{x}_2$ 均在直线 $\boldsymbol{l}$ 上,因为

$$\begin{aligned}\boldsymbol{l}^{\mathrm{T}}\tilde{\boldsymbol{x}}_1&=\langle\tilde{\boldsymbol{x}}_1\times\tilde{\boldsymbol{x}}_2,\tilde{\boldsymbol{x}}_1\rangle=0\\\boldsymbol{l}^{\mathrm{T}}\tilde{\boldsymbol{x}}_2&=\langle\tilde{\boldsymbol{x}}_1\times\tilde{\boldsymbol{x}}_2,\tilde{\boldsymbol{x}}_2\rangle=0\end{aligned} \tag{2.9}$$

如图 2.2(b)所示,若两条直线 $\boldsymbol{l}_1$、$\boldsymbol{l}_2$ 交于一点 $\boldsymbol{x}$,则交点表示为直线的叉积,即 $\tilde{\boldsymbol{x}}=\boldsymbol{l}_1\times\boldsymbol{l}_2$。可以验证两条直线都过点 $\boldsymbol{x}$,因为

$$\begin{aligned}\tilde{\boldsymbol{x}}^{\mathrm{T}}\boldsymbol{l}_1&=\langle\tilde{\boldsymbol{x}},\boldsymbol{l}_1\rangle=\langle\boldsymbol{l}_1\times\boldsymbol{l}_2,\boldsymbol{l}_1\rangle=0\\\tilde{\boldsymbol{x}}^{\mathrm{T}}\boldsymbol{l}_2&=\langle\tilde{\boldsymbol{x}},\boldsymbol{l}_2\rangle=\langle\boldsymbol{l}_1\times\boldsymbol{l}_2,\boldsymbol{l}_2\rangle=0\end{aligned} \tag{2.10}$$

相似的结果也可以推广到 3D 空间中面与点的关系。齐次坐标使得空间线性关系和属性的表达得到简化。

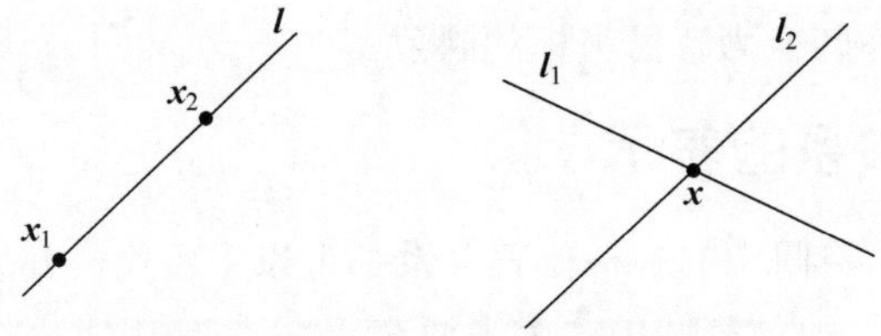

(a) 两点决定一条直线　　(b) 两条直线过一点

图 2.2　2D 空间直线与点的关系

2.1.3　增强现实环境的坐标系

增强现实环境中的坐标系主要分为 3 类,分别对应现实场景坐标系、虚拟物体坐标系和观察者坐标系,如图 2.3 所示。为了实现虚实融合的目标,常需将几何体从一个空间变换到另一空间,为此为三类空间分别建立坐标系,并用矩阵表示它们之间的映射关系。

由于观察者是增强现实环境中的主体,增强现实的虚实融合效果以观察者的感知为判断标准,因此需要为观察者建立一个标准的坐标系,如图 2.3 所示。由于在增强现实环境中常取相机作为观察者,因此,也常常建立以相机为中心的坐标系。通常,观察者坐标系和相机坐标系的建立是非常相似的。

观察者直接看到的是现实场景,现实场景的坐标系称为现实场景坐标系,这个坐标系通常需要借助观察者空间建立。其建立方法将在第 5 章进行详细介绍,这里假设这个坐标系已经建立。虚拟物体一般是由 3D 建模软件设计的几何模型,有其自身的 3D 坐标系,称为 3D 物体的局部坐标系。现实场景是唯一不变的客观存在,当有多个用户或多个虚拟物体时,需要将它们各自的空间与现实场景统一起来。增强现实环境中,现实场景坐标系通常借

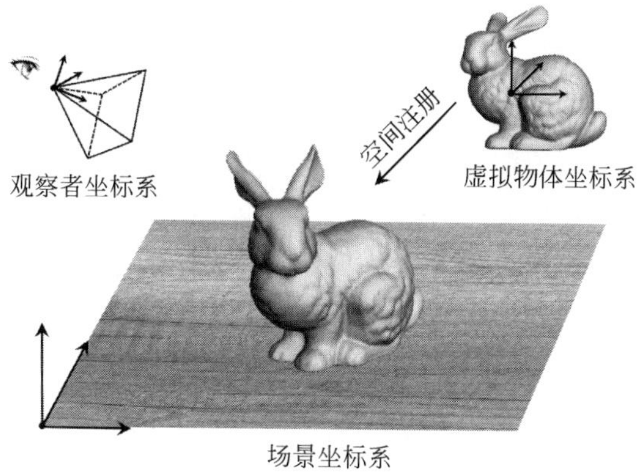

图 2.3　增强现实环境中的空间坐标系

助观察者坐标系建立，并通过将观察者空间作为中介，来实现虚拟物体在现实空间中的注册。

那么，如何表示不同坐标系之间的几何关系呢？例如，如何将一个虚拟的刚性物体放置在现实场景中，且形状不会发生任何变化呢？如果虚拟物体跟现实场景的坐标单位一致，那么就只需要使用刚体变换，就可以将虚拟物体的坐标变换为现实场景的坐标。所谓刚体变换，亦称为欧氏变换，就是物体仅进行旋转和平移，其形状和尺度保持不变。如果虚拟物体与现实场景的单位长度不同，则还需要在刚体变换的基础上进行尺度变换，这是一个相似变换，只改变物体的大小，不改变物体的形状。确定虚拟物体在现实场景中的位姿与尺度大小的过程称为虚拟物体在现实场景中的空间注册。

2.2　空间变换与坐标变换

在一个系统中建立了多个坐标系以后，需要确立这些空间之间的变换关系。一般变换分为两种：一种是物体由于运动，其位置和朝向有所改变，导致其坐标发生变化，这种变换是刚体变换；另一种是物体本身保持静止，但是坐标系发生了变化，导致物体的空间坐标发生变化，这种变换称为坐标变换。在本节中，无论是刚体变换还是坐标变换，都只涉及平移和旋转，也称为欧氏变换，均采用矩阵表示。

2.2.1　刚体变换

先讨论物体做刚体运动导致的坐标变换。假设刚性物体上一点 $\boldsymbol{X}\in\mathbb{R}^3$，物体发生旋转和平移后，该点的坐标 $\boldsymbol{X}'$表示为如下形式：

$$\boldsymbol{X}'=\boldsymbol{R}\boldsymbol{X}+\boldsymbol{t} \tag{2.11}$$

其中，$\boldsymbol{R}$ 为 3×3 的正交矩阵，表示物体的旋转，$\boldsymbol{t}$ 为 3×1 的向量，表示物体的平移，即

$$\boldsymbol{R}=\begin{pmatrix} r_{11} & r_{12} & r_{13} \\ r_{21} & r_{22} & r_{23} \\ r_{31} & r_{32} & r_{33} \end{pmatrix},\quad \boldsymbol{t}=\begin{pmatrix} t_1 \\ t_2 \\ t_3 \end{pmatrix} \tag{2.12}$$

刚性物体在经过旋转和平移以后，其形状保持不变，因此，旋转矩阵的特征根只能为±1。将

式(2.12)代入式(2.11),得

$$\begin{pmatrix} X' \\ Y' \\ Z' \end{pmatrix} = \begin{pmatrix} r_{11} & r_{12} & r_{13} \\ r_{21} & r_{22} & r_{23} \\ r_{31} & r_{32} & r_{33} \end{pmatrix} \begin{pmatrix} X \\ Y \\ Z \end{pmatrix} + \begin{pmatrix} t_1 \\ t_2 \\ t_3 \end{pmatrix} \tag{2.13}$$

该表示也可以推广到 n 维空间,$\boldsymbol{X} \in \mathbb{R}^n$ 表示 n 维空间点,$\boldsymbol{X}' \in \mathbb{R}^n$ 表示刚性变换后的 n 维空间点,$\boldsymbol{R} \in \mathbb{R}^{n \times n}$ 表示 n 维欧氏空间的旋转矩阵,$\boldsymbol{t} \in \mathbb{R}^n$ 表示平移向量。本章仅讨论 3D 空间的情形。

如果用齐次坐标来表示上述变换,则更为简洁,仅需要矩阵变换就可以了。在任意向量上方均加符号"～"来表示该向量的齐次坐标,例如,$\widetilde{\boldsymbol{X}} = (X, Y, Z, 1)^{\mathrm{T}}$,$\widetilde{\boldsymbol{X}}' = (X', Y', Z', 1)^{\mathrm{T}}$。这样,上式可以表示为

$$\widetilde{\boldsymbol{X}}' = \begin{pmatrix} \boldsymbol{R} & \boldsymbol{t} \\ \boldsymbol{0}^{\mathrm{T}} & 1 \end{pmatrix} \widetilde{\boldsymbol{X}} \tag{2.14}$$

其中,$\boldsymbol{0}$ 表示 3D 零向量。令

$$\boldsymbol{T} = \begin{pmatrix} \boldsymbol{R} & \boldsymbol{t} \\ \boldsymbol{0}^{\mathrm{T}} & 1 \end{pmatrix} = \begin{bmatrix} r_{11} & r_{12} & r_{13} & t_1 \\ r_{21} & r_{23} & r_{23} & t_2 \\ r_{31} & r_{32} & r_{33} & t_3 \\ 0 & 0 & 0 & 1 \end{bmatrix} \tag{2.15}$$

这里,$\boldsymbol{T}$ 是一个 4×4 的矩阵,表示一个刚体变换。则式(2.15)可表示为

$$\widetilde{\boldsymbol{X}}' = \boldsymbol{T}\widetilde{\boldsymbol{X}} \tag{2.16}$$

那么,刚体变换 $\boldsymbol{T}$ 的逆是什么呢?利用正交矩阵的性质 $\boldsymbol{R}^{-1} = \boldsymbol{R}^{\mathrm{T}}$,即 $\boldsymbol{R}^{\mathrm{T}}\boldsymbol{R} = \boldsymbol{R}\boldsymbol{R}^{\mathrm{T}} = \boldsymbol{I}$,其中 $\boldsymbol{I}$ 表示单位矩阵,这里是一个 3×3 的单位矩阵。可以验证:

$$\begin{pmatrix} \boldsymbol{R} & \boldsymbol{t} \\ \boldsymbol{0}^{\mathrm{T}} & 1 \end{pmatrix} \begin{pmatrix} \boldsymbol{R}^{\mathrm{T}} & -\boldsymbol{R}^{\mathrm{T}}\boldsymbol{t} \\ \boldsymbol{0}^{\mathrm{T}} & 1 \end{pmatrix} = \begin{pmatrix} \boldsymbol{R}^{\mathrm{T}} & -\boldsymbol{R}^{\mathrm{T}}\boldsymbol{t} \\ \boldsymbol{0}^{\mathrm{T}} & 1 \end{pmatrix} \begin{pmatrix} \boldsymbol{R} & \boldsymbol{t} \\ \boldsymbol{0}^{\mathrm{T}} & 1 \end{pmatrix} = \begin{pmatrix} \boldsymbol{I} & 0 \\ \boldsymbol{0}^{\mathrm{T}} & 1 \end{pmatrix}$$

也即上述刚体变换的逆变换矩阵为

$$\boldsymbol{T}^{-1} = \begin{pmatrix} \boldsymbol{R}^{\mathrm{T}} & -\boldsymbol{R}^{\mathrm{T}}\boldsymbol{t} \\ \boldsymbol{0}^{\mathrm{T}} & 1 \end{pmatrix} \tag{2.17}$$

因此,式(2.16)的逆变换为

$$\widetilde{\boldsymbol{X}} = \boldsymbol{T}^{-1}\widetilde{\boldsymbol{X}}' = \begin{pmatrix} \boldsymbol{R}^{\mathrm{T}} & -\boldsymbol{R}^{\mathrm{T}}\boldsymbol{t} \\ \boldsymbol{0}^{\mathrm{T}} & 1 \end{pmatrix} \widetilde{\boldsymbol{X}}' \tag{2.18}$$

众所周知,3D 空间的旋转矩阵 $\boldsymbol{R}$ 为 3×3 的正交矩阵,共 9 个参数,需要满足 6 个非线性约束条件,其自由度为 3。旋转矩阵的 3 自由度参数通常与矩阵的 9 个参数构成非线性关系,因此在表达和求解中,具有复杂性。一般来说,采用矩阵表示刚体变换非常便捷,是一个线性表达。但是,在优化求解的过程中,矩阵常常不是最佳的表达方式。广泛采用的表达方式还有欧拉角、四元数等。由于欧拉角有万向节死锁的问题,因此四元数的表示方式更为普遍。

2.2.2 空间线性变换及对应矩阵

不是所有的空间变换都像刚体变换一样,能保持物体的形状、尺度不变,即保持长度和

角度不变。那么，变换矩阵还能实现什么样的变换呢？观察 3D 空间的刚体变换矩阵，这是一个 4×4 的矩阵，但它对矩阵的元素有约束。一般地，采用如下形式：

$$\widetilde{\boldsymbol{X}}' = \boldsymbol{T}_{.}\widetilde{\boldsymbol{X}} \tag{2.19}$$

其中，$\boldsymbol{T}_{.}$ 为 4×4 的非退化矩阵。

如果解除对变换矩阵的约束，允许各元素自由变化，那么施加该变换的物体的几何形状变化会有什么特点呢？下面不加证明地加以陈述。

一般来说，线性空间的变换一般分为 4 种，即刚体变换、相似变换、仿射变换和射影变换，如表 2.1 所示。空间点采用齐次坐标表示时，3D 空间的线性变换 $\boldsymbol{T}_{.}$ 可由 4×4 的矩阵表示为

$$\boldsymbol{T}_{.} = \boldsymbol{T}_P = \begin{pmatrix} p_{11} & p_{12} & p_{13} & p_{14} \\ p_{21} & p_{22} & p_{23} & p_{24} \\ p_{31} & p_{32} & p_{33} & p_{34} \\ p_{41} & p_{42} & p_{43} & p_{44} \end{pmatrix} \tag{2.20}$$

任何几何形体在这个矩阵代表的变换下所发生的位置、朝向、形状变化，完全由这个变换矩阵的性质来描述。

表 2.1　3D 空间中的线性变换分类

线性变换	变换方式	变换矩阵
射影变换 15DoF	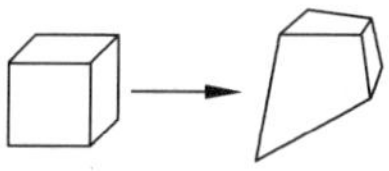	$\boldsymbol{T}_{.} = \boldsymbol{T}_P = \begin{pmatrix} p_{11} & p_{12} & p_{13} & p_{14} \\ p_{21} & p_{22} & p_{23} & p_{24} \\ p_{31} & p_{32} & p_{33} & p_{34} \\ p_{41} & p_{42} & p_{43} & p_{44} \end{pmatrix}$
仿射变换 12DoF	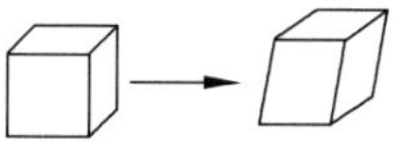	$\boldsymbol{T}_{.} = \boldsymbol{T}_A = \begin{pmatrix} a_{11} & a_{12} & a_{13} & a_{14} \\ a_{21} & a_{22} & a_{23} & a_{24} \\ a_{31} & a_{32} & a_{33} & a_{34} \\ 0 & 0 & 0 & 1 \end{pmatrix} = \begin{pmatrix} \boldsymbol{A} & \boldsymbol{t} \\ \boldsymbol{0}^{\mathrm{T}} & 1 \end{pmatrix}$
相似变换 7DoF		$\boldsymbol{T}_{.} = \boldsymbol{T}_S = \begin{pmatrix} sr_{11} & sr_{12} & sr_{13} & t_1 \\ sr_{21} & sr_{22} & sr_{23} & t_2 \\ sr_{31} & sr_{32} & sr_{33} & t_3 \\ 0 & 0 & 0 & 1 \end{pmatrix} = \begin{pmatrix} s\boldsymbol{R} & \boldsymbol{t} \\ \boldsymbol{0}^{\mathrm{T}} & 1 \end{pmatrix}$
刚体变换 6DoF	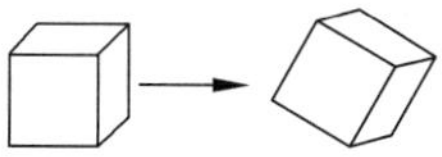	$\boldsymbol{T}_{.} = \boldsymbol{T}_E = \begin{pmatrix} r_{11} & r_{12} & r_{13} & t_1 \\ r_{21} & r_{22} & r_{23} & t_2 \\ r_{31} & r_{32} & r_{33} & t_3 \\ 0 & 0 & 0 & 1 \end{pmatrix} = \begin{pmatrix} \boldsymbol{R} & \boldsymbol{t} \\ \boldsymbol{0}^{\mathrm{T}} & 1 \end{pmatrix}$

首先，假定矩阵是满秩的，即矩阵是可逆的。做这一假设的原因是如果矩阵为退化矩阵，那么会将 3D 空间的物体变换到 2D 甚至更低维的空间，例如，将立方体变换为直线段，这样的矩阵不予讨论。那么，式(2.20)表示了两个线性空间的满射，或者一一映射。这样的变换称为射影变换，该变换将直线变换为直线，也即所有一条直线上的点，变换以后仍然在一条直线上。一般的射影变换将立方体映射为一般六面体，虽然长度、角度都有可能发生变

化，但是射影变换将保持交比不变。

射影变换的一种特殊情形是保持平行，即如果原来平行的直线，变换以后仍然平行，这样的线性变换称为仿射变换。仿射变换矩阵的最后一行为(0,0,0,1)，其变换矩阵有如下形式：

$$\boldsymbol{T}_{.}=\boldsymbol{T}_{A}=\begin{pmatrix} a_{11} & a_{12} & a_{13} & a_{14} \\ a_{21} & a_{22} & a_{23} & a_{24} \\ a_{31} & a_{32} & a_{33} & a_{34} \\ 0 & 0 & 0 & 1 \end{pmatrix}=\begin{pmatrix} \boldsymbol{A} & \boldsymbol{t} \\ \boldsymbol{0}^{\mathrm{T}} & 1 \end{pmatrix} \tag{2.21}$$

进一步，仿射变换的一种特殊情形是保持角度不变，即原来正交的两条直线或平面，变换以后仍然正交；即便不正交，它们之间的夹角，变换后仍然为同一角度，这样的变换称为相似变换，其变换矩阵有如下形式：

$$\boldsymbol{T}_{.}=\boldsymbol{T}_{S}=\begin{pmatrix} sr_{11} & sr_{12} & sr_{13} & t_{1} \\ sr_{21} & sr_{22} & sr_{23} & t_{2} \\ sr_{31} & sr_{32} & sr_{33} & t_{3} \\ 0 & 0 & 0 & 1 \end{pmatrix}=\begin{pmatrix} s\boldsymbol{R} & \boldsymbol{t} \\ \boldsymbol{0}^{\mathrm{T}} & 1 \end{pmatrix} \tag{2.22}$$

其中 s 是正系数，代表了尺度的变化，$\boldsymbol{R}$ 为 3×3 的正交矩阵，也满足其转置为其逆矩阵，$\boldsymbol{R}^{\mathrm{T}}\boldsymbol{R}=\boldsymbol{I}$，$\boldsymbol{t}$ 为 3D 向量，代表了空间的平移。相似变换保持物体的角度不变，仅对空间进行了拉伸或者缩小，即仅尺度发生变化。进一步，当 $s=1$ 时，物体长度保持不变，则变换矩阵形如

$$\boldsymbol{T}_{.}=\boldsymbol{T}_{E}=\begin{pmatrix} r_{11} & r_{12} & r_{13} & t_{1} \\ r_{21} & r_{22} & r_{23} & t_{2} \\ r_{31} & r_{32} & r_{33} & t_{3} \\ 0 & 0 & 0 & 1 \end{pmatrix}=\begin{pmatrix} \boldsymbol{R} & \boldsymbol{t} \\ \boldsymbol{0}^{\mathrm{T}} & 1 \end{pmatrix} \tag{2.23}$$

这就是前面提到的刚体变换矩阵，既保持物体的角度不变，也保持其长度不变，即保持了物体形状。在物理世界中，手机、茶杯、桌椅这样的物体在挪动时，其形状都不发生变化，均可采用刚性变换矩阵来表示。可见，刚体变换是常用的变换。

现在来看增强现实中的坐标变换。由于现实场景与观察者空间都定义在现实世界中，因此可用一个刚体变换来表示。虚拟物体一般也是刚体，定义在一个局部坐标系中，但所取的尺度常与现实场景的坐标系不一致，又或者希望对虚拟物体的尺寸有所调整。因此，一般虚拟物体到现实场景坐标系的变换为相似变换。如果欲对物体进行动画操作，使之变得有趣，那么也可以采用仿射变换和射影变换来实施。因此，变换矩阵是非常重要的。只是，变换矩阵所表达的变换都是线性的。虽然存在一些复杂的非线性变换，但不能用矩阵表达。需要指出的是，3D 物体在图像平面上的投影，是采用投影矩阵来表示的，不包括在上述表示中。

2.3 相机的几何模型

人类通过眼睛来观察世界，视觉信息占人类获取信息量的 70%～90%。对计算机而言，相机就是“眼睛”，相机拍摄的影像是计算机视觉的基础。相机成像的几何模型是为刻画

相机的成像过程而建立的数学模型，也称为相机模型。在增强现实环境中，相机模型是非常重要的。相机与现实世界和虚拟物体的关系均可采用相机模型来进行描述。根据相机拍摄的影像来实现相机参数的恢复称为相机定标，而虚拟物体的绘制必须与相机模型吻合。在空间增强现实中，常采用投影仪来添加增强现实场景的视觉信息，其几何模型也与相机模型相同。

2.3.1 针孔相机模型

人类在很早就发现了针孔成像的原理，并依此设计了最早的相机。如图 2.4 所示，针孔相机的结构，简单说就是一个长方形的暗盒，在其中一个面的中心有一个小孔，小孔正对着的方盒面为像平面。如果在方盒前方正对小孔的地方点亮蜡烛，那么穿过针孔的光线将进入相机暗盒。由于光线沿直线传播，所以，理想情况下，每个方向只有一根光线进入暗盒，各条光线在成像平面上的投影点各不相同，从而形成清晰的像。根据简单的几何知识知道，像平面上的像是透过针孔所看到场景的倒影，其大小是外部景物的比例缩放，缩放比率与针孔至像平面的距离有关，这个距离称作焦距。像平面在针孔的物体侧，有一个全等的虚像平面。为了便于对应和理解，一般在虚像平面上建立模型，该平面称为成像平面，如图 2.5 所示。

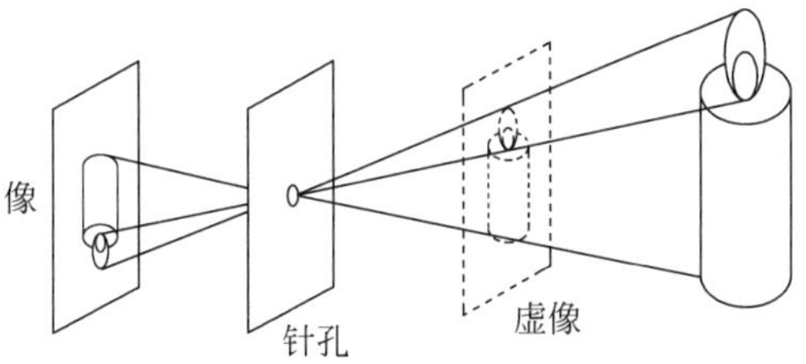

图 2.4　针孔成像原理

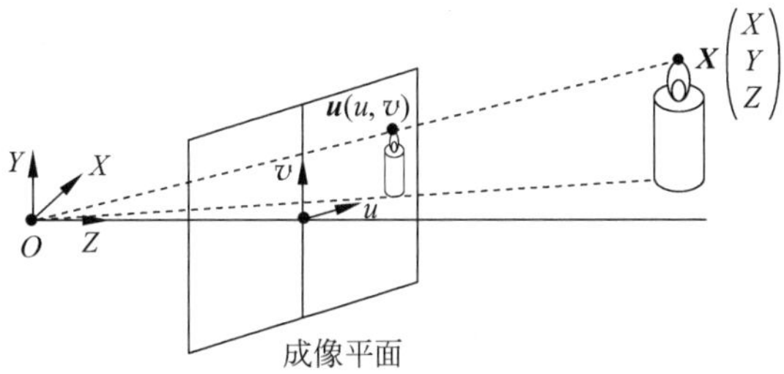

图 2.5　针孔相机的几何模型

先建立针孔相机的坐标系。其中，3D 空间用大写字符表示，2D 空间用小写字符表示。为了计算方便，将针孔设为坐标原点，记为 O，一般与相机的光心重合。取相机的朝向为 Z 轴，与成像平面垂直；一般选取 X 轴为图像的水平方向，最后通过右手系或左手系选取 Y 轴与 X-Z 平面垂直。这样，相机坐标系的 X-Y 轴构成的平面与成像平面平行。相机最后获得的是数字图像，它通过位于成像平面上的 CCD 将光信号转换为电信号，再将电信号数字化，最后获得一个点阵的值。

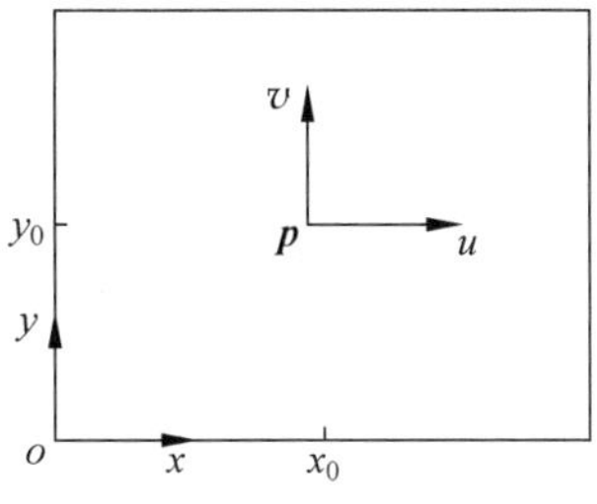

图 2.6　相机的图像坐标

在成像平面上也建立一个坐标系。如图 2.6 所示，相机坐标系的 Z 轴与成像平面有一个交点，称为主点，定义为成像平面的原点，记为 p；水平轴 u 与相机坐标系的 X 轴平行，竖直轴 v 与相机坐标系的 Y 轴平行。若成像平面与光心的距离为 f，那么，根据简单的三角形相似原理，可知空间内的任意 3D 空间点 $\boldsymbol{X}=(X,Y,Z)^{\mathrm{T}}$，在像平面的成像点 $\boldsymbol{u}$ 的齐次坐标 $\tilde{\boldsymbol{u}}=(u,v,f)^{\mathrm{T}}$ 有

$$\left.\begin{aligned} u &= f\,\frac{X}{Z} \\ v &= f\,\frac{Y}{Z} \end{aligned}\right\} \tag{2.24}$$

或者采用齐次坐标写成矩阵形式，即

$$\lambda\begin{pmatrix} u \\ v \\ f \end{pmatrix} = \begin{pmatrix} X \\ Y \\ Z \end{pmatrix},\quad 其中\ \lambda = \frac{Z}{f} \tag{2.25}$$

注意，式(2.25)中表示的是2D空间点的齐次坐标，由齐次坐标的定义可知，齐次坐标同时乘以或除以一个非零系数代表了相同的向量，因此采用符号“～”表示等式两边仅相差一个尺度系数的相等关系。式(2.25)可重写为

$$\begin{pmatrix} u \\ v \\ f \end{pmatrix} \sim \begin{pmatrix} X \\ Y \\ Z \end{pmatrix} \tag{2.26}$$

可见，式(2.26)中，如果某一边乘以一个恰当的系数，就可以使等式成立。这就是针孔相机成像的几何模型，它表达了空间内任意一点在成像平面上的像点坐标为$\left(\frac{u}{f},\frac{v}{f}\right)$。本质上，这是一个3D到2D的变换，若均采用齐次坐标，并采用投影矩阵$\begin{pmatrix} 1 & 0 & 0 & 0 \\ 0 & 1 & 0 & 0 \\ 0 & 0 & 1 & 0 \end{pmatrix}$来表示3D-2D的投影变换，那么，式(2.26)可重写为

$$\begin{pmatrix} u \\ v \\ f \end{pmatrix} \sim \begin{pmatrix} 1 & 0 & 0 & 0 \\ 0 & 1 & 0 & 0 \\ 0 & 0 & 1 & 0 \end{pmatrix} \begin{pmatrix} X \\ Y \\ Z \\ 1 \end{pmatrix} \tag{2.27}$$

如前所述，成像平面与图像平面位于同一平面，彼此之间相差一个尺度变换和平移量。图像的坐标系一般以左下角(有时候选取左上角)为坐标原点，x、y 轴分别与相机的 X、Y 轴平行，相机的光心位于图像坐标系的(x_0, y_0)。这样，将成像平面上一点变换到图像坐标系属于相似变换，有如下关系：

$$\begin{aligned} k_x u &= x - x_0 \\ k_y v &= y - y_0 \end{aligned} \tag{2.28}$$

其中，系数 k_x 和 k_y 是成像平面上单位长度的像素数。由于图像在数字化的过程中，存在一定的线性形变，因此，用齐次坐标将式(2.28)写为矩阵形式，图像上的一点 $\boldsymbol{x}$ 的齐次坐标可表示为

$$\tilde{\boldsymbol{x}} = \begin{pmatrix} x \\ y \\ 1 \end{pmatrix} = \frac{1}{f}\begin{pmatrix} \alpha_x & 0 & x_0 \\ 0 & \alpha_y & y_0 \\ 0 & 0 & 1 \end{pmatrix}\begin{pmatrix} u \\ v \\ f \end{pmatrix} = \frac{1}{f}\boldsymbol{K}\begin{pmatrix} u \\ v \\ f \end{pmatrix} \tag{2.29}$$

其中，$\alpha_x = fk_x$，$\alpha_y = fk_y$，是在图像上水平方向和竖直方向的焦距。矩阵 $\boldsymbol{K}$ 为相机校正矩阵(camera calibration matrix)，其参数与相机内部参数相关，因此也称为内部参数矩阵。内

部参数矩阵建立了成像平面点与图像点之间的映射关系。注意到，齐次坐标同时除以或乘以一个数，表达了同一个点。由于

$$\begin{pmatrix} u \\ v \\ f \end{pmatrix} \sim \frac{1}{f}\begin{pmatrix} u \\ v \\ f \end{pmatrix} = \begin{pmatrix} u/f \\ v/f \\ 1 \end{pmatrix} \tag{2.30}$$

因此，将成像点 u 的齐次坐标修改为 $\tilde{u}=(u/f \quad v/f \quad 1)^{\mathrm{T}}$，并且 $(u/f \quad v/f)^{\mathrm{T}}$ 恰好是其普通坐标。式(2.29)重写为

$$\tilde{\boldsymbol{x}} = \boldsymbol{K}\tilde{\boldsymbol{u}} \tag{2.31}$$

此时，式(2.31)中是相等关系，不会相差一个常数因子。

一般相机拍摄的图像并非严格的针孔相机模型，其中存在简单的变形，包括横轴和纵轴的焦距不一致、光心偏移，以及光轴非正交等，这些线性形变均可由相机的内部参数矩阵表达。一般的表达式还包含了一个参数 γ，表达光轴非正交的程度，是相机成像平面的纵轴偏离图像平面纵轴的角度 θ 的函数，即

$$\boldsymbol{K} = \begin{pmatrix} \alpha_x & \gamma & x_0 \\ 0 & \alpha_y & y_0 \\ 0 & 0 & 1 \end{pmatrix} \tag{2.32}$$

矩阵 $\boldsymbol{K}$ 为上三角矩阵，其中共有 5 个参数，包括在图像坐标中 x、y 方向上的比例因子 α_x、α_y，光心位置 (x_0, y_0)，以及 $\gamma=\alpha_y \tan\theta$，$\theta$ 为倾斜角。α_y/α_x 为图像的纵横比例(aspect ratio)。将式(2.27)代入式(2.29)有：

$$\tilde{\boldsymbol{x}} = \boldsymbol{K}\tilde{\boldsymbol{u}} \sim \boldsymbol{K}\begin{pmatrix} 1 & 0 & 0 & 0 \\ 0 & 1 & 0 & 0 \\ 0 & 0 & 1 & 0 \end{pmatrix}\begin{pmatrix} X \\ Y \\ Z \\ 1 \end{pmatrix} = \boldsymbol{K}\begin{pmatrix} 1 & 0 & 0 & 0 \\ 0 & 1 & 0 & 0 \\ 0 & 0 & 1 & 0 \end{pmatrix}\tilde{\boldsymbol{X}} \tag{2.33}$$

这是物体坐标系与相机坐标系重合的情况下得到的相机模型。注意式(2.33)中的 3D 点 $\boldsymbol{X}$ 是在相机坐标系中的坐标。

2.3.2 相机成像模型

考虑一般情形。首先考虑相机与现实场景坐标系的关系。假设现实场景坐标系已设定，相机的各种参数均以现实场景坐标系中的坐标来表示。设针孔位置即光心的 3D 坐标为 (O_x, O_y, O_z)。参考图 2.1，相机坐标系的 X、Y、Z 轴在现实场景坐标系中分别表示为向量 $(i_x, i_y, i_z)^{\mathrm{T}}$、$(j_x, j_y, j_z)^{\mathrm{T}}$、$(k_x, k_y, k_z)^{\mathrm{T}}$，三个向量均为单位向量，且相互正交。现要将一点从现实场景坐标系变换到相机坐标系。如图 2.7 所示，这是一个刚体变换，由一个旋转和一个平移构成，记旋转矩阵为 $\boldsymbol{R}$，平移向量为 $\boldsymbol{t}$，则任意一个 3D 点在现实场景坐标系中表示为 $\boldsymbol{X}=(X, Y, Z)^{\mathrm{T}}$ 在相机坐标系下的坐标 $\boldsymbol{X}'=(X', Y', Z')^{\mathrm{T}}$ 有

$$\begin{pmatrix} X' \\ Y' \\ Z' \end{pmatrix} = \boldsymbol{R}\begin{pmatrix} X \\ Y \\ Z \end{pmatrix} + \boldsymbol{t} \tag{2.34}$$

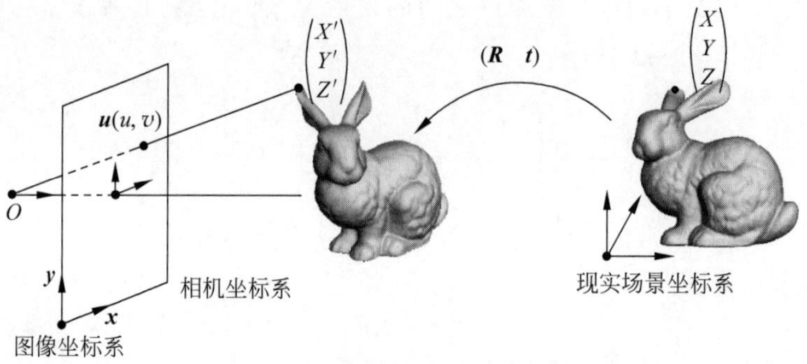

图 2.7 相机成像的几何模型

可以验证：

$$\boldsymbol{R}=\begin{pmatrix}i_x & i_y & i_z\\ j_x & j_y & j_z\\ k_x & k_y & k_z\end{pmatrix} \tag{2.35}$$

$$\boldsymbol{t}=\boldsymbol{R}^{-1}\begin{pmatrix}O_x\\O_y\\O_z\end{pmatrix}=\boldsymbol{R}^{\mathrm{T}}\begin{pmatrix}O_x\\O_y\\O_z\end{pmatrix} \tag{2.36}$$

这是因为 $\boldsymbol{R}$ 将场景坐标系中的相机坐标轴变为相机的单位向量，例如：

$$\boldsymbol{R}\begin{pmatrix}i_x\\i_y\\i_z\end{pmatrix}=\begin{pmatrix}i_x & i_y & i_z\\ j_x & j_y & j_z\\ k_x & k_y & k_z\end{pmatrix}\begin{pmatrix}i_x\\i_y\\i_z\end{pmatrix}=\begin{pmatrix}1\\0\\0\end{pmatrix} \tag{2.37}$$

将式(2.34)进一步用齐次坐标表达为

$$\widetilde{\boldsymbol{X}}'=\begin{pmatrix}X'\\Y'\\Z'\\1\end{pmatrix}=\begin{pmatrix}\boldsymbol{R} & \boldsymbol{t}\\ \boldsymbol{0}^{\mathrm{T}} & 1\end{pmatrix}\begin{pmatrix}X\\Y\\Z\\1\end{pmatrix}=\begin{pmatrix}\boldsymbol{R} & \boldsymbol{t}\\ \boldsymbol{0}^{\mathrm{T}} & 1\end{pmatrix}\widetilde{\boldsymbol{X}} \tag{2.38}$$

将式(2.38)所表示的 3D 空间点在相机坐标系下的坐标 $\widetilde{\boldsymbol{X}}'$取代式(2.33)中的 $\widetilde{\boldsymbol{X}}$，则有

$$\tilde{\boldsymbol{x}}=\begin{pmatrix}x\\y\\1\end{pmatrix}\sim\boldsymbol{K}\begin{pmatrix}1&0&0&0\\0&1&0&0\\0&0&1&0\end{pmatrix}\begin{pmatrix}\boldsymbol{R} & \boldsymbol{t}\\ \boldsymbol{0}^{\mathrm{T}} & 1\end{pmatrix}\widetilde{\boldsymbol{X}}=\boldsymbol{K}(\boldsymbol{R}\quad\boldsymbol{t})\widetilde{\boldsymbol{X}} \tag{2.39}$$

这里的矩阵($\boldsymbol{R}\quad\boldsymbol{t}$)也称为**外部参数矩阵**。由式(2.39)得

$$\tilde{\boldsymbol{x}}\sim\boldsymbol{K}(\boldsymbol{R}\quad\boldsymbol{t})\widetilde{\boldsymbol{X}} \tag{2.40}$$

式(2.40)是 3D 空间点 $\boldsymbol{X}$ 与图像 2D 空间点 $\boldsymbol{x}$ 之间的映射关系，也就是相机成像模型，可见这是相机的线性模型。定义矩阵

$$\boldsymbol{P}=\boldsymbol{K}(\boldsymbol{R}\quad\boldsymbol{t}) \tag{2.41}$$

其中，$\boldsymbol{P}$ 称为投影矩阵，表示一个透视投影变换。一般地，投影矩阵表示为

$$P=\begin{pmatrix} p_{11} & p_{12} & p_{13} & p_{14} \\ p_{21} & p_{22} & p_{23} & p_{24} \\ p_{31} & p_{32} & p_{33} & p_{34} \end{pmatrix}=\begin{pmatrix} \boldsymbol{P}_1^{\mathrm{T}} \\ \boldsymbol{P}_2^{\mathrm{T}} \\ \boldsymbol{P}_3^{\mathrm{T}} \end{pmatrix} \tag{2.42}$$

其中，$\boldsymbol{P}_i, i=1,2,3$ 表示矩阵 $\boldsymbol{P}$ 的第 i 行元素组成的向量。相机的线性模型也可以用投影矩阵来表示，即

$$\tilde{x} \sim \boldsymbol{P}\widetilde{\boldsymbol{X}} \tag{2.43}$$

这个表达式给出了更为简捷的相机模型，有时候也直接称矩阵 $\boldsymbol{P}$ 为相机模型。投影矩阵 $\boldsymbol{P}$ 的秩为 3，是一个 3×4 的矩阵。$\boldsymbol{P}$ 既包含了相机的内部参数矩阵，也包含了相机的外部参数矩阵。由于式(2.43)的两边同乘非零常数将保持等式不变，因此投影矩阵的自由度为 $3\times4-1=11$。可以证明，直线经过透视投影变换后仍然为直线，但不保持长度和角度。也就是说，3D 空间的平行直线在图像上可能不再平行。有趣的是，正如在图 2.8(a)中所能观察到的，透视投影可以将一些无穷远点变换到图像中；一组空间平行直线会在图像上交于一点，这一点称为消失点(vanishing point)。

如图 2.8(b)所示，假设空间中有一条过点 $\mathbf{A}$、沿着方向 $\mathbf{V}$ 的直线，该直线可以表示为 $\mathbf{A}+s\mathbf{V}$，其中 s 为实系数。

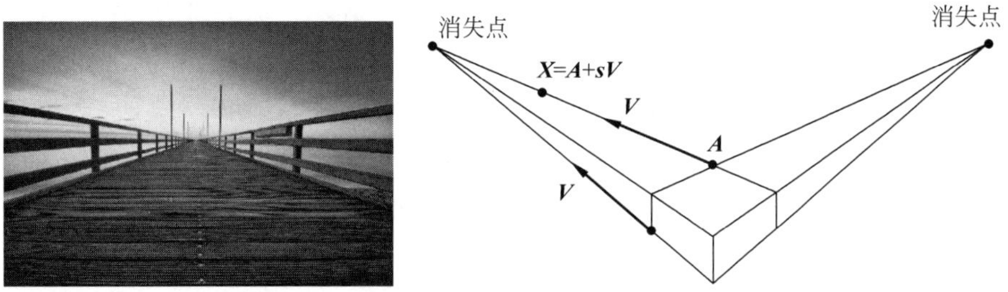

(a) 现实中的平行线　　(b) 消失点的示意图

图 2.8　消失点

则 $\boldsymbol{P}$ 将直线投影到图像上的像点齐次坐标为：

$$\begin{aligned} \boldsymbol{P}\begin{pmatrix} \mathbf{A}+s\mathbf{V} \\ 1 \end{pmatrix} &= \begin{bmatrix} p_{11} & p_{12} & p_{13} & p_{14} \\ p_{21} & p_{22} & p_{23} & p_{24} \\ p_{31} & p_{32} & p_{33} & p_{34} \\ p_{41} & p_{42} & p_{43} & p_{44} \end{bmatrix}\begin{pmatrix} \mathbf{A}+s\mathbf{V} \\ 1 \end{pmatrix} \\ &= \begin{pmatrix} (p_{11} \quad p_{12} \quad p_{13})\mathbf{A}+s(p_{11} \quad p_{12} \quad p_{13})\mathbf{V}+p_{14} \\ (p_{21} \quad p_{22} \quad p_{23})\mathbf{A}+s(p_{21} \quad p_{22} \quad p_{23})\mathbf{V}+p_{24} \\ (p_{31} \quad p_{32} \quad p_{33})\mathbf{A}+s(p_{31} \quad p_{32} \quad p_{33})\mathbf{V}+p_{34} \end{pmatrix} \end{aligned} \tag{2.44}$$

其在图像上的坐标为：

$$\begin{pmatrix} x \\ y \end{pmatrix}=\begin{bmatrix} \dfrac{(p_{11} \quad p_{12} \quad p_{13})\mathbf{A}+p_{14}+s(p_{11} \quad p_{12} \quad p_{13})\mathbf{V}}{(p_{31} \quad p_{32} \quad p_{33})\mathbf{A}+p_{34}+s(p_{31} \quad p_{32} \quad p_{33})\mathbf{V}} \\ \dfrac{(p_{21} \quad p_{22} \quad p_{23})\mathbf{A}+p_{24}+s(p_{21} \quad p_{22} \quad p_{23})\mathbf{V}}{(p_{31} \quad p_{32} \quad p_{33})\mathbf{A}+p_{34}+s(p_{31} \quad p_{32} \quad p_{33})\mathbf{V}} \end{bmatrix} \tag{2.45}$$

令 $s \to \infty$，则有：

$$\lim_{s \to \infty}\begin{pmatrix} x \\ y \end{pmatrix} = \begin{pmatrix} \dfrac{(p_{11} \quad p_{12} \quad p_{13})\mathbf{V}}{(p_{31} \quad p_{32} \quad p_{33})\mathbf{V}} \\ \dfrac{(p_{21} \quad p_{22} \quad p_{23})\mathbf{V}}{(p_{31} \quad p_{32} \quad p_{33})\mathbf{V}} \end{pmatrix} \tag{2.46}$$

式(2.46)表明，平行直线在无穷远处的像点与经过点 **A** 无关。因此，如果是一簇具有相同方向的平行直线，在图像上的投影都将汇于一点，即消失点。

2.3.3 相机畸变模型

在相机模型中，采用矩阵 **K** 来描述相机的内部参数。这仅仅是相机内部参数的线性表达，并非相机内部参数的精确建模。事实上，相机的成像规律是非常复杂的。针孔相机只是一个理想的理论模型，现在的相机成像一般采用多个光学镜片的组合，使得既能清晰成像，又能保证足够的亮度。理论上，成像平面与图像平面应该保持严格的平移和尺度变化，但是镜片的聚焦与图像采样等过程产生了一些偏差，这种偏差称为相机的畸变。

相机的畸变一般分为两种，一种是线性畸变，如水平方向与竖直方向的成像比例不同，或方向不垂直等，这种畸变可以用一个矩阵 **K** 来表示。还有一种是非线性畸变，一般分为图 2.9(a)所示的桶形畸变和图 2.9(b)所示的枕形畸变。非线性畸变可以通过拍摄有直线的场景来观察，其特点是，原来场景中的一条直线，在图像上变形为一条曲线，且离光心越远，曲率越大。特别是接近图像边缘的地方，弯曲程度尤为明显。由于数码相机的普及，厂家在出厂前对相机进行过校正，所以非线性畸变的特征不是非常明显。鱼眼镜头的非线性畸变非常明显，场景中的直线明显地弯曲了，因此仍需要专门的模型来进行校正。

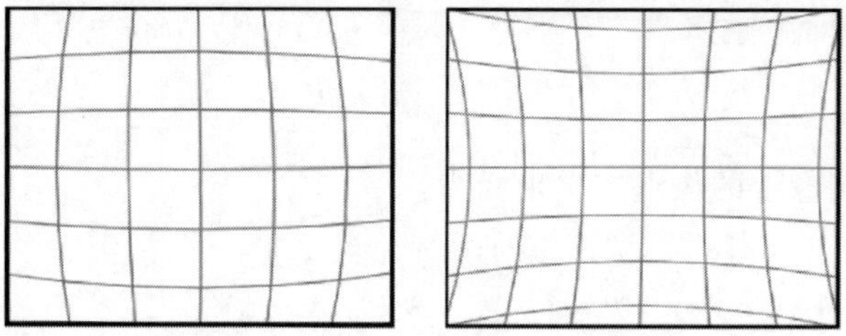

(a) 桶形畸变　　(b) 枕形畸变

图 2.9　非线性畸变

非线性畸变的情形非常复杂，一般分为径向畸变和切向畸变。径向畸变是镜头的球面曲率差异造成的，畸变的程度可按光心与成像点的距离来估计，离中心越远，畸变程度越大。径向畸变的数学模型一般与距离平方成正比，即

$$\left.\begin{aligned} \tilde{x} &= x + x(k_1(x^2+y^2) + k_2(x^2+y^2)^2) \\ \tilde{y} &= y + y(k_1(x^2+y^2) + k_2(x^2+y^2)^2) \end{aligned}\right\} \tag{2.47}$$

其中，(x, y)为理想成像平面的归一化坐标，(k_1, k_2)为相机的非线性畸变参数。理论上来说，非线性表达的项数越多，则表达越精确。但是，当需要估计的参数增多后，参数之间的相互作用更为复杂，从而容易造成畸变的过拟合。因此，一般只估计前面的两项参数。在由英

特尔公司开发的开源开发包 OpenCV 中，采用了更为复杂的模型，考虑到了切向畸变。切向畸变是在径向的切线方向上产生的畸变，其数学模型中含有关于 x 和 y 的交叉项，即 xy 项，因此校准起来更为复杂，一般情况下可忽略不计。

2.4 单视图定标基础

单视图定标是指由单幅图像建立相机模型，并从中恢复相机的参数。在计算机视觉中，最为基础的几何关系是估计相机的内部参数和外部参数矩阵，也称为相机的标定或校准(camera calibration)。在一些精度要求较高的场合，常常需要精细计算相机的非线性畸变参数。由于其计算容易受噪声影响，因此常常预先对相机内部参数进行标定。

2.4.1 投影矩阵的标定

在 2.3 节中，已经建立了相机的模型，即 3D 空间点与图像点之间的线性映射关系。也就是说，从单张图像中，如果已知所拍摄对象的 3D 点坐标及其在图像上对应点的坐标，那么就可以从中计算投影矩阵 $\boldsymbol{P}$，实现对相机的标定。

那么，如何设计这样的 3D 对象呢？最简单的方法是采用黑白棋盘格作为拍摄对象。黑白棋盘格图像非常容易制作，可以打印到纸上或显示在液晶显示器上，称为定标板。棋盘格交叉点的 3D 坐标非常容易确定，一般以定标板为 $Z=0$ 的平面，左下角点为原点，XY 轴与棋盘格的边平行，这样数格子的个数就可以确定交叉点的 3D 坐标。这些交叉点在图像上的对应坐标则通过角点检测等方法获取，也可以通过交互的方式指定。这样，就获取了一组点的对应关系。相应的数学描述为：已知一组 3D 空间点 $\widetilde{\boldsymbol{X}}_j=(X_j,Y_j,Z_j,1)^{\mathrm{T}}, j=1,2,\cdots,m$ 和其在图像上的投影坐标 $\boldsymbol{x}_j=(x_j,y_j)^{\mathrm{T}}$，求相机的投影矩阵 $\boldsymbol{P}$，再进一步求解 $\boldsymbol{K}$、$\boldsymbol{R}$ 和 $\boldsymbol{t}$。

先由 $\tilde{\boldsymbol{x}}_j \sim \boldsymbol{P}\widetilde{\boldsymbol{X}}_j$ 求解 $\boldsymbol{P}$，通过这组方程建立的 3D 空间点与图像点的映射关系，来对相机的内外部参数进行估计。这一方法也称为直接线性法(direct linear transformation，DLT)。

由于 $\tilde{\boldsymbol{x}}_j \sim \boldsymbol{P}\widetilde{\boldsymbol{X}}_j$ 是用齐次坐标表达的方程，因此，可知图像点坐标 $\boldsymbol{x}_j=(x_j,y_j)^{\mathrm{T}}$ 的齐次坐标为 $\tilde{\boldsymbol{x}}_j=(w_jx_j,w_jy_j,w_j)^{\mathrm{T}}$，则由式(2.42)，有

$$\left.\begin{aligned} w_jx_j &= p_{11}X_j+p_{12}Y_j+p_{13}Z_j+p_{14} \\ w_jy_j &= p_{21}X_j+p_{22}Y_j+p_{23}Z_j+p_{24} \\ w_j &= p_{31}X_j+p_{32}Y_j+p_{33}Z_j+p_{34} \end{aligned}\right\} \tag{2.48}$$

式(2.48)中的 w_j 通常不等于 1，也不会为 0，将第 3 行 w_j 的表达代入前 2 个方程，有

$$\left.\begin{aligned} x_j(p_{31}X_j+p_{32}Y_j+p_{33}Z_j+p_{34}) &= p_{11}X_j+p_{12}Y_j+p_{13}Z_j+p_{14} \\ y_j(p_{31}X_j+p_{32}Y_j+p_{33}Z_j+p_{34}) &= p_{21}X_j+p_{22}Y_j+p_{23}Z_j+p_{24} \end{aligned}\right\} \tag{2.49}$$

也就是说，根据每一个对应点，都可以产生两个约束。将投影矩阵中的所有元素排成一列，构成十二维的未知数向量，记为 $\boldsymbol{p}$，即

$$\boldsymbol{p}=(p_{11},p_{12},p_{13},p_{14},p_{21},p_{22},p_{23},p_{24},p_{31},p_{32},p_{33},p_{34})^{\mathrm{T}} \tag{2.50}$$

则可将式(2.49)的已知数和未知数展开写成矩阵形式，即

$$\begin{pmatrix} X_j & Y_j & Z_j & 1 & 0 & 0 & 0 & 0 & -x_jX_j & -x_jY_j & -x_jZ_j & -x_j \\ 0 & 0 & 0 & 0 & X_j & Y_j & Z_j & 1 & -y_jX_j & -y_jY_j & -y_jZ_j & -y_j \end{pmatrix} \boldsymbol{p} = \boldsymbol{0} \tag{2.51}$$

这是一个齐次线性方程组，系数矩阵是 2×12 的。每增加一个点对，系数矩阵就会增加 2 行。m 个点对共构成 $2m$ 个线性方程，写成矩阵的形式，则为 $2m\times12$ 的矩阵，记为 $\boldsymbol{A}$。这样，需要求解线性方程组

$$\boldsymbol{Ap}=\boldsymbol{0} \tag{2.52}$$

注意到，$\boldsymbol{p}=\boldsymbol{0}$ 总是这个线性方程组的解，但显然不是所需要的。实际上，需要的是一个非零解。然而，由一般的齐次线性方程组的性质可知，当匹配点对大于或等于 6 时，如果要严格地满足方程(2.52)，则是没有非零解的。

由于图像是实际获取的，一定对应着一个投影矩阵，因此非零解一定存在。之所以在匹配点数过多时反而无法在数学上求得非零解，是由于噪声等因素造成匹配点坐标存在微小误差，从而在数学上导致相互矛盾的结果。那么，要得到合理的解，就需要稍微调整一下问题的定义，即限定 $\|\boldsymbol{p}\|=1$ 时，最小化 $\|\boldsymbol{Ap}\|^2$。这样，就将问题化解为线性最小二乘问题。该问题的解称为最小二乘解，详细求解方法参见附录 A.2。

在上述过程中，优化问题 $\|\boldsymbol{Ap}\|^2$ 最小化其实缺乏明确的几何约束。事实上，如果估计的投影矩阵完全精确的话，在用模型将所有 3D 空间点投影到图像上时，其投影点就应该与图像点重合。当然，由于噪声和计算误差的存在，这是不可能的。这里，采用估计的投影矩阵 $\boldsymbol{P}$ 将 3D 空间点投影到图像平面，其齐次坐标由 $\boldsymbol{P}\widetilde{\boldsymbol{X}}_j$ 计算，其图像坐标则需要通过变换 $\hat{\boldsymbol{x}}_j=\pi(\boldsymbol{P}\widetilde{\boldsymbol{X}}_j)$得到，这样的点 $\hat{\boldsymbol{x}}_j$ 称为重投影点。重投影点的位置与 2D 图像上的匹配点 $\boldsymbol{x}_j$ 的距离，称为重投影误差，即 $\|\boldsymbol{x}_j-\pi(\boldsymbol{P}\widetilde{\boldsymbol{X}}_j)\|$。重投影误差表示了模型与特征的符合程度，常常用于优化中的目标函数。

每一个匹配点对都可以计算这样的重投影误差。优化算法的本质是使所有匹配点对的重投影误差的平方和最小，因此目标函数是 $\sum_{j=1}^{m}\|\boldsymbol{x}_j-\pi(\boldsymbol{P}\widetilde{\boldsymbol{X}}_j)\|^2$。将这个问题重写为最优化问题，即

$$\boldsymbol{P}^*=\underset{\boldsymbol{P}}{\operatorname{argmin}}\sum_{j=1}^{m}\|\boldsymbol{x}_j-\pi(\boldsymbol{P}\widetilde{\boldsymbol{X}}_j)\|^2 \tag{2.53}$$

式(2.53)中，min 表示最小化目标函数，其下面的 $\boldsymbol{P}$ 表示通过调整 $\boldsymbol{P}$ 的值来实现目标函数的最小化；arg 表示优化后得到的变量，是一个最优化估计得到的 $\boldsymbol{P}$ 值，记为 $\boldsymbol{P}^*$；$\pi()$是将齐次坐标转换为普通坐标的函数。这样，可以将所有已知的 3D 点投影到其对应像点，通过最小化重投影误差，优化求解投影矩阵参数，得到比较准确的投影矩阵的估计值。需要注意的是，式(2.53)表述的优化问题是非线性的，求解该优化问题需要参考附录 A.3 的非线性最小二乘法。一般说来，非线性优化方法只有比较好的初值才能得到精确解，而采用线性直接法得到的解是非线性方法的良好初值。

2.4.2 由投影矩阵估计内外部参数

接下来，通过获得的投影矩阵，求相机的内部参数和外部参数，即 $\boldsymbol{K}$、$\boldsymbol{R}$ 和 $\boldsymbol{t}$。由于 $\boldsymbol{P}$ 是

3×4 的矩阵，所以，将其记为两部分，即一个 3×3 的矩阵，和一个 3×1 的向量，即

$$\boldsymbol{P}=(\boldsymbol{M}\quad \boldsymbol{m})\sim \boldsymbol{K}(\boldsymbol{R}\quad \boldsymbol{t}) \tag{2.54}$$

需要注意的是，投影矩阵的各元素同时乘以或者除以一个系数是同样的模型，因此与 $\boldsymbol{K}$ 相差一个系数。当求得 $\boldsymbol{P}$ 后，$\boldsymbol{M}$ 即为已知。由式(2.54)，利用旋转矩阵的正交性计算：

$$\boldsymbol{M}\boldsymbol{M}^{\mathrm{T}}\sim \boldsymbol{K}\boldsymbol{R}(\boldsymbol{K}\boldsymbol{R})^{\mathrm{T}}=\boldsymbol{K}\boldsymbol{R}\boldsymbol{R}^{\mathrm{T}}\boldsymbol{K}^{\mathrm{T}}=\boldsymbol{K}\boldsymbol{K}^{\mathrm{T}} \tag{2.55}$$

首先需要确定 $\boldsymbol{M}$ 与 $\boldsymbol{K}$ 之间的比例系数。由 $\boldsymbol{K}$ 的定义可以计算：

$$\boldsymbol{K}\boldsymbol{K}^{\mathrm{T}}=\begin{pmatrix}\alpha_x & \gamma & x_0\\ 0 & \alpha_y & y_0\\ 0 & 0 & 1\end{pmatrix}\begin{pmatrix}\alpha_x & 0 & 0\\ \gamma & \alpha_y & 0\\ x_0 & y_0 & 1\end{pmatrix}=\begin{pmatrix}\alpha_x^2+\gamma^2+x_0^2 & \gamma\alpha_y+x_0y_0 & x_0\\ \gamma\alpha_y+x_0y_0 & \alpha_y^2+y_0^2 & y_0\\ x_0 & y_0 & 1\end{pmatrix} \tag{2.56}$$

这里可以观察到，$\boldsymbol{K}\boldsymbol{K}^{\mathrm{T}}$ 是 3×3 的对称矩阵，其第 3 行第 3 列值为 1。与此同时，$\boldsymbol{M}\boldsymbol{M}^{\mathrm{T}}$ 也是 3×3 的对称矩阵，但是 $\boldsymbol{M}\boldsymbol{M}^{\mathrm{T}}$ 的第 3 行第 3 列的相应元素却可能并不等于 1，该元素其实是矩阵第 3 行各元素的平方和，将其记为 m^2，且 $m>0$。因此，m^2 即为 $\boldsymbol{K}\boldsymbol{K}^{\mathrm{T}}$ 与 $\boldsymbol{M}\boldsymbol{M}^{\mathrm{T}}$ 相差的倍数因子，因此有 $\frac{1}{m^2}\boldsymbol{M}\boldsymbol{M}^{\mathrm{T}}=\boldsymbol{K}\boldsymbol{K}^{\mathrm{T}}$。利用矩阵的对应元素均相等，可以确定矩阵 $\boldsymbol{K}$ 中的 5 个内部参数的值。这样，就可以解析计算出内部参数矩阵 $\boldsymbol{K}$，继而根据 $\boldsymbol{R}=\frac{1}{m}\boldsymbol{K}^{-1}\boldsymbol{M}$，计算出旋转矩阵 $\boldsymbol{R}$，进一步用下式求出 $\boldsymbol{t}$

$$\frac{1}{m}\boldsymbol{m}=\boldsymbol{K}\boldsymbol{t}\Rightarrow \boldsymbol{t}=\frac{1}{m}\boldsymbol{K}^{-1}\boldsymbol{m} \tag{2.57}$$

这样，就完整地求解出了投影矩阵以及构成投影矩阵的内部和外部参数矩阵。但是，上述方法的相机标定精度往往还是不够精确，求解得到的旋转矩阵通常不能确保其正交性，而需要进一步做正交性处理。

如果根据点匹配的重投影误差来直接优化求解 $\boldsymbol{K}$、$\boldsymbol{R}$ 和 $\boldsymbol{t}$ 等参数，容易获得更为精确的结果，但这是一个非线性优化问题。需要注意的是，由 $\boldsymbol{K}(\boldsymbol{R}\boldsymbol{X}_i+\boldsymbol{t})$ 计算的重投影点是齐次坐标，因此需要用函数 $\pi(\cdot)$ 将齐次坐标转换为普通坐标，才能正确计算欧氏距离：

$$(\boldsymbol{K},\boldsymbol{R},\boldsymbol{t})^*=\arg\min_{\boldsymbol{K},\boldsymbol{R},\boldsymbol{t}}\sum_i\|\boldsymbol{x}_i-\pi(\boldsymbol{K}(\boldsymbol{R}\boldsymbol{X}_i+\boldsymbol{t}))\|^2,\ \text{s.t.}\ \boldsymbol{R}^{\mathrm{T}}\boldsymbol{R}=\boldsymbol{I} \tag{2.58}$$

式(2.58)中，s. t. 表示优化问题需要在满足后续条件的情况下求解参数。注意到，目标函数中，$\boldsymbol{K}$ 有 5 个参数，$\boldsymbol{R}$ 有 9 个参数 3 个自由度，$\boldsymbol{t}$ 有 3 个参数，总共 11 个自由度。这跟投影矩阵 $\boldsymbol{P}$ 的自由度相同。但是，这里由于 $\boldsymbol{R}$ 是正交矩阵，如果采用 $\boldsymbol{R}$ 的 9 个参数直接求解，需要将正交性作为约束条件，进一步增加了该模型的未知数个数，会使问题进一步复杂化。因此，一般采用旋转矩阵的欧拉角或四元数表示。尽管欧拉角的表示有万向节死锁的问题，但是其 3 个参数的表示不再需要约束条件，在优化求解的过程中比较简单。这使得上述问题成为非线性最小二乘问题，一般采用经典的高斯-牛顿法或 L-M 方法求解，见附录 A.3。

非线性优化的方法，虽然仍然用重投影误差作为目标函数，但是因为是直接对未知参数进行求解，优化过程会获得更为精确的结果。但是，这并不意味着线性方法求解投影矩阵是

没有意义的。一般说来，非线性优化对初值非常敏感，如果初值与真实值相差过大，常常导致非线性优化解陷入局部最优而偏离真实值。因此，通常采用线性方法的求解结果作为非线性方法的初值，往往能够获得非常精确的定标结果。注意，式(2.58)还缺乏对非线性畸变的考虑。

2.4.3 相机径向畸变校正

相机的非线性畸变比较复杂，需要按照式(2.47)建立的模型进行校正。非线性畸变中，一般径向畸变更明显，所以通常只校准径向畸变。

校准非线性畸变主要有两类方法，一类是通过定标盒或定标板。也有采用平行线的消失点、圆形等不同种类的结构特征，来实现标定。另一类方法是采用自定标方法，即对任意场景拍摄多张照片，通过图像的特征对应，来确定相机的畸变参数。自定标算法一般计算复杂度比较高，精度难以保证。定标板方法中比较著名的有两种方法，即 R. Y. Tsai 于 1987 年提出的采用棋盘格的定标法和 Z. Zhang(张正友)于 2000 年提出的平面自然特征对应的定标法。

Tsai 的定标方法需要使用相机的出厂参数，一般采用棋盘格来建立 3D 空间点与 2D 图像点间的对应关系，原则上不需要多张图片来建立约束，定标结果较为精密，是精确求解相机畸变参数的典型方法。张正友的算法使用自然平面特征产生的对应来进行相机标定，不需要相机的出厂参数，只需平面图形的单应性映射来建立约束，也可以对非线性畸变进行校准，因此非常方便快捷，但是与 Tsai 的方法比较而言，在精度上略微欠缺。在 OpenCV 中，一般都含有相机标定的实现方法。

尽管相机定标能同时获得相机的内部参数与外部参数，但是，人们往往采用这个技术来标定相机的内部参数。在第 3 章将会发现，有了相机的内部参数，会使问题变得更为简单。

2.4.4 投影仪与相机的校准

投影仪是将图像定义的光线投射出去的仪器，可以理解为图像成像的逆过程，因此其数学模型与相机相同。在理论上，投影仪与相机构成双视几何的关系。在空间增强现实中，投影仪与相机通过配合来实现预设光影效果：投影仪投射出去的光线改变了场景或物体的外观；相机捕获这种外观的变化，并与预设目标比较，并判断差异，再对投影图像进行调整。这样多次迭代以后，就可以达到满意的效果了。

一般说来，相机与投影仪不可能在同一个位置，因此不仅要校准各自的内部参数矩阵，还要校准二者之间的外部参数矩阵。由于相机是这个系统的传感器，因此首先利用棋盘格校准相机的内外部参数，再利用投影仪投射的棋盘格影像，通过相机的辅助，校准投影仪的参数。这里，简要地介绍一下校准方法。

如图 2.10(a)所示，准备一个定标板，其棋盘格图像如图 2.10(b)所示，固定投影仪和相机，投影仪投影图像要覆盖定标板，相机要拍摄到定标板。首先，用相机拍摄一张棋盘格定标板的图像，如图 2.10(c)所示。根据 2.4 节中的方法，可以由下式获得相机的内外部参

数，即

$$\tilde{x}'_j \sim \boldsymbol{P}\widetilde{\boldsymbol{X}}_j = \boldsymbol{K}(\boldsymbol{R} \quad \boldsymbol{t})\widetilde{\boldsymbol{X}}_j \tag{2.59}$$

其中，$\boldsymbol{X}_j$ 为棋盘格角点，一般位于 $Z=0$ 的平面上；$\boldsymbol{x}'_j$ 是角点 $\boldsymbol{X}_j$ 对应的像点。这样，相机的光心位置在 $-\boldsymbol{R}^{\mathrm{T}}\boldsymbol{t}$。继而用白纸覆盖定标板，如图 2.10(d)所示，用投影仪投射棋盘格图像至定标板，再次用相机拍摄图像，如图 2.10(e)所示，并检测图像中的角点 $\boldsymbol{x}'_j$。由于照片仍然由相机拍摄，并且定标板的平面方程是已知的，因此检测到的图像角点 $\boldsymbol{x}'_j$ 必位于由相机光心出发的射线上。这里不加证明地给出该直线表示为 $s\boldsymbol{P}^{+}\boldsymbol{x}+\boldsymbol{p}^{\perp}$，参见附录 D，其中，$\boldsymbol{p}^{\perp}$ 为矩阵 $\boldsymbol{P}$ 的零子空间，即 $\boldsymbol{P}\boldsymbol{p}^{\perp}=\boldsymbol{0}$。可以验证 $\boldsymbol{p}^{\perp}=-\boldsymbol{R}^{\mathrm{T}}\boldsymbol{t}$，即相机的光心，而 $\boldsymbol{P}^{+}$ 为投影矩阵的广义逆矩阵并有 $\boldsymbol{P}^{+}=\boldsymbol{P}^{\mathrm{T}}(\boldsymbol{P}\boldsymbol{P}^{\mathrm{T}})^{-1}$，这里系数 s 待定。由于角点位于定标板平面 $Z=0$ 上，因此这条直线与定标板平面的交点就是该点的 3D 坐标 $\boldsymbol{X}'_j$。这样，投影仪图像的角点与定标板上角点的 3D 坐标就构成了如下对应关系：

$$\tilde{x}'_j \sim \boldsymbol{P}'\widetilde{\boldsymbol{X}}_j = \boldsymbol{K}'(\boldsymbol{R}' \quad \boldsymbol{t}')\widetilde{\boldsymbol{X}}'_j \tag{2.60}$$

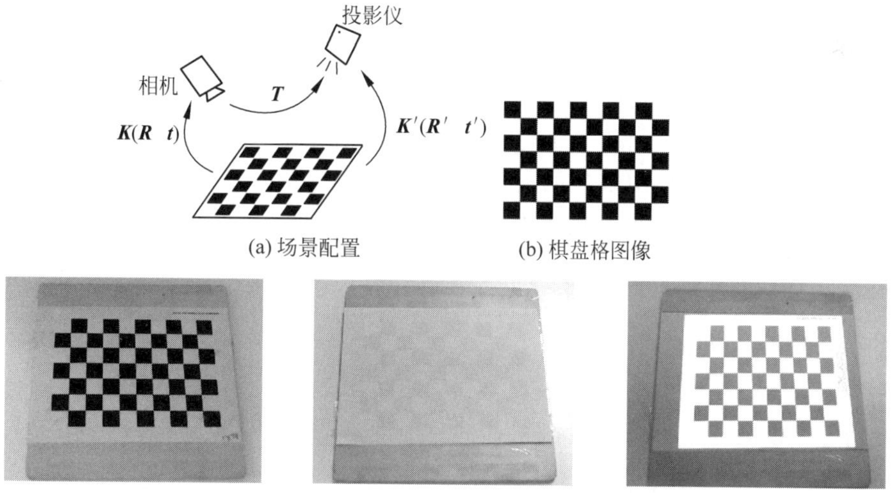

(a) 场景配置　(b) 棋盘格图像

(c) 相机拍摄的定标板图像　(d) 在(c)上覆盖白纸　(e) 投影仪在(d)上投影棋盘格图像

图 2.10　投影仪与相机的校准

原则上，对所有棋盘格上的角点，都可以采用上述方法获得 2D 与 3D 的匹配点对。根据 2.4.2 节中相机标定的方法，可以估计出投影仪的内外部参数，即 $\boldsymbol{P}'$ 或者 $\boldsymbol{K}'$、$\boldsymbol{R}'$、$\boldsymbol{t}'$。需要注意，这里的外部参数矩阵都是在定标板所定义的坐标系中的表示。事实上，投影仪与相机之间的位姿关系是固定的，跟坐标系的定义没有关系，二者的外部参数也是固定的。但是，由于定标板是任意放置的，因此定标板放置的位置不同，所获得的相机和投影仪的外部参数也会不同，但是内部参数在理论上则应保持恒定。设将相机坐标系中的点 $\boldsymbol{X}$，变换到投影仪坐标系中的矩阵，由刚体变换矩阵 $\boldsymbol{T}$ 表示，则有如下关系：

$$\boldsymbol{T}=\begin{pmatrix}\boldsymbol{R}' & \boldsymbol{t}' \\ \boldsymbol{0}^{\mathrm{T}} & 1\end{pmatrix}\begin{pmatrix}\boldsymbol{R} & \boldsymbol{t} \\ \boldsymbol{0}^{\mathrm{T}} & 1\end{pmatrix}^{-1}=\begin{pmatrix}\boldsymbol{R}' & \boldsymbol{t}' \\ \boldsymbol{0}^{\mathrm{T}} & 1\end{pmatrix}\begin{pmatrix}\boldsymbol{R}^{\mathrm{T}} & -\boldsymbol{R}^{\mathrm{T}}\boldsymbol{t} \\ \boldsymbol{0}^{\mathrm{T}} & 1\end{pmatrix} \tag{2.61}$$

式(2.61)先采用相机外部参数矩阵的逆变换，将相机坐标系的点坐标变换到定标板的局部坐标系，然后再采用投影仪的外部参数矩阵，将其变换到投影仪的坐标系中。矩阵 $\boldsymbol{T}$ 表示了相机坐标系到投影坐标系的坐标变换矩阵是以相机坐标系为基准的，与定标板的坐标系不再相关。

投影仪与相机几何关系的校准及其内部参数的校准，为空间增强现实中所需要的空间配准提供了前提条件。

扩展阅读

无论是物体的运动还是坐标变换，都涉及刚体变换。刚性变换的一种表达是李代数。Alexander Kirillov 撰写了一本书 *Introduction to Lie Groups and Lie Algebras*，其中有详细的推导和介绍。理论上说，所有的刚体变换构成一个李群，在李群上定义一个李代数表示 6 自由度的刚体变换。需要提及的是，李代数不仅能够表示旋转，还可以将平移与旋转一同表示，并且由于李代数表示的刚体变换是一个线性空间，因此更便于线性插值和噪声处理，这在有大量连续复合的刚体变换情形，特别是在优化求解刚体变换参数时，李代数表示具有极大的优越性。

在增强现实中，无论是现实场景的成像，还是虚拟物体的绘制，都涉及相机模型。有关相机模型的系统阐述，见 Richard Hartley 与 Andrew Zisserman 合写的书 *Multiple View Geometry in Computer Vision*（第二版）。相机的校准（camera calibration）主要指相机内部参数的估计，在增强现实应用中常常预先进行。采用 R. Y. Tsai 于 1987 年提出的棋盘格定标板的方法与 Z. Zhang 于 2000 年提出的平面自然特征方法，基本上可以应对相机内部参数校准的任务。

习题

1. 分别建立相机坐标系和世界坐标系，并且由世界坐标系变换到相机坐标系的变换矩阵有：

$$\boldsymbol{T}=\begin{pmatrix}\boldsymbol{R} & \boldsymbol{t}\\ \boldsymbol{0}^{\mathrm{T}} & 1\end{pmatrix}$$

请问：

（1）在相机坐标系中，世界坐标系的原点与 x、y、z 轴的向量是什么？

（2）在世界坐标系中，相机坐标系的原点与 x、y、z 轴的向量是什么？

2. 请写出 3D 空间中，三点所决定平面的方程，以及平面经过一个 3D 空间点的方程。

3. 如果已知一幅图像中 2D 标志的水平轴和竖直轴所在的 2D 直线方向，以及标志到相机的坐标变换矩阵，那么标志的水平轴和竖直轴在相机坐标系中的方向向量是什么？

4. 如果一个坐标系到另一个坐标系的坐标变换矩阵为 $\boldsymbol{T}=\begin{pmatrix}\boldsymbol{R} & \boldsymbol{t}\\ \boldsymbol{0}^{\mathrm{T}} & 1\end{pmatrix}$，请写出两个坐标系标架的变换矩阵。

5. 成像平面与图像平面的变换矩阵是什么？

6. 请推导图像的分辨率变化与内部参数矩阵的关系。

7. 设现实场景坐标系到相机坐标系的坐标变换矩阵为 $\boldsymbol{R}$ 和 $\boldsymbol{t}$，那么请推导下述关系。

(1) 现实场景坐标变换到相机坐标的变换矩阵。

(2) 相机的原点在现实场景坐标系中的坐标。

(3) 相机的各轴在现实场景坐标系中的坐标。

(4) 现实场景坐标系的各轴在相机坐标系中的坐标。

8. 对于一个严重畸变的相机画面来说，如果已知相机内外部参数，如何将虚拟物体合成到画面？

9. 实现投影仪-相机校准的实验。

第 3 章

CHAPTER 3

基于平面标志的空间注册

在增强现实中，标志指现实场景中存在的易于识别和定位的物体，其主要作用是辅助相机或者物体的定位跟踪，以较为简单、稳定的方式实现空间注册。在现有增强现实系统中，平面标志是应用最为广泛的一种标志技术，这主要是因为平面的制作、表示和计算都较为简单。平面标志既可以由人工设计制作，也可以是场景中自然存在的平面物体(如书页、海报等)。本章将以人工平面标志为基础，实现一个最为基本的增强现实系统。如无特殊说明，本章所述平面标志皆为人工平面标志，对自然标志物的处理方法将在第 5 章进行介绍。

3.1 系统概述

如图 3.1 所示为本章将要介绍的简易增强现实系统。其中图 3.1(a)是从视频捕获的输入帧，其中包含一个平面标志；图 3.1(b)是在图 3.1(a)的基础上绘制了虚拟物体之后的增强现实效果，注意虚拟物体看起来就像被放在了平面标志上一样；图 3.1(c)和图 3.1(d)是视频中另外两个时刻的效果图，可以看到，当摄像机运动或者平面标志移动的时候，虚拟物体都会随着平面标志一起运动，看起来像是真的固定在平面标志上的物体一样。这就是本书第 1、2 章讲到的虚实空间注册所要追求的效果。在这里，即是将虚拟物体所在的局部空间与根据平面标志定义的现实空间进行了注册。

视频演示

(a) 输入图像

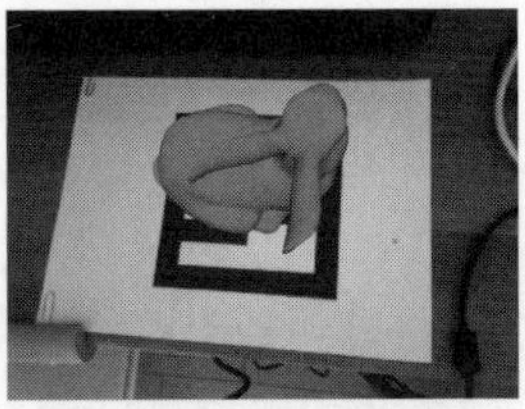

(b) 虚实融合结果

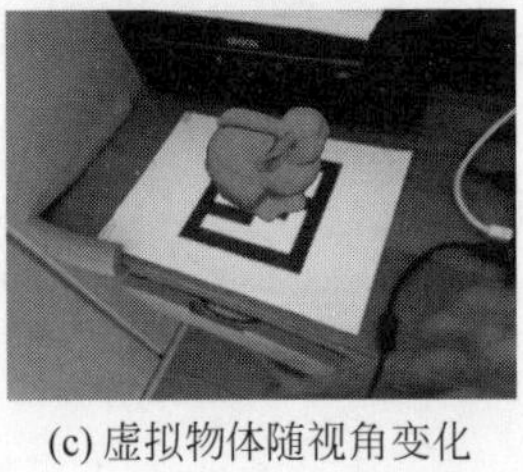

(c) 虚拟物体随视角变化

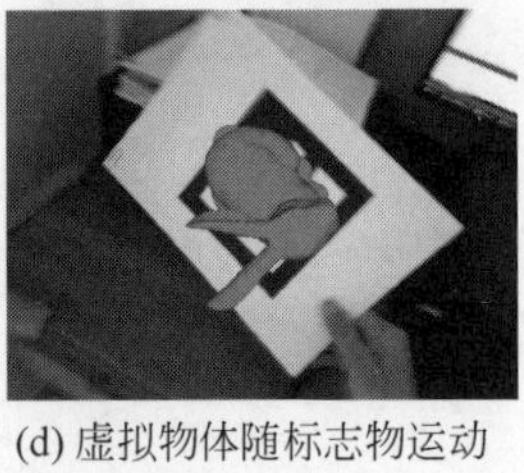

(d) 虚拟物体随标志物运动

图 3.1　基于平面标志的增强现实系统

为了实现上述虚实融合效果，就需要知道绘制虚拟物体所需的参数。根据本书第1、2章的内容和计算机图形学的相关知识可知，所需的参数主要包含两类：一是虚拟物体相对于相机的位置和姿态参数，可以表示为虚拟物体从其局部坐标系变换到相机坐标系的旋转矩阵 $\boldsymbol{R}$ 和平移向量 $\boldsymbol{t}$，根据这个参数可以将虚拟物体嵌入相机坐标系中的对应位置；二是相机的内参矩阵 $\boldsymbol{K}$，用于确定相机坐标系中一个3D空间点在图像上的对应像素点位置。在OpenGL绘制程序中，$\boldsymbol{R}$ 和 $\boldsymbol{t}$ 将用于决定模型-视图变换，而 $\boldsymbol{K}$ 将决定投影变换。关于参数 $\boldsymbol{R}$、$\boldsymbol{t}$、$\boldsymbol{K}$ 与OpenGL中各变换矩阵的转换关系，将在3.4节进行介绍。

对于定焦相机而言，相机的内参矩阵 $\boldsymbol{K}$ 是固定不变的，并通过2.4.1节介绍的相机标定方法获得。因此，关键是计算外部参数 $\boldsymbol{R}$ 和 $\boldsymbol{t}$。由于 $\boldsymbol{R}$ 和 $\boldsymbol{t}$ 跟摄像机位置和虚拟物体在场景中的摆放位姿相关，因此需要根据输入视频流进行实时计算。这也是所有增强现实系统需要解决的首要问题。在一般情况下，这需要持续稳定地跟踪摄像机的3D位姿参数，同时还要知道虚拟物体摆放处的部分现实场景的3D几何，二者皆是非常具有挑战性的问题。

在本章中，将主要介绍基于平面标志的 $\boldsymbol{R}$ 和 $\boldsymbol{t}$ 的简化计算方法。为此，首先假设算法的目标是把虚拟物体放置到平面标志上，如图3.1所示的效果。这样，虚拟物体在相机坐标系中的位姿，实际上也就是平面标志在相机坐标系中的位姿；或者更一般地，二者之间只差一个不随时间变化的恒定变换，可以在系统初始化的时候设定，相当于指定虚拟物体和平面标志之间的相对位姿关系。只要知道了平面标志相对于摄像机的位姿参数，就可以容易地得到虚拟物体的位姿参数 $\boldsymbol{R}$ 和 $\boldsymbol{t}$。

3.2 平面位姿估计

计算平面标志在相机坐标系中的位姿的基本方法是，首先获得一组平面标志上的3D空间点与图像上相应像素点的对应关系，即3D-2D点对，再以此为约束求解位姿参数。实际上，这也是求解一般3D物体位姿的基本方法。对于一般3D物体而言，根据一组3D-2D点对求解其姿态参数可以采用PnP(Perspective-n-Point)方法，相关内容将在4.2节中进行介绍。对于平面物体的位姿而言，虽然也可以采用PnP方法进行计算，但是由于平面的3D位姿存在特殊表示，即单应性矩阵，因此在本节中，先介绍一种专门针对平面的位姿计算方法。这里假设已知一组3D-2D点对，如何获取这些点对的方法将在3.3节中介绍。

3.2.1 单应性矩阵

回顾2.3节介绍的针孔相机模型，3D空间点 $\boldsymbol{X}$ 投影到图像上相应像素点 $\boldsymbol{x}$ 的过程可以表示为

$$\tilde{\boldsymbol{x}} \sim \boldsymbol{K}(\boldsymbol{R} \quad \boldsymbol{t})\widetilde{\boldsymbol{X}} \tag{3.1}$$

式中，变量上方的符号"～"表示相应的齐次坐标，连接两组代数式的符号"～"则表示其中一边乘以一个恰当的数字会使两边相等。对于平面物体而言，可以为其选取一个局部坐标系，使得该平面物体上任意一个3D空间点的 Z 坐标都等于0，因此有

$$\tilde{\boldsymbol{x}} \sim \boldsymbol{K}(\boldsymbol{r}_1 \quad \boldsymbol{r}_2 \quad \boldsymbol{r}_3 \quad \boldsymbol{t})\begin{pmatrix} X \\ Y \\ 0 \\ 1 \end{pmatrix} = \boldsymbol{K}(\boldsymbol{r}_1 \quad \boldsymbol{r}_2 \quad \boldsymbol{t})\begin{pmatrix} X \\ Y \\ 1 \end{pmatrix} = \boldsymbol{H}\begin{pmatrix} X \\ Y \\ 1 \end{pmatrix} \tag{3.2}$$

其中

$$H \sim K(r_1 \quad r_2 \quad t) \tag{3.3}$$

是一个 3×3 的可逆矩阵，r_1、r_2、r_3 是旋转矩阵 R 的列向量。

上式中的矩阵 H 不仅包含物体的旋转和平移信息，同时还与相机内部参数 K 有关，可以表示 3D 场景中的平面物体通过透视变换映射到图像平面的过程，称其为 3D 平面的**单应性变换**，相应的变换矩阵被称为**单应性矩阵**。单应性变换其实是一个 2D 的射影变换，其基本特点是保持直线性，即直线经单应性变换之后仍然为直线。一个单应性变换的典型例子是如图 3.2 所示的中心投影。π 和 π' 是 3D 空间的两个平面，O 是空间中一点，并且不在这两个平面上。这样，平面 π 上任意一点 x 通过与 O 的连线都与平面 π' 相交，且交点唯一，即 x'。这样就建立了从平面 π 到 π' 的一个一一映射，且这个映射显然是可逆并且保持直线性的，因此是一个单应性变换，可以用单应性矩阵表示。

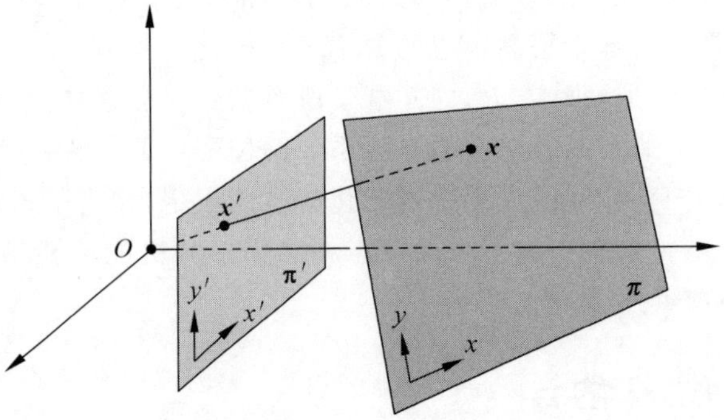

图 3.2 中心投影

实际上，上述中心投影模型与针孔相机的成像过程也是一致的，中心点 O 相当于相机的光心，若平面 π' 与光轴正交，则相当于相机的成像面。因此，平面 π 到平面 π' 的映射总是可以用一个单应性矩阵来表示。这也正是式(3.2)所表示的情况，在本章中将使用单应性矩阵来表示和计算平面标志的 3D 位姿。

根据中心投影模型和单应性变换的性质，可以得出其他一些可以用单应性变换来表示的情况。典型地，如果 π 是场景中的一个 3D 平面，则其在不同视点 O 和 O' 下所观测到的图像上的像素对应关系也可以表示为一个单应性变换。实际上，设平面 π 上的点 X 通过矩阵 H_1 映射到第一张图像上的点 x，即 $\tilde{x} \sim H_1 \tilde{X}$，并有 $\tilde{X} \sim H_1^{-1} \tilde{x}$；通过矩阵 H_2 映射到第二张图像上的点 x'，即 $\tilde{x}' \sim H_2 \tilde{X}$，并有 $\tilde{X} \sim H_2^{-1} \tilde{x}'$，则经过简单的推导，有

$$\tilde{x}' \sim H_2 H_1^{-1} \tilde{x} = H\tilde{x} \tag{3.4}$$

在式(3.4)中，$H = H_2 H_1^{-1}$。显然，矩阵 H 仍然是 3×3 的可逆矩阵，因此也是一个单应性矩阵。进一步地，可以得到，任何两个平面都可以通过一个 3×3 的矩阵建立一一映射。对于不同视频帧中观测到的场景中的同一个平面而言，可以用一个单应性变换来建立两帧之间的像素对应关系，这在图像匹配中有重要作用。

另一个典型的情况是，由旋转相机（相机光心静止，只有绕光心旋转的运动）拍摄到的不同图像之间的像素对应关系，也可以用一个单应性变换来表示。这种情况也可以用如图 3.2 所示的中心投影来解释，此时平面 π 和平面 π' 相当于相机在不同旋转角度下的对应成像

面，且由于相机光心和场景3D点都没有发生变化，只有相机成像面在运动，因此也是符合中心投影模型的。注意，对于旋转相机的情况而言，即使所拍摄的3D场景不是平面，也可以用单应性变换来精确表示像素的对应关系。实际上，当视点固定时，基线长度为0，因此有 $\boldsymbol{t}=\boldsymbol{0}$，坐标变换矩阵为

$$\boldsymbol{T}=\begin{pmatrix}\boldsymbol{R} & \boldsymbol{0}\\ \boldsymbol{0}^{\mathrm{T}} & 1\end{pmatrix}=\begin{pmatrix}r_{11} & r_{12} & r_{13} & 0\\ r_{21} & r_{22} & r_{23} & 0\\ r_{31} & r_{32} & r_{33} & 0\\ 0 & 0 & 0 & 1\end{pmatrix} \tag{3.5}$$

因此，透视投影矩阵为

$$\boldsymbol{P}=\boldsymbol{K}(\boldsymbol{I}\quad \boldsymbol{0})\begin{pmatrix}\boldsymbol{R} & \boldsymbol{0}\\ \boldsymbol{0}^{\mathrm{T}} & \boldsymbol{1}\end{pmatrix}=\boldsymbol{K}(\boldsymbol{R}\quad \boldsymbol{0})=(\boldsymbol{KR}\quad \boldsymbol{0}) \tag{3.6}$$

可见，此时的透视投影矩阵也退化为3×3的矩阵，也就是说，尽管场景中的物体形状各异，远近不同，但是，摄像机在不同姿态下拍摄的图像之间，采用3×3的单应性矩阵就可以表达两幅图像间的映射关系。在使用手机的全景拍照功能时会发现，当相机运动接近一个旋转相机时，全景图的拼接效果最好，其原因就在于，只有旋转相机才能在不恢复场景3D几何结构的情况下，基于图像的单应性变换将不同角度拍摄到的图像进行精确对齐。

3.2.2　求解单应性矩阵

为对单应性矩阵进行求解，将单应性矩阵表示为如下形式：

$$\boldsymbol{H}=\begin{pmatrix}h_{11} & h_{12} & h_{13}\\ h_{21} & h_{22} & h_{23}\\ h_{31} & h_{32} & h_{33}\end{pmatrix} \tag{3.7}$$

因此，求解单应性矩阵即是要求解式(3.7)中的9个矩阵参数，将其表示为一个参数向量 $\boldsymbol{h}=(h_{11}\quad h_{12}\quad h_{13}\quad h_{21}\quad h_{22}\quad h_{23}\quad h_{31}\quad h_{32}\quad h_{33})^{\mathrm{T}}$。注意，由于单应性变换前后都使用齐次坐标，因此，将单应性矩阵乘以一个非零常数，其所表示的变换是不变的。不失一般性，假定 $\boldsymbol{h}$ 是一个归一化向量，即 $\|\boldsymbol{h}\|=1$，那么，虽然一个单应性矩阵包含9个未知参数，但其自由度实际上为8。由于每个点对可以提供两个约束，所以最少需要4个平面到平面的点对才能唯一确定 $\boldsymbol{h}$。

如果给定一组平面到平面的点对集合，就可以采用**直接线性变换**(direct linear transform，DLT)来估计满足这组点对约束的最优单应性变换。记 (x_i,y_i) 和 (x_i',y_i') 是一个对应点对，则二者应满足以下约束条件：

$$x_i'=\frac{h_{11}x_i+h_{12}y_i+h_{13}}{h_{31}x_i+h_{32}y_i+h_{33}},\quad y_i'=\frac{h_{21}x_i+h_{22}y_i+h_{23}}{h_{31}x_i+h_{32}y_i+h_{33}} \tag{3.8}$$

上述形式对待求解参数 $\boldsymbol{h}$ 是非线性的。不过，可以在式(3.8)两边同时乘以分母，并将式(3.8)直接变换为如下线性形式：

$$\left.\begin{aligned}h_{11}x_i+h_{12}y_i+h_{13}-x_i'x_ih_{31}-x_i'y_ih_{32}-x_i'h_{33}=0\\ h_{21}x_i+h_{22}y_i+h_{23}-y_i'x_ih_{31}-y_i'y_ih_{32}-y_i'h_{33}=0\end{aligned}\right\} \tag{3.9}$$

将所有特征点对通过上述形式进行排列，可以得到：

$$\begin{pmatrix} x_1 & y_1 & 1 & 0 & 0 & 0 & -x'_1x_1 & -x'_1y_1 & -x'_1 \\ 0 & 0 & 0 & x_1 & y_1 & 1 & -y'_1x_1 & -y'_1y_1 & -y'_1 \\ x_2 & y_2 & 1 & 0 & 0 & 0 & -x'_2x_2 & -x'_2y_2 & -x'_2 \\ 0 & 0 & 0 & x_2 & y_2 & 1 & -y'_2x_2 & -y'_2y_2 & -y'_2 \\ \vdots & \vdots & \vdots & \vdots & \vdots & \vdots & \vdots & \vdots & \vdots \end{pmatrix} \begin{pmatrix} h_{11} \\ h_{12} \\ h_{13} \\ h_{21} \\ h_{22} \\ h_{23} \\ h_{31} \\ h_{32} \\ h_{33} \end{pmatrix} = \begin{pmatrix} 0 \\ 0 \\ 0 \\ 0 \\ \vdots \end{pmatrix} \tag{3.10}$$

式(3.10)中的系数矩阵记为 $\boldsymbol{A}$，则方程具有 $\boldsymbol{Ah}=\boldsymbol{0}$ 的形式，是一个齐次线性方程组，一般情况下可基于奇异值分解(singular value decomposition，SVD)进行求解。具体地，如果矩阵 $\boldsymbol{A}$ 的 SVD 形式为 $\boldsymbol{A}=\boldsymbol{UDV}^{\mathrm{T}}$，且对角阵 $\boldsymbol{D}$ 的对角线元素按降序排列，则待求解结果是矩阵 $\boldsymbol{V}$ 的最后一列。由于 $\boldsymbol{V}$ 是正交矩阵，所以，这样得到的参数向量 $\boldsymbol{h}$ 也满足 $\|\boldsymbol{h}\|=1$ 的约束。

DLT 方法的一个缺点是，在式(3.8)的两边同时乘以分母，相当于给每一个点对关联的方程乘以一个权重，将导致坐标值较大的点对结果有较大的影响，这显然是不合理的。为了获得更精确的结果，往往以 DLT 方法所获得的结果为初值，并进一步采用非线性优化的方法来最小化重投影误差。

在非线性估计方法中，最常采用的是非线性最小二乘法。假设$\{(\boldsymbol{x}_i,\boldsymbol{x}'_i),i=1,2,\cdots\}$是输入点对，$\boldsymbol{f}$ 是从 $\boldsymbol{x}_i$ 到 $\boldsymbol{x}'_i$ 的变换，即 $\boldsymbol{x}'_i=\boldsymbol{f}(\boldsymbol{x}_i;\boldsymbol{\Theta})$，其中$\boldsymbol{\Theta}$ 是待估计运动模型的参数向量。非线性最小二乘法需要对当前估计参数$\boldsymbol{\Theta}$ 进行迭代并找到更新的 $\Delta\boldsymbol{\Theta}$，以最小化目标函数：

$$\begin{aligned} E(\Delta\boldsymbol{\Theta}) &= \sum_i \|\boldsymbol{f}(\boldsymbol{x}_i;\boldsymbol{\Theta}+\Delta\boldsymbol{\Theta})-\boldsymbol{x}'_i\|^2 \\ &\approx \sum_i \|\boldsymbol{J}(\boldsymbol{x}_i;\boldsymbol{\Theta})\Delta\boldsymbol{\Theta}-\boldsymbol{r}_i\|^2 \\ &= \Delta\boldsymbol{\Theta}^{\mathrm{T}}\Big[\sum_i \boldsymbol{J}^{\mathrm{T}}\boldsymbol{J}\Big]\Delta\boldsymbol{\Theta} - 2\Delta\boldsymbol{\Theta}^{\mathrm{T}}\Big[\sum_i \boldsymbol{J}^{\mathrm{T}}\boldsymbol{r}_i\Big] + \sum_i \|\boldsymbol{r}_i\|^2 \\ &= \Delta\boldsymbol{\Theta}^{\mathrm{T}}\boldsymbol{A}\Delta\boldsymbol{\Theta} - 2\Delta\boldsymbol{\Theta}^{\mathrm{T}}\boldsymbol{b} + c \end{aligned} \tag{3.11}$$

其中，$\boldsymbol{J}$ 为 $\boldsymbol{f}$ 的雅可比矩阵，且

$$\boldsymbol{A}=\sum_i \boldsymbol{J}^{\mathrm{T}}(\boldsymbol{x}_i)\boldsymbol{J}(\boldsymbol{x}_i) \quad \boldsymbol{b}=\sum_i \boldsymbol{J}^{\mathrm{T}}(\boldsymbol{x}_i)\boldsymbol{r}_i \tag{3.12}$$

一旦计算出 $\boldsymbol{A}$ 和 $\boldsymbol{b}$，即可用下式计算 $\Delta\boldsymbol{\Theta}$：

$$\boldsymbol{A}\Delta\boldsymbol{\Theta}=\boldsymbol{b} \tag{3.13}$$

并相应更新参数向量$\boldsymbol{\Theta}$ 为$\boldsymbol{\Theta}+\Delta\boldsymbol{\Theta}$。

可见，采用非线性最小二乘法的关键是计算变换的雅可比矩阵 $\boldsymbol{J}$。对单应性矩阵而言，$\boldsymbol{\Theta}=\boldsymbol{h}$，$\boldsymbol{f}$ 为式(3.8)的形式，其雅可比矩阵为

$$\boldsymbol{J}(\boldsymbol{x}_i)=\frac{\partial \boldsymbol{f}(\boldsymbol{x}_i)}{\partial \boldsymbol{h}}=\frac{1}{D_i}\begin{pmatrix} x_i & y_i & 1 & 0 & 0 & 0 & -x'_ix_i & -x'_iy_i & -x'_i \\ 0 & 0 & 0 & x_i & y_i & 1 & -y'_ix_i & -y'_iy_i & -y'_i \end{pmatrix} \tag{3.14}$$

其中 $D_i=h_{20}x_i+h_{21}y_i+h_{22}$。注意，式(3.14)中 D_i、x'_i、y'_i 的计算都依赖 $\boldsymbol{h}$，可以基于 $\boldsymbol{h}$ 的当前值进行计算。

3.2.3　从单应性矩阵分解旋转和平移

对于场景中的一个平面物体而言，在获得其相对于图像的单应性矩阵 $\boldsymbol{H}$ 之后，还可以进一步分解得到该平面物体在相机坐标系中的旋转和平移参数。假设相机的内参矩阵 $\boldsymbol{K}$ 已知，则根据式(3.3)可得

$$(\boldsymbol{r}_1 \quad \boldsymbol{r}_2 \quad \boldsymbol{t}) \sim \boldsymbol{K}^{-1}\boldsymbol{H} \tag{3.15}$$

不妨设 $\boldsymbol{r}_1$、$\boldsymbol{r}_2$、$\boldsymbol{t}$ 分别为矩阵 $\boldsymbol{K}^{-1}\boldsymbol{H}$ 的 3 个列向量。又由于旋转矩阵 $\boldsymbol{R}$ 是正交矩阵，因此可以得到 $\boldsymbol{r}_3=\boldsymbol{r}_1\times\boldsymbol{r}_2$，这样便得到了 $\boldsymbol{R}$、$\boldsymbol{t}$ 的初始估计。

不过，由于对应点误差和计算误差的存在，按照上述方法直接计算得到的 $\boldsymbol{r}_1$、$\boldsymbol{r}_2$ 不一定是正交的单位向量，因此不能保证 $\boldsymbol{R}$ 是一个旋转矩阵。为此，首先对 $\boldsymbol{H}$ 乘以一个系数 λ：

$$(\boldsymbol{r}_1 \quad \boldsymbol{r}_2 \quad \boldsymbol{t}) = \lambda\boldsymbol{K}^{-1}\boldsymbol{H} \tag{3.16}$$

其中 λ 的取值应使 $\boldsymbol{r}_1$、$\boldsymbol{r}_2$ 尽量接近单位向量。记 $\lambda_1=1/\|\boldsymbol{K}^{-1}\boldsymbol{h}_1\|$，$\lambda_2=1/\|\boldsymbol{K}^{-1}\boldsymbol{h}_2\|$，其中 $\boldsymbol{h}_1$、$\boldsymbol{h}_2$ 分别为 $\boldsymbol{H}$ 的第一个和第二个列向量，则可以取 $\lambda=0.5(\lambda_1+\lambda_2)$。注意这里再次利用了单应性变换的齐次性，对 $\boldsymbol{H}$ 而言，乘以 λ 并不会改变其所表示的变换。

为了最终能够获得一个正交的旋转矩阵，就必须以上述方法所得结果为初值，求解一个离该结果最近的正交矩阵作为最终的旋转矩阵：

$$\min_{\boldsymbol{R}} \|\boldsymbol{R}-\boldsymbol{Q}\|_{\mathrm{F}}^2 \quad \text{s.t.} \quad \boldsymbol{R}^{\mathrm{T}}\boldsymbol{R}=\boldsymbol{I} \tag{3.17}$$

其中 $\boldsymbol{Q}=(\boldsymbol{r}_1 \quad \boldsymbol{r}_2 \quad \boldsymbol{r}_1\times\boldsymbol{r}_2)$ 是根据式(3.15)计算得到的结果，$\|\cdot\|_{\mathrm{F}}$ 是矩阵的 Frobenius 范数，即矩阵各元素的平方和再开方。上述问题的最优解可以通过对矩阵 $\boldsymbol{Q}$ 的 SVD 得到，记 $\boldsymbol{Q}=\boldsymbol{U}\boldsymbol{S}\boldsymbol{V}^{\mathrm{T}}$，其中 $\boldsymbol{S}$ 为对角阵，可以证明最优解为 $\boldsymbol{R}^*=\boldsymbol{U}\boldsymbol{V}^{\mathrm{T}}$。

3.3　平面标志的检测

在 3.2 节中，假定已知一组平面标志到图像上的对应点对，就可以求解出平面标志在相机坐标系中的 3D 位姿。为了求解单应性矩阵，最少需要 4 组点对。对于如图 3.1 所示的正方形或矩形平面标志而言，一般选择正方形或矩形的 4 个角点建立对应。4 个角点在平面标志上的坐标可以根据平面标志的尺寸提前设定，并在系统运行过程中保持不变。因此，主要问题是获取平面标志的 4 个角点在图像上的对应像素坐标，这也是对平面标志进行检测的主要目的。

根据平面标志设计特点的不同，对其进行检测的方法也会有所不同。对于如图 3.1 所示的正方形或矩形平面标志而言，其检测方法一般包含两个关键步骤：第一步是检测出图像中的候选四边形区域，并定位四边形的角点和边；第二步是根据每个候选四边形区域内部的图像内容，识别该四边形是否为平面标志，以及平面标志的类型(对包含多种标志的情况而言)。下面以平面标志检测库 ARUCO 中采用的检测算法为例，进一步说明上述两个步骤的具体实现过程。如图 3.3 所示为 ARUCO 中的平面标志检测算法工作的主要过程。

获得视频输入帧以后，首先将其转换成灰度图像，然后进行边缘检测或阈值化处理，获得如图 3.3(b)所示的边缘图像。边缘图像是一张二值图像，其中白色像素表示强边缘所在的位置。由于平面标志一般都被设计为高对比度的黑白图案，因此组成平面标志的区域边

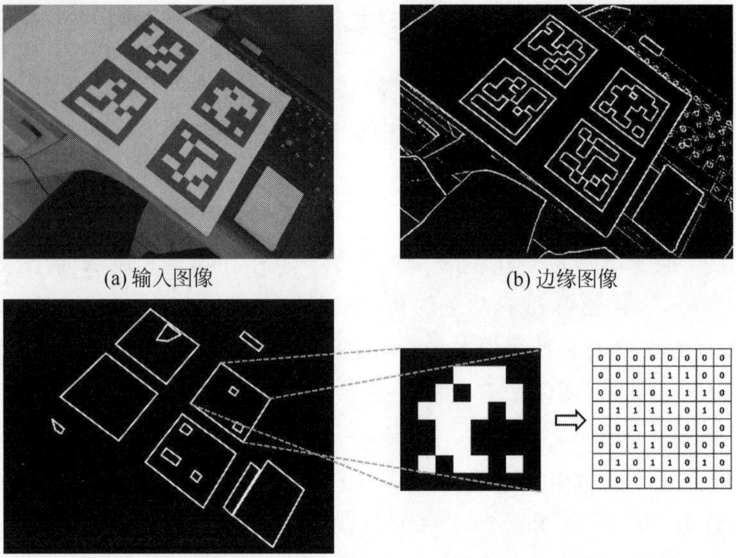

(a) 输入图像　(b) 边缘图像　(c) 候选四边形　(d) 四边形校正与二值编码

图 3.3　平面标志的检测过程

缘可以被较为稳定地检测到。相比于 Canny 边缘检测，阈值化处理一般速度更快，且运动模糊会更稳定，缺点是对边缘的定位精度相对较低。图中所示图像为用 OpenCV 中的局部自适应阈值函数 adaptiveThreshold 计算获得的结果。

获得边缘图像后，可以进一步提取候选的四边形，结果如图 3.3(c)所示。这可通过两个步骤完成。第一步是用轮廓跟踪算法找出边缘图中的闭合轮廓，并将轮廓边缘的像素连接为一个多边形。轮廓跟踪可以采用 Suzuki-Abe 算法，该算法可采用 OpenCV 中的 findContours 函数来实现。第二步，为了从闭合轮廓中找出四边形，可以对表示闭合轮廓的多边形进行简化，将近似为直线的轮廓点用一条线段表示。如果简化后的轮廓只包含四条边，则可以认为是一个候选的四边形区域。多边形简化可以采用 Douglas-Peucker 算法，该算法可用 OpenCV 中的 approxPoly 函数实现。

最后，基于图像内容，剔除候选四边形中的非平面标志区域，并识别每个平面标志的类别 ID。这主要通过图 3.3(d)的二值编码来完成。对每个候选四边形来说，都应先将其 4 个顶点与图 3.3(d)所示的平面标志的标准形状建立对应。注意，由于无法仅根据形状确定具体的对应关系，因此需要对所有的 4 种可能逐一进行尝试。对每一种可能而言，都应根据 4 组点对应，采用 3.2.2 节介绍的方法求得从图像到标准形状的单应性变换 $\boldsymbol{H}$，再根据 $\boldsymbol{H}$ 将候选四边形内部的图像内容校正到标准形状。如果某个候选四边形是一个平面标志，且点对应正确，则经过 $\boldsymbol{H}$ 变换后的结果将与相应平面标志的标准模板对齐。为了度量对齐程度，应将经 $\boldsymbol{H}$ 变换后的图像区域转换成图 3.3(d)所示的二值编码。在系统初始化时，对系统中所有可能的平面标志，采用同样的方式计算其图像的二值编码并建立索引表。为了确定一个候选四边形区域是否为平面标志，可以将其二值编码在索引表中进行检索，找出与之最相似的一个平面标志。如果相似度足够高，则认为该候选是一个平面标志，并赋予相应平面标志的类别 ID。

可见，平面标志的特殊形状和颜色极大地简化了对其进行检测的过程，只需用基本的图像处理技术即可获得较为稳定的检测结果。在视频中，物体的运动一般是连续的，在视频的相邻帧之间不会有太大的差异。利用这个特点，还可以基于上一帧的平面标志位姿参数，跟踪出当前帧的平面标志位姿参数。相比于检测，跟踪只是进行局部搜索，因此一般来说可以更快、更精确。不过，当物体或者相机运动较快的时候，跟踪也容易因视频的连续性假设不满足而失败。因此，实际系统中往往需要检测和跟踪相互配合才能获得较好的效果。

3.4 虚拟物体绘制

为了获得最终的绘制输出，首先需要将相机内参矩阵 $\boldsymbol{K}$ 和物体位姿参数 $\boldsymbol{R}$ 和 $\boldsymbol{t}$ 转换成图形，并绘制引擎的相应参数。这里以 OpenGL 为例，说明相应的转换方法。

在 OpenGL 中，相机内参矩阵 $\boldsymbol{K}$ 的作用等价于投影变换矩阵。回顾 2.3.1 节，如果不考虑成像面的倾斜角，则内参矩阵 $\boldsymbol{K}$ 可以写为如下形式：

$$\boldsymbol{K}=\begin{pmatrix}\alpha_x & 0 & x_0\\ 0 & \alpha_y & y_0\\ 0 & 0 & 1\end{pmatrix} \tag{3.18}$$

不过，上述形式的内参矩阵 $\boldsymbol{K}$ 与 OpenGL 要求的投影变换矩阵是不一致的，无法直接设置。在 OpenGL 中，投影变换矩阵 $\boldsymbol{P}$ 是一个 4×4 的矩阵，除了表示 3D 到 2D 的投影关系外，还包含对深度值的变换。从 $\boldsymbol{K}$ 到 $\boldsymbol{P}$ 的变换可以采用如下形式：

$$\boldsymbol{P}=\begin{pmatrix}\frac{2\alpha_x}{w} & 0 & 1-\frac{2x_0}{w} & 0\\ 0 & -\frac{2\alpha_y}{h} & 1-\frac{2y_0}{h} & 0\\ 0 & 0 & -\frac{Z_1+Z_0}{Z_1-Z_0} & -\frac{2Z_1Z_0}{Z_1-Z_0}\\ 0 & 0 & -1 & 0\end{pmatrix} \tag{3.19}$$

其中，w 和 h 分别为图像的宽和高，Z_0 和 Z_1 分别为 OpenGL 中近裁剪面和远裁剪面所对应的深度值(具体可参考 gluPerspective 函数)。

根据 $\boldsymbol{R}$ 和 $\boldsymbol{t}$ 计算 OpenGL 的模型-视图变换较为简单。但需要注意的是，由于在图像坐标系一般假设 y 轴向下，x 轴向右，导致引出的 z 轴向里(远离视点)；而在 OpenGL 中，图像坐标系的 y 轴向上，z 轴向外，因此，在图像坐标系中计算 $\boldsymbol{R}$ 和 $\boldsymbol{t}$ 转换到 OpenGL 坐标系时，需要将 y 坐标和 z 坐标反向，相应的模型-视图变换为

$$\boldsymbol{T}=\begin{pmatrix}1 & 0 & 0 & 0\\ 0 & -1 & 0 & 0\\ 0 & 0 & -1 & 0\\ 0 & 0 & 0 & 1\end{pmatrix}\begin{pmatrix}\boldsymbol{R} & \boldsymbol{t}\\ 0 & 1\end{pmatrix} \tag{3.20}$$

采用上述公式获得投影矩阵 $\boldsymbol{P}$ 和模型-视图变换矩阵 $\boldsymbol{T}$ 之后，就可以采用 glLoadMatrix 函数设置变换矩阵到绘制管线，再进一步完成绘制。为了将虚拟物体直接绘制到图像中，可以将背景图像作为纹理贴图先进行绘制。

最后,总结一下本章所述的简易增强现实系统。其基本流程是,对每一帧输入图像,首先用 3.3 节的方法检测平面标志,定位出平面标志的 4 个角点;其次用 3.2 节的方法,通过点对估计平面标志的 3D 位姿;最后用 3.4 节的方法绘制虚拟物体。

上述过程主要解决的是虚拟物体在现实空间的注册问题,其中使用了特殊设计的平面标志作为辅助,并将虚拟物体的位姿与平面标志的局部坐标系相绑定。平面标志的优点是其特征点非常明显,易于检测。本书接下来的几章将讨论更一般的空间注册方法,其 3D 特征点坐标的获取各具特色,第 4 章介绍由各类传感器通过实时测量获取 3D 坐标的方法,第 5 章通过对自然图像上特征点进行检测和匹配来获取 3D 点坐标,第 6 章则采用视觉方法通过对视频图像序列上特征点的匹配来重构特征点的 3D 坐标。

扩展阅读

增强现实系统开发涉及图像视频处理、计算机视觉、计算机图形学等方面的专业知识,同时为了满足实时性,对代码的计算效率有较高的要求。实际项目中往往都基于已有的增强现实 SDK 实现底层核心功能。ARToolKit 是一个较为早期的增强现实 SDK,最早发布于 1999 年,具有开源、免费的优势,可以支持 Windows、Linux 和 OS X,但不支持移动平台。近年来,随着手机、平板电脑等移动设备的普及,增强现实的主流应用逐渐转移到了移动计算平台。目前常用的增强现实 SDK 有高通公司的 Vuforia、谷歌公司的 ARCore、苹果公司的 ARKit,以及视辰信息科技公司的 EasyAR 等。这些工具包都支持增强现实的基本核心功能,如相机标定、平面标志物的识别跟踪、基于 SLAM 技术的相机跟踪与场景 3D 重建,以及图形绘制等。关于这些工具包的更多信息都可以通过搜索引擎找到,感兴趣的读者可以自行查阅。

习题

1. 已知 $\boldsymbol{X}=(\boldsymbol{X},\boldsymbol{Y},\boldsymbol{Z})^{\mathrm{T}}$ 是物体 3D 模型上的一个点,物体在相机坐标系中的旋转和平移参数分别为 $\boldsymbol{R}$、$\boldsymbol{t}$,相机内参矩阵为 $\boldsymbol{K}$。求 $\boldsymbol{X}$ 在图像上的投影点坐标 $\boldsymbol{x}=(x,y)^{\mathrm{T}}$。

2. 如果单应性矩阵 $\boldsymbol{H}$ 表示某 3D 平面到图像的变换,则 $\boldsymbol{H}$ 主要包含哪些信息?

3. π 是一个 3D 平面,I_1 和 I_2 分别是平面 π 在不同视角下观测到的图像,证明:平面 π 在 I_1 和 I_2 中的投影像素坐标可以通过一个单应性矩阵进行精确对应,即存在单应性矩阵 $\boldsymbol{H}$,使得 $\forall \boldsymbol{X}\in\pi$,有 $\tilde{\boldsymbol{x}}_1\sim\boldsymbol{H}\tilde{\boldsymbol{x}}_2$,其中 $\tilde{\boldsymbol{x}}_1$ 和 $\tilde{\boldsymbol{x}}_2$ 分别是 $\boldsymbol{X}$ 在 I_1 和 I_2 中投影像素的齐次坐标。

4. 推导单应性矩阵的雅可比矩阵 $\boldsymbol{J}$,即式(3.14)。

5. 理解从 $\boldsymbol{K}$ 到 OpenGL 投影变换矩阵 $\boldsymbol{P}$ 的变换公式,即式(3.19)。

6. 根据本章所述基本原理,实现一个如图 3.1 所示的简易增强现实系统。

基于 3D 点的空间注册

第 4 章

CHAPTER 4

在增强现实中，观察者往往自由移动，其视野不断变化，因此，只有实时确定其观察方位，才能确保所看到的虚拟物体与现实场景保持一致，虚实场景融为一体。第 3 章讲述了如何实现观察者与动态平面标志局部空间的实时配准，那是一种简化版的增强现实。事实上，增强现实可采用多种技术实现实时注册。由于增强现实有实时性和低时延的要求，因此，空间注册与定位技术一般在空间点定位跟踪的基础上实现，并成为增强现实的核心技术。这些方法通常需要采用传感器捕获数据，然后通过分析数据获得注册和定位的参数。

4.1 3D 点定位

增强现实技术需要在线实时地、高精度地进行跟踪注册。用于空间注册的传感器有很多，其中大部分是在点定位的基础上再进行空间注册的。确定空间中某个点在基准空间中的位置，称为定位(localization)。由于一组位置相对固定的点可确定一个局部空间，因此可以通过点的定位信息，确定这个局部空间相对于基准空间的位姿。在时间序列上，以高频率不断连续定位，来实现目标的跟踪注册。因此，点的定位是空间注册的重要基础。

4.1.1 三角定位法

三角定位(triangulation)法是一个古老的点定位方法，主要利用角度传感器及三角原理来实现定位，广泛用于大地地图测量。三角测量设定了两个距离已知的点，这两个点被称为锚点。三角定位法的原理是根据两个锚点与目标点的三角关系，通过从锚点测量的目标点方位角来实现定位。

不妨考虑 2D 情况下的三角定位法。如图 4.1 所示，已知锚点 A、B 的距离为 l，其连线构成基线。从 A、B 两点测量目标点 C 的角度为 α、β，问题是要估计 C 到基线的距离 d，或者 C 点的坐标值。由简单的三角几何，有

$$\begin{aligned} l &= d/\tan\alpha + d/\tan\beta \\ &= d\left(\frac{\cos\alpha}{\sin\alpha} + \frac{\cos\beta}{\sin\beta}\right) \end{aligned}$$

$$=d\,\frac{\sin(\alpha+\beta)}{\sin\alpha\sin\beta} \tag{4.1}$$

因此,有

$$d=l\,\frac{\sin\alpha\sin\beta}{\sin(\alpha+\beta)} \tag{4.2}$$

通过上述关系,如果以 A 为原点,以 AB 为 $\boldsymbol{x}$ 轴建立坐标系,就可以写出 C 点的坐标。

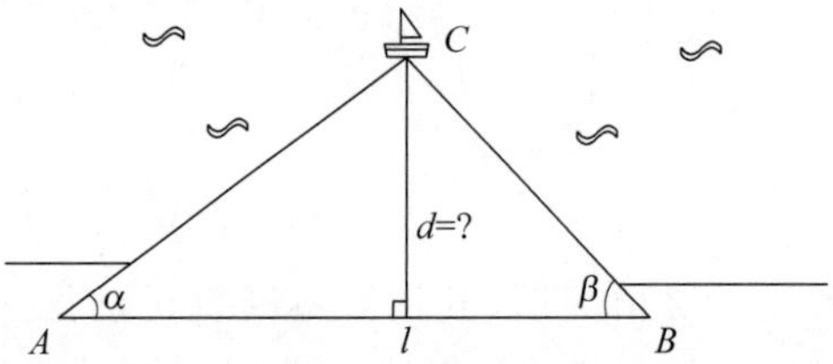

图 4.1 三角定位法的原理示意图

在 3D 情况下,情况虽然略显复杂,但原理是相同的。这时,需要设置 3 个锚点来构成三角形。由于需要从锚点测量目标与各边的角度,因此每个锚点要测量两个角度。最后,通过测量值求解目标点的坐标。三角定位法适用于通过测量角度的传感器来实现空间点定位。

4.1.2 三边定位法

三边定位(trilateration)法也是一种简便的点定位方法,主要利用距离传感器来实现。在场景中,测量并固定若干锚点的位置。如图 4.2 所示,设锚点 $\boldsymbol{X}_1,\boldsymbol{X}_2,\cdots,\boldsymbol{X}_n$ 已知,若已测得动点 P 与各锚点的距离 r_i,那么如何获得准确的动点 P 的坐标呢?

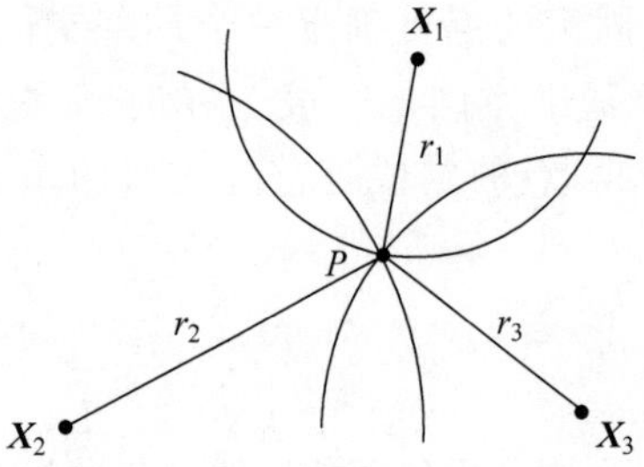

图 4.2 三边定位法的原理

与锚点距离相等的点的集合,在 2D 空间是一个圆,在 3D 空间为一个球面。在 2D 空间中,若 $n=2$,即仅仅测量点 P 至两个锚点的距离,那么两个圆会交于两点,并不能准确定位。因此,2D 空间的定位也至少需要 3 个锚点才能唯一决定其空间位置。同理,3D 空间的 3 个球面也存在两个交点,需要第 4 个锚点。由已知条件可知,点 P 应位于以锚点$\boldsymbol{X}_i=(X_i,Y_i,Z_i)^{\mathrm{T}}$ 为圆心,以 r_i 为半径的球面上,且对 $i=1,2,\cdots,n$ 都成立,因此 P 位于这些球面的交点处。当 $n=4$ 时,有唯一的交点,即为点$(X,Y,Z)^{\mathrm{T}}$。写成分量形式,有

$$\left.\begin{aligned}(X-X_1)^2+(Y-Y_1)^2+(Z-Z_1)^2=r_1^2\\(X-X_2)^2+(Y-Y_2)^2+(Z-Z_2)^2=r_2^2\\(X-X_3)^2+(Y-Y_3)^2+(Z-Z_3)^2=r_3^2\\(X-X_4)^2+(Y-Y_4)^2+(Z-Z_4)^2=r_4^2\end{aligned}\right\} \tag{4.3}$$

分别把式(4.3)中的第 1、2、3 个方程减去第 2、3、4 个方程,简单整理以后,有

$$\left.\begin{array}{l} -2(X_1-X_2)X-2(Y_1-Y_2)Y-2(Z_1-Z_2)Z=-X_1^2+X_2^2-Y_1^2+Y_2^2-Z_1^2+Z_2^2+r_1^2-r_2^2 \\ -2(X_2-X_3)X-2(Y_2-Y_3)Y-2(Z_2-Z_3)Z=-X_2^2+X_3^2-Y_2^2+Y_3^2-Z_2^2+Z_3^2+r_2^2-r_3^2 \\ -2(X_3-X_4)X-2(Y_3-Y_4)Y-2(Z_3-Z_4)Z=-X_3^2+X_4^2-Y_3^2+Y_4^2-Z_3^2+Z_4^2+r_3^2-r_4^2 \end{array}\right\} \tag{4.4}$$

这是一个线性方程组,可以容易地解出唯一解。同理,当 $n>4$ 时,得到3个以上的三元线性方程组,因此需要采用最小二乘法来求解。具体求解方法参见附录A.1。

三边定位法也称为飞行时间法,因为很多距离测量传感器采用电磁波作为信号,其传输速度是恒定的,飞行时间就等价于距离,如红外激光以光速在空间中传播。如果测量的是飞行时间,那么有 $r_i=c(t_i-t)$。由于距离的测量非常快速可靠,计算简单易行,因此是早期进行实时定位的主要方式。

4.1.3 航位推算法

航位推算(dead-reckoning)法由古老的航海技术发展而来。在船只等移动体上常常采用惯性测量单元(inertial measurement unit,IMU)来测量角速度和角加速度,并配有里程计。航位推算法是在已知初始位姿的前提下,根据当前位姿和传感器的瞬时测量值,推算下一时刻的位姿。这样,通过累积的方式,不断推算位姿与航迹。

为了简化算法,仍然以2D空间的算法为例。如图4.3所示,已知起始位置 (x_0,y_0) 以及方位角 (θ_0),测量行驶距离 s_0 和方位角变化 $\Delta\theta_0$。结合以上两者推算出下一时刻的位置。

$$\left.\begin{array}{l} x_1=x_0+s_0\sin\theta_0 \\ y_1=y_0+s_0\cos\theta_0 \\ \theta_1=\theta_0+\Delta\theta_0 \end{array}\right\}\cdots \left.\begin{array}{l} x_i=x_{i-1}+s_{i-1}\sin\theta_{i-1} \\ y_i=y_{i-1}+s_{i-1}\cos\theta_{i-1} \\ \theta_i=\theta_{i-1}+\Delta\theta_{i-1} \end{array}\right\} \tag{4.5}$$

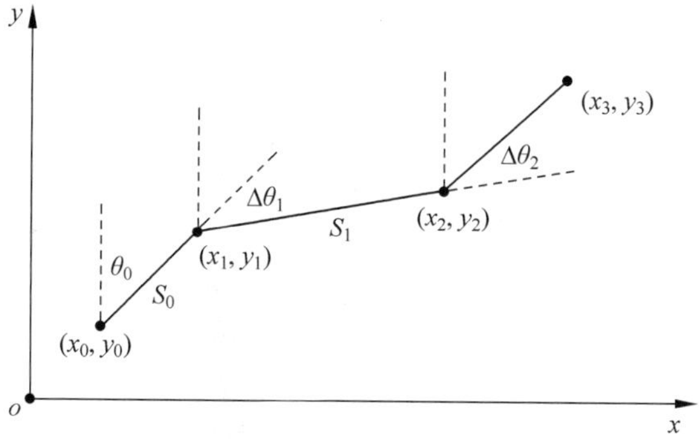

图4.3 航位推算法原理图

通过上述不断累积的方式,就可以实现连续定位。3D空间的推算要复杂一些,但是原理相同。航位推算法在短时间内估计非常准确,但是随着时间的推移,累积误差逐渐加大,会在很大程度上偏离真实值。因此,常常需要与其他方法结合来消除累积误差。航位推算法适合具有行进方向和行驶距离测量值的空间定位。需要提及的是,航位推算法理论上获得的不仅是位置,还有姿态,原则上已经实现了空间注册。

4.1.4 摄影测量法

摄影测量法是从相机拍摄的影像中确定对象的空间关系。从影像中恢复空间点的 3D 位置是典型的定位问题,也可归结为多视角的 3D 重构问题。摄影测量法通过若干台相机同步拍摄,如图 4.4 所示,从影像中建立同一个 3D 点在不同画面中的投影点间的对应关系,并进一步估计该点空间位置。通常这个点是一个特殊的标志点,如对红外光学反射率很高的小球。

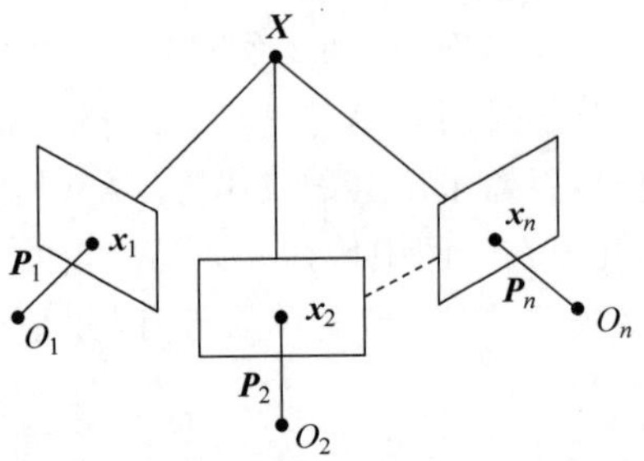

图 4.4　由多台已标定的相机中重构 3D 点

摄影测量法一般固定相机的位姿,并预先标定所有相机的内外部参数。已知相机 i 的透视投影矩阵 $\boldsymbol{P}_i$,若一个 3D 点 $\boldsymbol{X}$ 在相机 i 拍摄的图像上的投影点为 $\boldsymbol{x}_i$,$i=1,2,\cdots,n$,那么如何求取 3D 点 $\boldsymbol{X}$ 的坐标呢?

根据已知条件和相机模型,得到如下方程:

$$\left.\begin{aligned}\tilde{\boldsymbol{x}}_1 &\sim \boldsymbol{P}_1\widetilde{\boldsymbol{X}}\\ \tilde{\boldsymbol{x}}_2 &\sim \boldsymbol{P}_2\widetilde{\boldsymbol{X}}\\ &\vdots\\ \tilde{\boldsymbol{x}}_n &\sim \boldsymbol{P}_n\widetilde{\boldsymbol{X}}\end{aligned}\right\} \tag{4.6}$$

其中,$\tilde{\boldsymbol{x}}_1,\tilde{\boldsymbol{x}}_2,\cdots,\tilde{\boldsymbol{x}}_n$ 为标志点 $\boldsymbol{X}$ 在图像中位置的齐次坐标,由检测跟踪算法自动确定;$\widetilde{\boldsymbol{X}}$ 为该 3D 点的待定齐次坐标;$\boldsymbol{P}_1,\boldsymbol{P}_2,\cdots,\boldsymbol{P}_n$ 为各相机的模型,可以预先标定。通过整理可以发现上述方程是关于 3D 点 $\boldsymbol{X}$ 的线性方程,可以采用线性最小二乘法求解。能够唯一重构出 3D 点 $\widetilde{\boldsymbol{X}}=(X,Y,Z,1)^{\mathrm{T}}$ 的前提条件是,该点至少在两台相机中可见,并且建立了正确的对应关系。记矩阵 $\boldsymbol{P}_i$ 的元素为

$$\boldsymbol{P}_i=\begin{bmatrix}p_{11}^i & p_{12}^i & p_{13}^i & p_{14}^i\\ p_{21}^i & p_{22}^i & p_{23}^i & p_{24}^i\\ p_{31}^i & p_{32}^i & p_{33}^i & p_{34}^i\end{bmatrix} \tag{4.7}$$

设图像点的齐次坐标为$(w_ix_i,w_iy_i,w_i)^{\mathrm{T}}$,根据投影方程,有

$$\left.\begin{aligned}w_ix_i &= p_{11}^iX+p_{12}^iY+p_{13}^iZ+p_{14}^i\\ w_iy_i &= p_{21}^iX+p_{22}^iY+p_{23}^iZ+p_{24}^i\\ w_i &= p_{31}^iX+p_{32}^iY+p_{33}^iZ+p_{34}^i\end{aligned}\right\} \tag{4.8}$$

根据齐次坐标的定义,该点在图像上的点坐标为$(x_i,y_i)^{\mathrm{T}}$,也就是说,根据每个对应点,都可以产生两个约束,即

$$\left.\begin{aligned} x_i &= \frac{p_{11}^i X + p_{12}^i Y + p_{13}^i Z + p_{14}^i}{p_{31}^i X + p_{32}^i Y + p_{33}^i Z + p_{34}^i} \\ y_i &= \frac{p_{21}^i X + p_{22}^i Y + p_{23}^i Z + p_{24}^i}{p_{31}^i X + p_{32}^i Y + p_{33}^i Z + p_{34}^i} \end{aligned}\right\} \tag{4.9}$$

去掉分母，有

$$\left.\begin{aligned} x_i(p_{31}^i X + p_{32}^i Y + p_{33}^i Z + p_{34}^i) = p_{11}^i X + p_{12}^i Y + p_{13}^i Z + p_{14}^i \\ y_i(p_{31}^i X + p_{32}^i Y + p_{33}^i Z + p_{34}^i) = p_{21}^i X + p_{22}^i Y + p_{23}^i Z + p_{24}^i \end{aligned}\right\} \tag{4.10}$$

将已知数和未知数展开写成矩阵形式，有

$$\begin{pmatrix} x_i p_{31}^i - p_{11}^i & x_i p_{32}^i - p_{12}^i & x_i p_{33}^i - p_{13}^i \\ y_i p_{31}^i - p_{21}^i & y_i p_{32}^i - p_{22}^i & y_i p_{33}^i - p_{23}^i \end{pmatrix} \begin{pmatrix} X \\ Y \\ Z \end{pmatrix} = \begin{pmatrix} -x_i p_{34}^i + p_{14}^i \\ -y_i p_{34}^i + p_{24}^i \end{pmatrix} \tag{4.11}$$

这样，每增加一台相机，式(4.11)中左侧的系数矩阵就增加两行，则所有的 n 个点对将构成 $2n$ 行的系数矩阵，成为 $2n\times3$ 的矩阵，记为 $\boldsymbol{A}$；右端的向量记为 $\boldsymbol{b}$。这样，需要求解线性方程组

$$\boldsymbol{AX} = \boldsymbol{b} \tag{4.12}$$

上述方程组在 $n\geqslant2$ 时，就可以参照附录 A.1 求最小二乘解

$$\boldsymbol{X} = (\boldsymbol{A}^{\mathrm{T}}\boldsymbol{A})^{-1}\boldsymbol{A}^{\mathrm{T}}\boldsymbol{b} \tag{4.13}$$

尽管理论上两台相机就可以定位一个点，但在实际应用中往往会设置多台相机，原因是当点运动时容易产生遮挡，不出现在视域中，或者因距离太远导致精度下降。同时，多台相机也会增加数据量，使算法具有更好的抗干扰能力。因此，根据需要，场景中通常布置数台乃至数百台不等的相机，相机越多，可定位的场景越大，精确度越高。

在增强现实环境中，一般需要标定多个标志点，单个标志点的定位意义不大。这时，各画面中标志点的准确对应非常重要。只有避免错误的对应，才能获得良好的精度。由于相机一般成像精度很高，因此，标志点在画面中相对关系的精度也很高，这是摄影测量的优势。

4.2 空间变换估计

空间注册是要确定不同坐标系之间的映射关系，空间点的定位跟踪仅仅为空间注册奠定了基础。将场景中已知其 3D 坐标的标志点称为锚点。若在场景中设置若干相对固定的点结构，并采用空间点定位技术确定每个点的空间位置，就构成了一个锚点组合。若将这组锚点与跟踪对象绑定，就可以实现跟踪对象在现实场景中的空间注册。在增强现实环境中，跟踪对象可以是观察者，也可以是头盔或者相机，还可以是物体。在增强现实系统中，这套用于空间注册的系统通常称为跟踪器。

4.2.1 基于 3D-3D 点对应的直接法

如图 4.5 所示，设有若干锚点固定在一起，形成一定的结构，并预先知道在这个局部坐

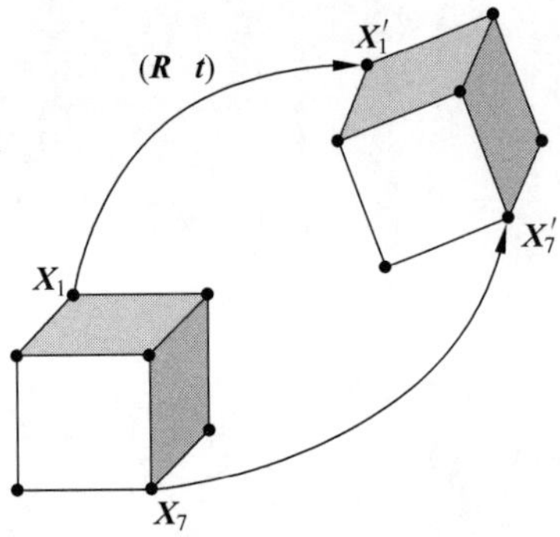

图 4.5 通过 3D-3D 的点对应求解空间变换

标系下的坐标为 $\boldsymbol{X}_i, i=1,2,\cdots,n$，齐次坐标为 $\widetilde{\boldsymbol{X}}_i, i=1,2,\cdots,n$；通过定位跟踪可以知道每一个点在现实场景坐标系中的坐标为 $\boldsymbol{X}'_i, i=1,2,\cdots,n$，齐次坐标为 $\widetilde{\boldsymbol{X}}'_i, i=1,2,\cdots,n$。那么如何计算这组锚点所确定的局部空间与现实场景坐标系的变换关系呢？下面，介绍一种简单的方法，根据点的对应关系直接优化求解。

一般来说，增强现实中两个不同 3D 空间点之间的关系总是可以表达为相似变换，其变换矩阵表述为 $\boldsymbol{T}=\begin{pmatrix} s\boldsymbol{R} & \boldsymbol{t} \\ \boldsymbol{0}^{\mathrm{T}} & 1 \end{pmatrix}$，满足：

$$\widetilde{\boldsymbol{X}}'_i=\boldsymbol{T}\widetilde{\boldsymbol{X}}_i=\begin{pmatrix} s\boldsymbol{R} & \boldsymbol{t} \\ \boldsymbol{0}^{\mathrm{T}} & 1 \end{pmatrix}\widetilde{\boldsymbol{X}}_i,\quad \text{或者 } \boldsymbol{X}'_i=s\boldsymbol{R}\boldsymbol{X}_i+\boldsymbol{t}, \forall i\in\{i \mid i=1,2,\cdots,n\} \tag{4.14}$$

其中，$\boldsymbol{R}$ 表示刚体变换的旋转矩阵，$\boldsymbol{t}$ 表示刚体变换的平移向量。如果为刚体变换，则可以设置尺度系数 $\boldsymbol{s}=1$。展开为

$$\begin{pmatrix} X'_i \\ Y'_i \\ Z'_i \end{pmatrix}=s\boldsymbol{R}\begin{pmatrix} X_i \\ Y_i \\ Z_i \end{pmatrix}+\boldsymbol{t}=\begin{pmatrix} sr_{11} & sr_{12} & sr_{13} \\ sr_{21} & sr_{22} & sr_{23} \\ sr_{31} & sr_{32} & sr_{33} \end{pmatrix}\begin{pmatrix} X_i \\ Y_i \\ Z_i \end{pmatrix}+\begin{pmatrix} t_x \\ t_y \\ t_z \end{pmatrix} \tag{4.15}$$

为了采用直接线性法求解上述方程，需要暂时搁置旋转矩阵参数的正交性，同时将参数 s 与旋转矩阵的参数 r_{ij} 绑定在一起求解，即将 sr_{ij} 作为一个变量来求解，这样方程组总共有 12 个参数。由于每个锚点可以建立 3 个约束条件，因此至少需要 4 个锚点才能求解。当已知点对超过 4 时，采用最优化方法求解出 $\boldsymbol{T}$ 的最优估计矩阵 $\boldsymbol{T}^*$。

问题可以进一步形式化地表述为

$$\boldsymbol{T}^*=\arg\min_{\boldsymbol{T}(s\boldsymbol{R},\boldsymbol{t})}\sum_{i=1}^{n}\|\boldsymbol{X}'_i-(s\boldsymbol{R}\boldsymbol{X}_i+t)\|^2 \tag{4.16}$$

式(4.16)中，min 表示使目标最小化，其下方标记出需要调整和优化的参数，这里表示需要调整矩阵 $\boldsymbol{T}$ 的变量 $s\boldsymbol{R}$ 与 $\boldsymbol{t}$ 来使目标函数达到极小值。上述优化问题表示变换矩阵 $\boldsymbol{T}$ 是使得点集 $\boldsymbol{X}_i, i=1,2,\cdots,n$ 做刚体变换以后，与点集 $\boldsymbol{X}'_i, i=1,2,\cdots,n$ 距离和最小的刚体变换。

式(4.16)可以化解为一个线性最小二乘问题，容易求解出 $\boldsymbol{T}$ 的各个参数，即 $s\boldsymbol{R}$ 和 $\boldsymbol{t}$ 的各矩阵元素的值。具体的最小二乘求解方法请参考附录 A.1。但是，这里没有对子矩阵 $\boldsymbol{R}$ 的正交性约束，由于数据中常常存在噪声，因此求解出来的参数 $\boldsymbol{R}$ 通常不满足正交性。然而，正交性约束是非线性的，直接将其加入优化过程中，将使得优化问题变为非线性优化问题，其求解问题将更为复杂和困难。张正友曾建议使用矩阵分解的方法，将线性求解得到的矩阵正则化。

设最小二乘法得到的旋转矩阵为 $s\boldsymbol{R}$，将其进行奇异值分解(singular value decomposition, SVD)，得

$$s\boldsymbol{R}=\boldsymbol{U}\begin{pmatrix}\lambda_1 & 0 & 0\\ 0 & \lambda_2 & 0\\ 0 & 0 & \lambda_3\end{pmatrix}\boldsymbol{V}^{\mathrm{T}} \tag{4.17}$$

其中,$\boldsymbol{U}$、$\boldsymbol{V}$ 为正交矩阵,λ_1、λ_2、λ_3 为特征根。对于正交矩阵而言,这 3 个特征根均需为 1,因此,令 $s^3=\lambda_1\lambda_2\lambda_3$,再强制这 3 个特征根为 1,则可获得正交化后的旋转矩阵

$$\boldsymbol{R}^*=\boldsymbol{U}\begin{pmatrix}1 & 0 & 0\\ 0 & 1 & 0\\ 0 & 0 & 1\end{pmatrix}\boldsymbol{V}^{\mathrm{T}}=\boldsymbol{U}\boldsymbol{V}^{\mathrm{T}} \tag{4.18}$$

上述方法通过指定两个空间的对应点来实现空间注册。但是,对应点的指定并不容易,难以精确、方便地实施。

4.2.2 基于 3D-3D 点对应的刚体运动估计法

对刚体变换的估计其实是一个非线性问题,因此采用线性最小二乘法进行求解需要进行旋转矩阵的正交化处理。接下来,介绍一种基于 SVD 的方法,可以将刚体变换估计转化为线性问题进行求解,并且该方法可以适用于任意 d 维空间的刚体变换估计。给定一组 d 维空间的点对集合$\{(\boldsymbol{p}_i,\boldsymbol{q}_i)\}$,其中 $\boldsymbol{q}_i$ 是 $\boldsymbol{p}_i$ 经刚体变换之后的结果,即

$$\boldsymbol{q}_i=\boldsymbol{R}\boldsymbol{p}_i+\boldsymbol{t} \tag{4.19}$$

其中 $\boldsymbol{R}$ 和 $\boldsymbol{t}$ 分别为旋转和平移参数。因此,求解最优刚体变换可以表示为如下问题:

$$(\boldsymbol{R},\boldsymbol{t})^*=\underset{\boldsymbol{R}\in \mathrm{SO}(d),\boldsymbol{t}\in\mathbb{R}^d}{\arg\min}\sum_{i=1}^{n}w_i\,\|(\boldsymbol{R}\boldsymbol{p}_i+\boldsymbol{t})-\boldsymbol{q}_i\|^2,\quad \text{s.t.}\ \boldsymbol{R}^{\mathrm{T}}\boldsymbol{R}=\boldsymbol{I} \tag{4.20}$$

其中,$w_i>0$ 是每个点对的权重,可以用来表示特征点对的可信度等。如果点对之间对结果的影响被认为是等同的,则可以设置 $w_i\equiv1$。

首先,如果假设 $\boldsymbol{R}$ 是已知的,则式(4.20)变成对 $\boldsymbol{t}$ 的加权最小二乘问题。在这种情况下,可以很容易地得到

$$\boldsymbol{t}=\bar{\boldsymbol{q}}-\boldsymbol{R}\bar{\boldsymbol{p}} \tag{4.21}$$

其中

$$\bar{\boldsymbol{p}}=\frac{\sum_{i=1}^{n}w_i\boldsymbol{p}_i}{\sum_{i=1}^{n}w_i},\quad \bar{\boldsymbol{q}}=\frac{\sum_{i=1}^{n}w_i\boldsymbol{q}_i}{\sum_{i=1}^{n}w_i} \tag{4.22}$$

即 $\boldsymbol{t}$ 的最优解为将变换后的加权质心 P 平移至加权质心 Q。将其代入目标函数,有

$$\begin{aligned}\sum_{i=1}^{n}w_i\,\|(\boldsymbol{R}\boldsymbol{p}_i+\boldsymbol{t})-\boldsymbol{q}_i\|^2&=\sum_{i=1}^{n}w_i\,\|\boldsymbol{R}\boldsymbol{p}_i+\bar{\boldsymbol{q}}-\boldsymbol{R}\bar{\boldsymbol{p}}-\boldsymbol{q}_i\|^2\\&=\sum_{i=1}^{n}w_i\,\|\boldsymbol{R}(\boldsymbol{p}_i-\bar{\boldsymbol{p}})-(\boldsymbol{q}_i-\bar{\boldsymbol{q}})\|^2\end{aligned} \tag{4.23}$$

令

$$\boldsymbol{x}_i=\boldsymbol{p}_i-\bar{\boldsymbol{p}},\quad \boldsymbol{y}_i=\boldsymbol{q}_i-\bar{\boldsymbol{q}} \tag{4.24}$$

则求解旋转矩阵 $\boldsymbol{R}$ 可表示为

$$\boldsymbol{R}=\underset{\boldsymbol{R}\in \mathrm{SO}(d)}{\arg\min}\sum_{i=1}^{n} w_i \| \boldsymbol{R}\boldsymbol{x}_i-\boldsymbol{y}_i \|^2 \tag{4.25}$$

而

$$\begin{aligned}\| \boldsymbol{R}\boldsymbol{x}_i-\boldsymbol{y}_i \|^2 &= (\boldsymbol{R}\boldsymbol{x}_i-\boldsymbol{y}_i)^{\mathrm{T}}(\boldsymbol{R}\boldsymbol{x}_i-\boldsymbol{y}_i) \\ &= (\boldsymbol{x}_i^{\mathrm{T}}\boldsymbol{R}^{\mathrm{T}}-\boldsymbol{y}_i^{\mathrm{T}})(\boldsymbol{R}\boldsymbol{x}_i-\boldsymbol{y}_i) \\ &= \boldsymbol{x}_i^{\mathrm{T}}\boldsymbol{R}^{\mathrm{T}}\boldsymbol{R}\boldsymbol{x}_i-\boldsymbol{y}_i^{\mathrm{T}}\boldsymbol{R}\boldsymbol{x}_i-\boldsymbol{x}_i^{\mathrm{T}}\boldsymbol{R}^{\mathrm{T}}\boldsymbol{y}_i+\boldsymbol{y}_i^{\mathrm{T}}\boldsymbol{y}_i \\ &= \boldsymbol{x}_i^{\mathrm{T}}\boldsymbol{x}_i-\boldsymbol{y}_i^{\mathrm{T}}\boldsymbol{R}\boldsymbol{x}_i-\boldsymbol{x}_i^{\mathrm{T}}\boldsymbol{R}^{\mathrm{T}}\boldsymbol{y}_i+\boldsymbol{y}_i^{\mathrm{T}}\boldsymbol{y}_i\end{aligned} \tag{4.26}$$

由于旋转矩阵 $\boldsymbol{R}$ 有 $\boldsymbol{R}^{\mathrm{T}}\boldsymbol{R}=\boldsymbol{I}$，又因为 $\boldsymbol{x}_i^{\mathrm{T}}$ 是 $1\times d$ 的向量，$\boldsymbol{R}^{\mathrm{T}}$ 是 $d\times d$ 的矩阵，$\boldsymbol{y}_i$ 是 $d\times 1$ 的向量，故 $\boldsymbol{x}_i^{\mathrm{T}}\boldsymbol{R}^{\mathrm{T}}\boldsymbol{y}_i$ 是一个标量，所以 $\boldsymbol{x}_i^{\mathrm{T}}\boldsymbol{R}^{\mathrm{T}}\boldsymbol{y}_i=(\boldsymbol{x}_i^{\mathrm{T}}\boldsymbol{R}^{\mathrm{T}}\boldsymbol{y}_i)^{\mathrm{T}}=\boldsymbol{y}_i^{\mathrm{T}}\boldsymbol{R}\boldsymbol{x}_i$，从而可以得到

$$\| \boldsymbol{R}\boldsymbol{x}_i-\boldsymbol{y}_i \|^2=-2\boldsymbol{y}_i^{\mathrm{T}}\boldsymbol{R}\boldsymbol{x}_i+\boldsymbol{x}_i^{\mathrm{T}}\boldsymbol{x}_i+\boldsymbol{y}_i^{\mathrm{T}}\boldsymbol{y}_i \tag{4.27}$$

由于 $\boldsymbol{x}_i^{\mathrm{T}}\boldsymbol{x}_i+\boldsymbol{y}_i^{\mathrm{T}}\boldsymbol{y}_i$ 与旋转矩阵 $\boldsymbol{R}$ 无关，因此在式(4.27)中的优化问题中不起作用，而去掉负号会将极小值问题转化为极大值问题，故

$$\underset{\boldsymbol{R}\in \mathrm{SO}(d)}{\arg\min}\sum_{i=1}^{n} w_i \| \boldsymbol{R}\boldsymbol{x}_i-\boldsymbol{y}_i \|^2=\underset{\boldsymbol{R}\in \mathrm{SO}(d)}{\arg\max}\left(\sum_{i=1}^{n} w_i\boldsymbol{y}_i^{\mathrm{T}}\boldsymbol{R}\boldsymbol{x}_i\right) \tag{4.28}$$

进一步地，可以进行如下变换：

$$\sum_{i=1}^{n} w_i\boldsymbol{y}_i^{\mathrm{T}}\boldsymbol{R}\boldsymbol{x}_i=\mathrm{tr}(\boldsymbol{W}\boldsymbol{Y}^{\mathrm{T}}\boldsymbol{R}\boldsymbol{X}) \tag{4.29}$$

其中 $\boldsymbol{W}=\mathrm{diag}(w_1,w_2,\cdots,w_n)$ 是 $n\times n$ 的对角矩阵，w_i 是第 i 项的权值；$\boldsymbol{Y}$ 是以 $\boldsymbol{y}_i$ 为列向量的 $d\times n$ 的矩阵；$\boldsymbol{X}$ 是以 $\boldsymbol{x}_i$ 为列向量的 $d\times n$ 的矩阵。把问题转换为求 $\mathrm{tr}(\boldsymbol{W}\boldsymbol{Y}^{\mathrm{T}}\boldsymbol{R}\boldsymbol{X})$ 的最大值。参考附录 B 的推导过程，可以得到此优化问题的解。

最后，总结一下上述求解刚性变换的方法步骤。

(1) 首先求点集 P 和 Q 的加权质心

$$\bar{\boldsymbol{p}}=\frac{\sum_{i=1}^{n} w_i\boldsymbol{p}_i}{\sum_{i=1}^{n} w_i},\quad \bar{\boldsymbol{q}}=\frac{\sum_{i=1}^{n} w_i\boldsymbol{q}_i}{\sum_{i=1}^{n} w_i} \tag{4.30}$$

(2) 求

$$\boldsymbol{x}_i=\boldsymbol{p}_i-\bar{\boldsymbol{p}},\quad \boldsymbol{y}_i=\boldsymbol{q}_i-\bar{\boldsymbol{q}},\quad i=1,2,\cdots,n \tag{4.31}$$

(3) 计算 $d\times d$ 协方差矩阵 $\boldsymbol{S}=\boldsymbol{X}\boldsymbol{W}\boldsymbol{Y}^{\mathrm{T}}$，其中 $\boldsymbol{W}=\mathrm{diag}(w_1,w_2,\cdots,w_n)$ 是 $n\times n$ 的对角矩阵，w_i 是第 i 项的权值；$\boldsymbol{Y}$ 是以 $\boldsymbol{y}_i$ 为列向量的 $d\times n$ 的矩阵；$\boldsymbol{X}$ 是以 $\boldsymbol{x}_i$ 为列向量的 $d\times n$ 的矩阵。

(4) 计算 SVD，即 $\boldsymbol{S}=\boldsymbol{U}\boldsymbol{\Sigma}\boldsymbol{V}^{\mathrm{T}}$，所求变换矩阵 $\boldsymbol{R}$ 为

$$\boldsymbol{R}=\boldsymbol{V}\begin{pmatrix}1 & & & & \\ & 1 & & & \\ & & \ddots & & \\ & & & 1 & \\ & & & & \det(\boldsymbol{V}\boldsymbol{U}^{\mathrm{T}})\end{pmatrix}\boldsymbol{U}^{\mathrm{T}} \tag{4.32}$$

(5) 计算最优平移变换为 $\boldsymbol{t}=\bar{\boldsymbol{q}}-\boldsymbol{R}\bar{\boldsymbol{p}}$。

4.2.3 基于 3D-2D 点对应的方法

数字相机是空间注册的重要传感器。相机的定标指获得相机的位姿。相机在不同姿态下,拍摄的场景图像是不同的。由于相机常常与观察者重合,因此相机的标定代表着确定了观察者与其他空间的注册关系。基于锚点的相机标定是一个空间注册的基本问题,其方法简单,是实时注册的重要方法。

假设相机的内部参数矩阵 $\boldsymbol{K}$ 已经预先标定。如图 4.6 所示,已知 n 个 3D 空间点(锚点)及其在图像上的投影坐标,如何估计相机的位姿?这个问题称为 **PnP 问题**(Perspective-n-Point Problem)。PnP 问题可描述为:已知相机的内部参数 $\boldsymbol{K}$ 以及若干 3D 空间点 $\boldsymbol{X}_i$ 在相机拍摄的图像上的投影点为 $\boldsymbol{x}_i$,如何恢复相机的位姿参数$(\boldsymbol{R}\ \boldsymbol{t})$?由于相机的内部参数矩阵已知,因此容易根据相机模型中的图像点映射与成像平面点的关系 $\tilde{\boldsymbol{x}}\sim\boldsymbol{K}\tilde{\boldsymbol{u}}$,导出 $\tilde{\boldsymbol{u}}\sim\boldsymbol{K}^{-1}\tilde{\boldsymbol{x}}$。也即:

$$\left.\begin{array}{c}\boldsymbol{K}^{-1}\tilde{\boldsymbol{x}}_1\sim(\boldsymbol{R}\ \boldsymbol{t})\widetilde{\boldsymbol{X}}_1\\ \boldsymbol{K}^{-1}\tilde{\boldsymbol{x}}_2\sim(\boldsymbol{R}\ \boldsymbol{t})\widetilde{\boldsymbol{X}}_2\\ \vdots\\ \boldsymbol{K}^{-1}\tilde{\boldsymbol{x}}_n\sim(\boldsymbol{R}\ \boldsymbol{t})\widetilde{\boldsymbol{X}}_n\end{array}\right\}\quad\text{或者}\quad\left.\begin{array}{c}\tilde{\boldsymbol{u}}_1\sim(\boldsymbol{R}\ \boldsymbol{t})\widetilde{\boldsymbol{X}}_1\\ \tilde{\boldsymbol{u}}_2\sim(\boldsymbol{R}\ \boldsymbol{t})\widetilde{\boldsymbol{X}}_2\\ \vdots\\ \tilde{\boldsymbol{u}}_n\sim(\boldsymbol{R}\ \boldsymbol{t})\widetilde{\boldsymbol{X}}_n\end{array}\right\}\tag{4.33}$$

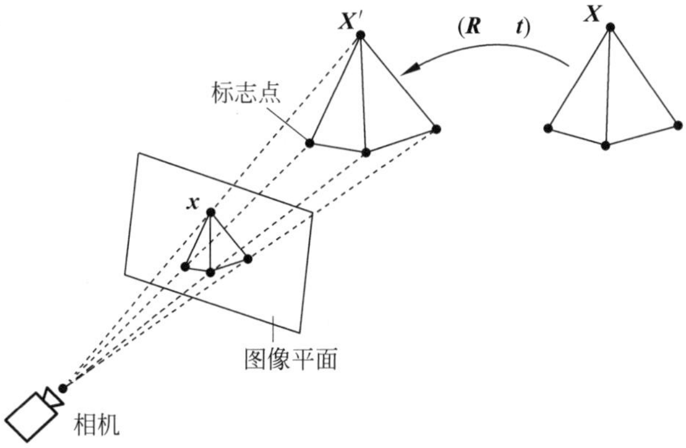

图 4.6　通过拍摄多个已标定的标志点来估计相机参数

式(4.33)是关于位姿参数的非线性方程。当然,也可以看作矩阵$(\boldsymbol{R}\ \boldsymbol{t})$各元素的线性方程,由于有 11 个自由度,因此至少需要 6 个 3D-2D 点对,方可求解位姿参数。求解以后再通过正交性约束进一步校准旋转矩阵 $\boldsymbol{R}$。

若将 PnP 问题看作非线性问题,由于刚体变换有 6 个自由度,所以理论上最少需要 3 个 3D-2D 点对,方可求解。接下来将看到,给定 3 个点对,如何利用物体刚体运动距离不变的性质,解析非线性的 PnP 问题。

不妨用 $\boldsymbol{X}_1$、$\boldsymbol{X}_2$、$\boldsymbol{X}_3$ 来表示 3 个点在世界坐标系中的坐标。而由于物体从世界坐标系到相机坐标系的变换为刚体变换,这 3 个点两两之间的距离为已知,并且保持不变。不妨设 $\boldsymbol{X}_i$ 与 $\boldsymbol{X}_j$ 之间的距离为 d_{ij},图像中对应的点为 $\boldsymbol{x}_i$,则有

$$\mathrm{dist}(\boldsymbol{X}_i,\boldsymbol{X}_j)=d_{ij},\quad \forall i,j\in\{1,2,3\} \tag{4.34}$$

3D 空间点在相机坐标系下的坐标为 $\widetilde{\boldsymbol{X}}'_i=(\boldsymbol{R}\ \boldsymbol{t})\widetilde{\boldsymbol{X}}_i$，则有 $\widetilde{\boldsymbol{u}}_i\sim\boldsymbol{X}'_i$，所以有：

$$\boldsymbol{X}'_i=\lambda_i\widetilde{\boldsymbol{u}}_i,\quad \forall i\in\{1,2,3\} \tag{4.35}$$

则问题进而变成求解 λ_i 的值。实际上，已知图像坐标 $\boldsymbol{x}_i$ 及相机内参矩阵$\boldsymbol{K}$，$\widetilde{\boldsymbol{u}}_i$ 实际上决定了从相机光心出发到相机坐标系的一条射线方向，$\boldsymbol{X}'_i$必定位于这条射线上，但是其深度未知，需要通过 λ_i 来决定。不妨设 $\widetilde{\boldsymbol{u}}_i=(X_i,Y_i,Z_i)$，则有：

$$\boldsymbol{X}'_i=(\lambda_iX_i,\lambda_iY_i,\lambda_iZ_i),\quad \forall i\in\{1,2,3\} \tag{4.36}$$

$$\mathrm{dist}(\boldsymbol{X}'_i,\boldsymbol{X}'_j)=\sqrt{(\lambda_iX_i-\lambda_jX_j)^2+(\lambda_iY_i-\lambda_jY_j)^2+(\lambda_iZ_i-\lambda_jZ_j)^2},\quad \forall i,j\in\{1,2,3\} \tag{4.37}$$

由刚体变换知空间点的距离保持不变，即

$$\mathrm{dist}(\boldsymbol{X}'_i,\boldsymbol{X}'_j)=\mathrm{dist}(\boldsymbol{X}_i,\boldsymbol{X}_j)=d_{ij},\quad \forall i,j\in\{1,2,3\} \tag{4.38}$$

代入公式(4.37)可以得

$$(\lambda_iX_i-\lambda_jX_j)^2+(\lambda_iY_i-\lambda_jY_j)^2+(\lambda_iZ_i-\lambda_jZ_j)^2=d_{ij}^2,\quad \forall i,j\in\{1,2,3\} \tag{4.39}$$

式(4.39)中的 X_i、Y_i、Z_i 和 d_{ij} 均为已知，因此需要通过 3 个二次方程求解 λ_1、λ_2、λ_3。这最多可以得到 8 组不同的解。不过，因为其中会有非实数解、相同解等，并且有一半的解对应的 3D 点会出现在摄像机后方，所以，排除这些情况后，最多可以得到 4 个可能的解。为了进一步获得唯一解，需要引入第 4 个点对，并与前 3 个点对得到的 4 个可能解进行验证，选择最一致的一个解即可。

上述解析解是当 $n=3$ 时的情形。PnP 问题的理论研究表明，当 $n=4$ 或者 $n=5$ 时，至少有 2 个可能的解，但是，如果当这些点共面并没有任何三点共线时，则解在 $n\geqslant4$ 时是唯一的；当 $n\geqslant6$ 时，有唯一解。在增强现实环境中，当然希望获得的解是唯一的，并有很高的精度。因此，一般至少布置 6 个锚点，这样采用最优化方法获得的解一般更为稳定和精确。

基于 3 个或 4 个点对的方法虽然非常高效，但由于点对的匹配误差和噪声等，通过少量点对难以获得高精度的结果。因此，该方法一般用于估计变换的初始值。为了获得高精度的结果，还需要尽量利用更多点进行进一步的优化，这可以通过最小化所有 3D 空间点在图像上的投影误差来实现。假设$\boldsymbol{\Theta}$ 为对变换$(\boldsymbol{R}\ \boldsymbol{t})$的 6 自由度参数化表示，这样$(\boldsymbol{R}\ \boldsymbol{t})$成为参数$\boldsymbol{\Theta}$ 的函数，则最小化投影误差等价于最小化如下目标函数：

$$F(\boldsymbol{\Theta})=\sum_i\|\pi(\boldsymbol{K}(\boldsymbol{R}\ \boldsymbol{t})\widetilde{\boldsymbol{X}}_i)-\boldsymbol{x}_i\|^2=\sum_iD(\boldsymbol{X}_i)^2 \tag{4.40}$$

其中，$\boldsymbol{X}_i$ 为一个 3D 空间点；$\boldsymbol{x}_i$ 是其在图像上的对应点；$\boldsymbol{K}(\boldsymbol{R}\ \boldsymbol{t})\widetilde{\boldsymbol{X}}_i$ 为 $\boldsymbol{X}_i$ 根据当前相机位姿在图像上的重投影点；$\pi(\cdot)$为齐次坐标至普通坐标的变换函数；$D(\boldsymbol{X}_i)$即第 i 个点对的重投影误差。这里需要注意的是，位姿参数转变为 6D 向量$\boldsymbol{\Theta}$，在计算雅可比矩阵的时候，将对参变量$\boldsymbol{\Theta}$ 求偏导而非$(\boldsymbol{R}\ \boldsymbol{t})$，这样优化问题就不再需要满足约束条件。参考附录 C，采用高斯-牛顿法或者 Levenberg-Marquart 法进行求解。

4.2.4 基于形状匹配的方法

在增强现实的应用场景中，常常需要将传感器采集的形状数据，与预先建模的物体形状模板进行匹配，或者将不同时刻采集的形状数据之间进行匹配（通常用于跟踪）。视觉传感器多种多样，获取深度视频的传感器已经非常普及。由于深度视频数据是由深度图像构成的序列，深度图像的每一个像素对应着该点的深度值，即该点在相机坐标系中的 z 值，利用校准的相机模型可以计算出该点的 3D 坐标，因此，一幅深度图像就是物体表面形状的部分 3D 点集合，称为点云，通常能够获得比普通影像更好的视觉计算效果。基于视频影像，可通过视觉重建算法获取场景中较完整的 3D 点云。激光扫描仪能够获得更为精确的点云数据，缺点是速度一般较慢。一般而言，传感器捕获的形状数据常为点云形式。

假设有一个刚性 3D 表面形状，已知其在两个不同坐标系下的 3D 表示或从不同角度获取的采样，如何估计一个刚体变换矩阵？如何将一个形状变换到与另一个形状重叠？这个问题称为刚性 3D 表面形状的匹配问题，是计算机视觉领域的经典问题。迭代最近点法（iterative closest point，ICP）就是对上述问题的求解方法，思路是：对所有采样点而言，要求其与 3D 模型的最近距离的平均值最小化，来优化估计注册的刚体变换。这个问题的实质就是 2 个曲面形状的 3D 空间注册。

假设对 3D 表面的一个表示为 S，另一个表示为 S'，估计变换矩阵($\boldsymbol{R}\ \boldsymbol{t}$)，使得表面 S 经过该矩阵变换后获得的表面与 S' 的距离最小。

首先，定义两个具有任意形状的自由表面的距离，即表面到表面的距离。再定义点到表面的距离。若有 $S=\{\boldsymbol{x}_i \mid i=1,2,\cdots\}$，那么，空间中任意一点 $\boldsymbol{x}$ 与该表面的距离定义为所有 $\boldsymbol{x}_i$ 与该表面的距离中的最小值：

$$d(\boldsymbol{x},S)=\min_{\boldsymbol{x}_i\in S} d(\boldsymbol{x},\boldsymbol{x}_i) \tag{4.41}$$

其中，$d(,)$为欧氏距离。算法的目的是要实现两个表面的最佳整体匹配，即表面上所有点都与另一个表面非常靠近。一般采用平均距离作为表面间的距离。表面 S 与表面 S' 的距离为

$$d(S,S')=\frac{1}{N}\sum_{\boldsymbol{x}_j\in S} d(\boldsymbol{x}_j,S') \tag{4.42}$$

其中，N 为表面 S 上采样点的个数。但是，在一些情况下，该距离不对称，因此进一步修改为具有对称性的距离：

$$d(S,S')=\frac{1}{N}\sum_{\boldsymbol{x}_j\in S} d(\boldsymbol{x}_j,S')+\frac{1}{N'}\sum_{\boldsymbol{x}_k\in S'} d(\boldsymbol{x}_k,S) \tag{4.43}$$

其中，N'为表面 S'上采样点的个数。式(4.43)将距离定义为表面 S 上的所有点到表面 S' 的平均距离与表面 S' 上的所有点到表面 S 的平均距离和，形成了表面 S 与表面 S' 的对称距离定义。

有了距离的定义，就可以给出两个表面配准的目标函数。S 经过矩阵变换以后应该与 S' 匹配，也就是 S 经过矩阵变换以后应该与 S' 有最小距离。那么 $\forall\, \boldsymbol{x}_i\in S$，在 S' 的对应坐标为 $\boldsymbol{R}\boldsymbol{x}_i+\boldsymbol{t}$，定义两个形状注册的目标函数为

$$F(\boldsymbol{R}\ \boldsymbol{t})=\frac{1}{N}\sum_{i=1}^{N} d(\boldsymbol{R}\boldsymbol{x}_i+\boldsymbol{t},S')+\frac{1}{N'}\sum_{j=1}^{N'} d(\boldsymbol{R}^{\mathrm{T}}\boldsymbol{x}_j-\boldsymbol{R}^{\mathrm{T}}\boldsymbol{t},S) \tag{4.44}$$

根据上式，选取能够最小化上述目标函数的矩阵参数，求解($\boldsymbol{R}\ \boldsymbol{t}$)。从这里可以看出，要求解该优化方程，其核心是要度量点到表面的距离。

在寻找最近距离点的过程中，若未作刚体变换即寻找对应的最近距离点，往往形成巨大

的误差。一般说来，算法需要初始化的估计值。然后用求解出来的（$\boldsymbol{R}\ \boldsymbol{t}$），对表面的所有点进行刚体变换，再寻找最近距离点，进一步得到更为精确的估计值。因此，这是一个逐步迭代的过程。如果预估的参数与真实参数的差异太大，就会导致算法无法收敛或者收敛到其他局部最优解。在跟踪问题中，由于时序的连贯性，帧与帧之间的旋转角度一般较小，使用前一帧的参数或者用预测的方式来获得当前帧的初始参数，与真实值的差异都非常小，因此在跟踪问题中，该方法能够获得良好的解。

图 4.7 是 D. Chetverikov 等于 2002 年给出的一个具有大量不重合点云的拼合结果，图 4.7(a)与图 4.7(b)是同一个对象的 2 个不全的点云，图 4.7(c)是拼合后的点云，可以看出拼合后的点云模型更完整了，并且具有严密的重合度，说明刚体变换矩阵估计正确。

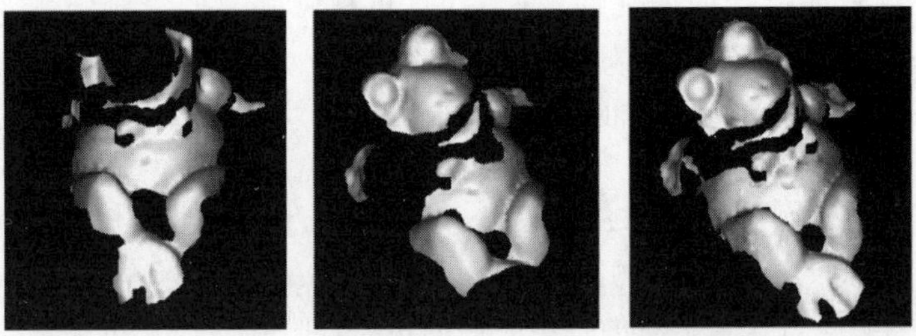

(a) 点云　　(b) 点云　　(c) (a)与(b)拼合后的点云

图 4.7　点云匹配后拼合的结果

4.3 增强现实中的注册跟踪

现实场景与虚拟世界本来是完全分离的。现实场景客观存在，而虚拟物体是计算机模拟的数字模型。当两者融合时，首先需要定义虚拟物体在现实场景中如何摆放，也就是确定虚拟物体在场景坐标系中的位姿，即在场景中注册**虚拟物体**；其次，需要不断确定观察者与虚拟物体的空间关系，通常通过跟踪观察者空间与现实场景空间的关系来实现。这些空间关系的建立，就是**空间配准或对齐**(alignment)。增强现实的目标就是观察者无论从哪个角度看，都能稳定地感觉到物体占据了现实场景中某个空间的位置。由于观察位置和方向是连续变化的，因此通常只需要估计当前时刻相对于前一时刻的连续位姿变化即可。这种估计相邻时刻间位姿连续变化的方法称为**跟踪(tracking)技术**。在增强现实环境中一般采用 3D 跟踪技术。如何实时在线地实现虚拟物体在现实场景中的空间注册是增强现实的基本问题。

4.3.1 增强现实显示器的配置

增强现实有多种用于呈现的显示器，包括穿戴式头盔显示器、智能手机、投影仪等。其中，穿戴式头盔显示器是增强现实技术中最具融入感的显示装置，它涉及最为丰富的空间注册关系。无论采取哪一种显示器，从观察者视域来看，虚拟物体与现实场景都要保持一种恒定的空间关系。

当用户佩戴头盔显示器时，显示器所呈现的图像与其所对应的相机模型，原则上要与人眼瞳孔与现实世界形成的透视关系匹配，其配置决定了相机的内部参数。观察者视点为用户的左视点和右视点，分别对应于人的左眼和右眼。人眼对应的针孔相机模型，可称为观察者相机模型，如图4.8(a)所示。头盔显示器上的两个小型显示器，分别呈现左、右眼应看到的景象。如果显示器呈现的是真实场景的画面，则理想状态下应该分别对应位于左、右视点的相机拍摄的画面，该相机称为实景相机，如图4.8(b)所示；如果呈现的是虚拟物体，应该分别对应左、右视点的虚拟相机模型，如图4.8(c)所示。理论上说，只有**观察者相机**、**实景相机**与**虚拟相机**三者保持一致，即由相机内部参数和外部参数所定义的视域均要对齐，才能生成具有正确空间关系的虚实共存的景象。也就是说，在增强现实应用中，预先要将各相机的视域设置为相同；当观察者自由运动时，实景相机与虚拟相机要跟观察者相机运动一致。

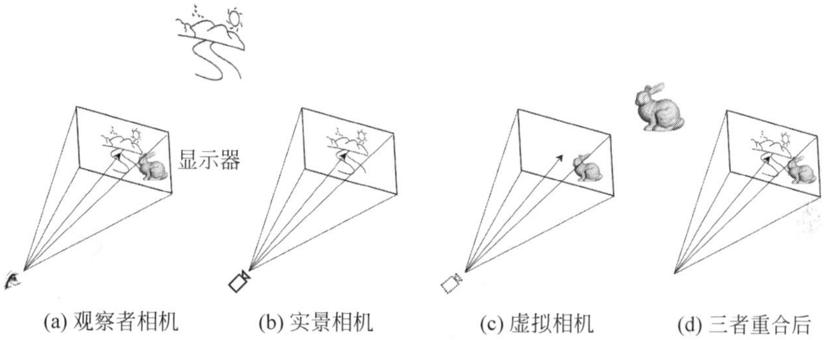

图4.8　头盔显示器的设置应使观察者相机与实景相机和虚拟相机重合

头盔显示器只有精心配置，才能使虚拟相机与观察者相机保持一致。穿戴式头盔显示器一般将显示器与头部相对固定，头盔上的跟踪器与观察者相机和虚拟相机的位姿相差一个固定的刚体变换。这个变换一般在头盔出厂时进行校准。但是，人的眼距是有差异的，一般需要对头盔显示屏的间距进行一些微调，才能将实景相机与观察者相机对齐。如图4.9所示，假设有3个不同方位的观察者，均建立了观察者坐标系。当空间对齐以后，观察者坐标系与实景照相机和虚拟照相机对齐。这样，增强现实呈现出虚拟兔子外观的变换，是跟随现实场景的变化而变化的。无论观察者视点在何处，或者多个观察者观察同一场景，他们对空间的认知会保持一致，从而为多人协同奠定了基础。

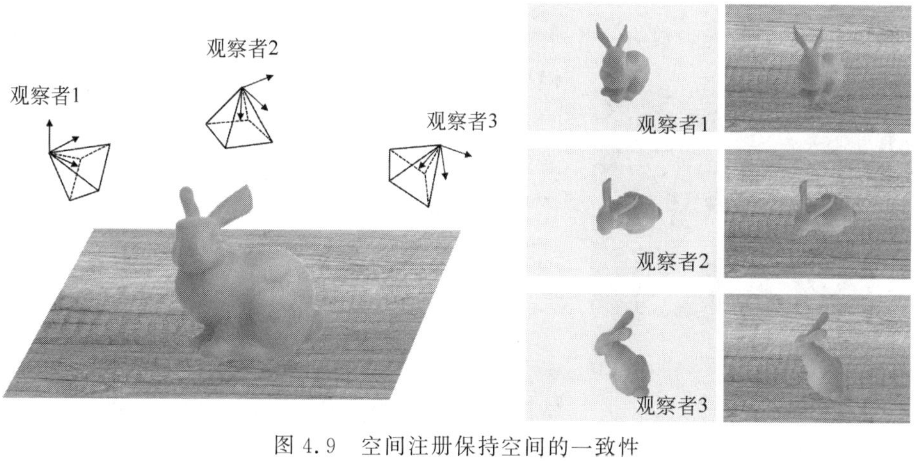

图4.9　空间注册保持空间的一致性

视频穿透式头盔是将配置在头盔前方的摄像头捕获的视频画面呈现在显示器上，替代人眼应该观察到的现实场景。由于这个摄像头的光心不可能与瞳孔重叠，因此实景相机与观察者相机存在一个固定的错位，这导致近处的景物存在严重的感知错位，例如，用户看到自己的手在近处，但实际上手在更远的位置，因此难以准确抓取眼前的物体。光学穿透式头盔自然地克服了这种困难，人眼直接观察到实景，即实景相机与观察者相机天然重叠，因此仅仅需要处理虚拟相机与观察者相机间的空间注册关系。

手持式显示器是目前普遍使用的增强现实显示器。由于手持设备通常配置摄像头，因此，一般直接取该摄像头作为观察者，所呈现的增强现实环境为该观察者空间中的场景与虚拟物体融合以后的景象。由于手持式显示器不要求用户的眼睛与虚拟相机进行注册，因此用户需要通过理解确立画面与现实场景之间的对应关系，是一种简易的增强现实环境。尽管这样的增强现实呈现损失了直接的感官一致性，但用户不被穿戴式设备所拘束，其视野不会被局限在狭窄的视域上，再者，用户因为身处现场，又能够自主操控设备，所以很容易建立混合画面与实际情况的对应关系，仍然广受好评。

在空间增强现实环境中，对空间关系进行了简化处理，常常假设现实场景环境对象在几何上是静止的。由于只需要关注虚实空间之间的注册关系，尤其是虚拟场景与现实场景表面的空间关系，以及投影仪是否可以呈现所需画面的形状和颜色，因此涉及的空间映射关系是投影仪与场景的关系，与头盔显示器不尽相同。

不管增强现实的模型如何，其显示器的核心都是将虚拟相机与实景相机或观察者相机对齐，这是增强现实保持空间一致性的重要基础。即使观察者在自由运动时，通过呈现随动态变化的虚实融合画面，也能感知到虚拟空间与现实空间的稳定关系。由于动态对齐有实时性、低时延的要求，因此一般采用跟踪算法来实现。

4.3.2 虚拟物体注册

虚拟物体通常是在各自的局部坐标系中被定义的，因此在增强现实环境中需要确定虚拟物体如何摆放，也就是需定义其在现实场景中的位姿，即在现实场景中注册虚拟物体。然而，现实场景本身并没有自然存在的坐标系，位于现实场景的真人观察者也没有随身携带的坐标系，这为虚拟物体的注册带来困难。因此需要为现实场景确定坐标系。

确定现实场景的空间坐标系有两种主要方式，即采用视频第一帧的相机坐标系作为场景的坐标系，或者在场景中放置一个平面标志，以其作为场景的坐标系。采用视频第一帧的相机坐标系作为场景坐标系看起来很简单，但是相机的初始位姿有很大的随意性，在虚拟物体注册时造成诸多不便。虚拟物体的放置通常需要符合常识，例如，在一张书桌上放置一个虚拟物体，若注册时随意指定3D位姿，常常导致虚拟物体看起来悬浮在空中，倘若知道桌面的平面方程就会方便很多。

图 4.10 通过平面标志确定桌面的平面方程

采用平面标志可以容易地为现实场景定义坐标系。如图 4.10 所示，由于平面标志的图案是预设的数字图像，因此可以方便地建立平面坐标系，一般将该平面方程设为 $Z=0$。当这个标志物放置在桌面上时，这个标志的坐标系就与现实场景确定了关系，可以将这个标志的坐标系作为现实场景的坐标系。当相机观察到这个标志时，就能够确定相机与标志的坐标变换关系，且可以直接用这个变换关系作为现实场景与相机的注册关系。

如果不想在场景中使用平面标志，那么还可以考虑在一定程度上对场景进行有限重建，细节参见 6.3 节～6.4 节。重建 3D 场景的目标，只是为了确定放置 3D 物体的可能位置，而常见的物体放置方式，一种是桌面和地面这样的水平面，一种是垂直于地面的墙面。因此，在智能手机上通用的做法是借助内置 *IMU* 的重力加速度方向，来确定场景的竖直方向，并据此检测场景中的水平面和垂直墙面。通过重建平面来选择坐标系，会给空间注册带来很大的便利。

场景中的坐标系建立以后，可以在现实场景中注册虚拟物体。这个空间的注册关系是采用 6 自由度的刚性变换来描述的，采用交互的方式可以简单地确定这些参数。用鼠标点击图像点，这个点代表了从相机光心发出的一根光线。假设已知图像点 $\boldsymbol{x}$ 以及相机模型 $\boldsymbol{P}$，则其对应的 3D 点 $\boldsymbol{X}$ 在直线 $\boldsymbol{P}^{\dagger}\tilde{\boldsymbol{x}}+\boldsymbol{p}^{\perp}$ 上，其中 $\boldsymbol{P}^{\dagger}$ 为 $\boldsymbol{P}$ 的广义逆矩阵，即 $\boldsymbol{P}^{\dagger}=\boldsymbol{P}(\boldsymbol{P}^{\mathrm{T}}\boldsymbol{P})^{-1}$，$\boldsymbol{p}^{\perp}$ 为 $\boldsymbol{P}$ 的右零子空间，也是相机的光心。这条光线与桌面 $Z=0$ 相交，其交点即为桌面上的 3D 点。可以平移虚拟物体，使虚拟物体底面上一点与该点重合，这样，物体将位于桌面上该点处。这时，物体还剩下一个自由度，即物体绕平面法向的旋转角度，用户可以方便地任意指定。

虚拟物体一旦在现实场景中注册，原则上应该保持与现实场景间的相对关系，除非指定物体的相对运动或形变，但是这跟观察点是没有关系的。当观察者自由移动时，绘制虚拟物体的相机必须与观察者相机保持一致。因此，观察者相机需要通过空间定位传感器来实现位姿估计，虚拟相机则在观察者相机位姿的基础上，通过现实场景与虚拟物体之间的变换关系来进行计算。因此，观察者相机的实时跟踪定位是增强现实的核心技术。

4.3.3　增强现实中的空间变换

增强现实涉及多个不同的几何空间，这些空间需要注册或对齐。只有建立严格的对应关系，才能产生虚实共处同一世界的景象。在现实场景空间建立了坐标系后，就可以用变换矩阵来表示空间之间的变换关系，并实现虚实空间的配准。

不同空间之间的变换是通过连续的刚体变换来实现的，每个矩阵都代表了从一个坐标系到另一个坐标系的坐标变换。为了便于理解，变换矩阵采用下标表示原坐标系，上标表示变换后的坐标系。如图 4.11 所示，给出了虚实融合涉及的空间坐标系的缩略符号，以及坐标系之间的坐标变换矩阵 $\boldsymbol{T}$，并用右下标表示变量的初始坐标系，左上标表示坐标变换后的坐标系。

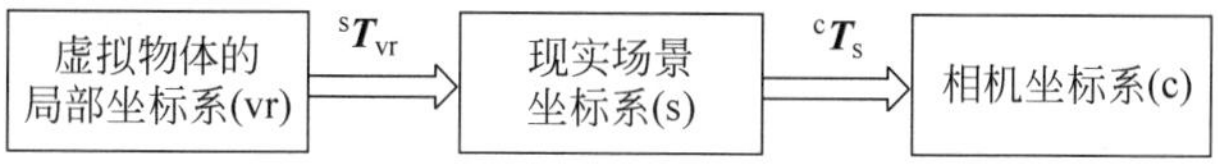

图 4.11　空间坐标变换关系

在虚拟物体的局部坐标系中，设物体上一点的齐次坐标为 $\tilde{\boldsymbol{X}}_{vr}$，其中下标表示所在的空间坐标系。在增强现实中需要指定虚拟物体(vr)与现实场景坐标系(s)的关系，由变换矩阵 $^{s}\boldsymbol{T}_{vr}$ 表示，该矩阵可表示尺度关系的调整，则坐标变换表示为

$$\widetilde{\boldsymbol{X}}_{\mathrm{s}}={}^{\mathrm{s}}\boldsymbol{T}_{\mathrm{vr}}\widetilde{\boldsymbol{X}}_{\mathrm{vr}} \tag{4.45}$$

通过矩阵${}^{\mathrm{s}}\boldsymbol{T}_{\mathrm{vr}}$，可实现虚拟物体在现实场景中的注册，可将虚拟物体从虚拟坐标系变换到场景坐标系。如果确定了观察者在场景坐标系中的位姿，得到了从场景坐标系到观察者坐标系或相机坐标系(c)的刚体变换${}^{\mathrm{c}}\boldsymbol{T}_{\mathrm{s}}$，则虚拟物体在相机坐标系中的坐标为

$$\widetilde{\boldsymbol{X}}_{\mathrm{c}}={}^{\mathrm{c}}\boldsymbol{T}_{\mathrm{s}}{}^{\mathrm{s}}\boldsymbol{T}_{\mathrm{vr}}\widetilde{\boldsymbol{X}}_{\mathrm{vr}} \tag{4.46}$$

这一系列的坐标变换可以通过矩阵的乘法来实现，注意这里是矩阵的左乘。刚体变换矩阵的乘积得到的矩阵仍然是刚体变换矩阵，相似变换矩阵乘以刚体变换矩阵则成为相似变换矩阵，并且矩阵的乘法满足结合律，不满足交换律，因此需要严格按照矩阵的顺序计算。为了让观察者看到虚拟物体，还涉及其他空间映射关系，将在后续章节中陈述。

如果虚拟物体在现实场景中静止不动，那么虚拟物体在现实场景中的注册只需要定义一次就可实现空间的初始配准和对齐。如果虚拟物体是运动变化的，那么还需要一个刚体变换矩阵来描述这个运动的坐标变换。根据定义方式的不同，既可以在虚拟空间描述，也可以在现实空间描述，根据描述空间的不同，这个矩阵的参数会有所差异。如果物体运动变换矩阵在虚拟物体空间表示为${}^{\mathrm{vr}}\boldsymbol{M}_{\mathrm{vr}}$，则式(4.46)成为

$$\widetilde{\boldsymbol{X}}_{\mathrm{c}}={}^{\mathrm{c}}\boldsymbol{T}_{\mathrm{s}}{}^{\mathrm{s}}\boldsymbol{T}_{\mathrm{vr}}{}^{\mathrm{vr}}\boldsymbol{M}_{\mathrm{vr}}\widetilde{\boldsymbol{X}}_{\mathrm{vr}} \tag{4.47}$$

如果物体运动在其他坐标系中表示，如场景坐标系，则运动变换矩阵表示为${}^{\mathrm{s}}\boldsymbol{M}_{\mathrm{s}}$，其参数值与${}^{\mathrm{vr}}\boldsymbol{M}_{\mathrm{vr}}$不同，则式(4.46)成为

$$\widetilde{\boldsymbol{X}}_{\mathrm{c}}={}^{\mathrm{c}}\boldsymbol{T}_{\mathrm{s}}{}^{\mathrm{s}}\boldsymbol{M}_{\mathrm{s}}{}^{\mathrm{s}}\boldsymbol{T}_{\mathrm{vr}}\widetilde{\boldsymbol{X}}_{\mathrm{vr}} \tag{4.48}$$

由于增强现实中的主要困难在于可能有多名观察者，且观察者的位置可能在不断变化，因此需要不断跟踪估计矩阵${}^{\mathrm{c}}\boldsymbol{T}_{\mathrm{s}}$。增强现实中的大量算法都与这个矩阵的参数估计关联。对此将会在后续章节做详细介绍。

4.3.4 常用传感器

在增强现实中，通常采用各种传感器来实现空间定位和位姿跟踪。早在大航海时代就存在空间定位的需求，因此出现了大量的基于机械、电磁、惯性、光学、声学等原理的定位装置，这些装置具备速度快、频率高等优点，只需要少量计算资源，就能够较好地满足增强现实实时性和低时延的要求，是早期增强现实实现定位的主要方法。近年来，尽管视觉传感器异军突起，但传统传感器仍然是头盔显示器实现定位的重要手段，在交互等领域发挥了重要作用。

增强现实需要确定的是空间注册所需要的刚体变换，即旋转参数与平移向量。但是，由传感器直接测量这些参数的值，通常是非常困难的。一般由传感器测量的值都会通过计算转换为刚体变换的参数值。根据测量方式，传感器可以粗略地分为直接测量和摄影测量两种。直接测量是指对变量进行测量，如距离、角度、加速度和角速度、光亮度等。随着测量内容的逐渐细化，特别是机器人、移动设备的兴起，摄影测量技术逐渐发展起来。通过透视投影变换，从一个点出发就可以获取环境的大范围数据，且布局简便，测量高效。当然，摄影测量通常需要复杂计算来还原空间关系。

1. 惯性传感器

惯性测量单元(inertial measurement unit，IMU)是利用惯性原理来测量角速度和加速

度的传感器，因此称为惯性传感器。惯性导航就是利用惯性传感器来导航的技术，广泛应用于航海等领域。惯性测量单元一般由陀螺仪和加速度计两种单元构成，建立在质量体内的惯性基础之上，具有隐蔽性好、不容易受干扰的特点。陀螺仪是测量角速度的单元，其基本原理是旋转质量体的动量矩由外力矩改变。加速度计单元测量质量体的加速度，基本原理是牛顿定律的力学三大定律，即质量体所受的合力与加速度成正比。

由惯性单元构成的惯性位姿跟踪器一般由 3 个互相正交的陀螺仪和 3 个互相正交的加速度计构成。由于惯性单元测量获得的是宇宙中的绝对角速度和加速度，因此地心引力包含在加速度计的读数中，当加速度计静置在水平桌面上时，加速度将是该点的重力加速度。因此，地球上物体的运动加速度一般需要去除地心引力形成的重力加速度，而这常常导致运动加速度的测量误差。定位一般是要获得空间的位移，需要通过对加速度进行双重积分来计算，并与初速度相关。因此，由加速度计测量计算的位移信息通常含有较大的误差。相比较而言，陀螺仪测量的姿态参数则具有很高的精度，通常陀螺仪的漂移量（积累误差）可以控制在 1°/h。

随着技术的进步，惯性测量单元也有长足进步，具有体积小、精度高的特点。尤其是陀螺仪从质量体旋转的陀螺仪发展到光学陀螺仪，通过量子力学的原理实现角速度的测量，主要有激光和光纤陀螺仪。目前，大部分智能手机和平板电脑都内置惯性测量单元，以提供机体自身的位姿变化参数。

2. 距离传感器

距离传感器是一种基本的传感器，一般由信号的发射器和接收器构成。距离传感器一般采用超声波、红外光、激光等信号来实现距离的测量。其基本原理是基于信号的飞行时间、信号衰退、光的干涉等。飞行时间是指从传感器发射信号开始计算，接收器接收信号以后，再反射或发送信号，并为传感器接收的时间间隔。通过飞行时间及信号传输的速度，就可以估计发射器和接收器之间的距离。

激光测距是一种精度非常高的测距方式。由于激光的定向性很好，因此，激光测距得到普遍应用。红外激光通常用于大型的室内场景中，以实现高精度的测距，并进一步实现定位，称为 iGPS。HTC Vive 的虚拟现实头盔及其交互工具，可以达到 1mm 以内的误差，具有优越的用户体验。在飞机装配等较大场景的空间注册技术中，红外激光也发挥了重要作用。

总体来说，距离传感器种类繁多，是增强现实中的重要传感器。但是，采用光学原理的传感器在有遮挡的时候失效，因此对环境有比较严格的限制。

3. 电磁传感器

电磁（magnetic field senseing）传感器是利用磁场感应原理来实现定位的传感器。在线圈中通电时会产生磁场而成为磁场发射器；如果将接收器（某些磁场传感器）放在附近，则该磁场会在接收器中产生磁通。这种现象就是发射线圈和接收器之间的磁耦合。接收器附近的磁通量是接收器与线圈的距离及其相对于线圈方向的函数，可以快速测量。

由上述原理可以制作电磁跟踪器。发射器定义了一个 3D 空间的锚点。为了测量接收器在空间中的位置和方向，发射器由彼此垂直放置的 3 个线圈组成，磁场从这 3 个线圈交替出射。在接收器上，传感器测量由于磁耦合而接收到的磁场通量，需要 3 个传感器分别测量从 3 个线圈出射的磁场通量的分量。通过这些测量，确定接收器相对于与参考点相连的发射器的位置和方向，从而确定接收器的位姿。

由于电磁跟踪器价格便宜，重量轻且结构紧凑，因此曾经得到广泛应用。但是，电磁传感器的测量精度容易受到环境的影响，特别是电磁波和磁场的影响，精度有限，因此使用受到很大的限制。

4. 视觉传感器

视觉传感器是一种获取对象影像的传感器，具有信号丰富、准确、价格低廉等特点。原则上，所有的电磁波均可成像。随着应用对场景对象深度的需求，逐渐出现了各种各样的深度视频成像设备。根据成像方法和结果的特点，可将视觉传感器分为红外成像、可见光成像、3D 结构光（3D structure sensors）成像、激光成像等。

红外光因为不可见，所以对场景不会构成视觉干扰，从而常常用于结构光的光源。很多系统会采用红外灯光照射场景，也会在场景中采用红外反光的材质，从而形成更为清晰、干扰很少的影像，并提高红外光系统的精确性。可见光跟人类的视觉系统是一致的，其灯光和成像系统也最为自然，其成像系统可由相机、摄像机、摄像头甚至多目摄像头构成，但是获取的图像一般只具有 R、G、B 等 3 个通道。随着技术的发展，摄像头越来越小，清晰度和解像度却越来越高。可见光成像系统是最为廉价和普及的，成为低廉传感器的代表。

3D 结构光的成像系统，是一种主动式视觉系统，由成像系统发射出结构化的光斑，成像设备通过获取在结构化光斑照射下的影像，并通过分析场景对这种结构化光斑照射下的特征，来构造场景的深度影像。因此，它属于一种深度图或深度视频传感器。激光雷达（LiDAR）是一种激光测距的传感器，能获得场景的深度图像，精度非常高，但是通常速度较慢，解像度不高。

在时间域上，视觉传感器分为图像与视频，图像是在一个时刻的成像，而视频是在一个时间段上以一定的时间间隔连续成像。无论是红外的成像系统还是可见光的成像系统，无论是拍摄图像还是视频都已非常容易。虽然红外视频拍摄设备仍然价格不菲，但可见光的相机和摄像机却已经非常廉价，是智能手机的标配，几乎人手一套。而 3D 结构光传感器，目前也有非常廉价的产品，例如，微软公司的 Kinect 和英特尔公司的 RealSense 等深度视频都是基于此原理。这些传感器可以与彩色视频以相同的频率获得影像，但是具有分辨率较彩色图像低，深度、精度不如激光高，画面会有遗漏等缺点。其价格在家用电器的容忍度之内。

视觉传感器还有很多，在增强现实领域中，只要是可以帮助用户了解场景的传感器，都是有益的，会在恰当的场合得到应用，因此并不拘泥于某种特定的成像原理。例如，在医学手术中，人体内部结构的变化是医生需要时刻关注的内容，有些微小的神经或血管甚至是生死攸关的，医生由于无法观察到手术刀将要切割的组织结构，因此很多手术无法进行。如果核磁共振的成像能够实时进行，那么通过增强现实技术，就可以使医生实时观察到组织内部的成像信息。一旦这样的技术实现，那么医生将可以进行更为复杂高难的手术。

4.3.5 时间延迟问题

增强现实环境中的观察者往往是自由运动的，虚拟物体的景象应随着观察点的变化而变化。增强现实中的空间注册问题主要是观察方位在连续变化的过程中，虚拟物体空间与现实场景空间配准的问题，也就是虚拟相机与实景相机应始终保持一致的问题。增强现实的空间配准需要满足两个主要要求，即实时性和时间延迟小。

由于人类的知觉系统是持续运行的，因此增强现实系统也必须实时运行，这是增强现实系统的重要约束条件。实时性一般指达到 30fps 的更新速率，但是这个速率尚不能实现完美的空间一致性感觉，因此定义了强实时，即达到 60fps 的更新速率。需要注意的是，系统达到实时并不意味着没有时间延迟。

时间延迟是增强现实中的重要问题，产生的原因在于系统的信号传输、计算过程、呈现等环节过多、时间过长。即使每个环节都达到 30fps 的帧率，如果系统经过 Δt 时长才能将最终画面呈现给用户，就构成了 Δt 的时间延迟。如图 4.12 所示，在 t 时刻实际的视点位置，所应该观察到的物体位置在右侧，但是由于时间延迟，用户实际看到的位置在左侧是在 $t-\Delta t$ 时刻的位置，因此带来二者空间位置上的差异。当观察点快速变化时，虚实空间会产生明显的失配。当系统存在严重的时间延迟时，在光学穿透式头盔显示器中，常常会导致虚拟物体在现实环境中晃动；在视频穿透式的头盔显示器中，物体一般可以在背景画面中保持正确的相对位置和姿态，但是由于时间延迟，动态画面会跟用户的感觉不匹配而导致眩晕感。

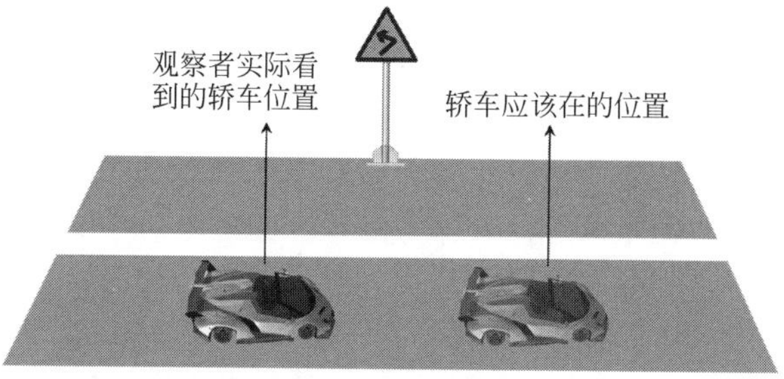

图 4.12　光学穿透式头盔显示器中时间延迟导致的虚实失配

在增强现实系统中，完全消除时间延迟是不可能的，但是需要将其控制在很小的范围内，一般要借助强大的跟踪器和计算性能来保证达到目标。能够满足增强现实应用目标的传感器并不多，只有组合多种传感器或在传感数据的基础上进行计算，才能得到令人满意的结果。

4.4 注册跟踪系统

由于增强现实是在线运行的实时系统，因此需要对动态目标进行连续的跟踪定位，所使用的器件常常称为跟踪定位器。注册跟踪系统由一个或多个跟踪定位器构成，用来实现增强现实所需要的实时 3D 空间注册任务。在增强现实中，实时空间注册一般采用实时跟踪器来实现。跟踪方法一般分为基于传感器的方法、基于视觉的方法及混合方法。

4.4.1 基于传感器的定位跟踪

从增强现实的发展历史来看，早期的跟踪技术主要使用电磁传感器、红外传感器、惯性设备等技术来实现。这些设备在定位过程中，仅需少量或无须计算资源就能够满足实时性的要求。采用惯性测量单元来定位 3D 位置空间，在精度上受到很大限制，因为重力加速度的干扰和位移与加速度的双重积分关系，导致定位精度一直达不到增强现实的应用需求。红外定位技术应用较为广泛，在虚拟现实的头盔显示器中，有很高的精度。但是，红外设备需要在空间中布置红外相机，影响应用的灵活性，设备价格也相对高昂。下面，以红外传感器为例来看看跟踪器的原理。

红外线是一种肉眼无法观察到的光线，一般不构成视觉干扰，能够被红外相机捕捉而形成明显的亮斑。每一个红外标志都会被场景中配置的多个红外相机捕捉。红外标志点(如红外 LED)通常是球形的，由于其对称性，容易确定其在画面中的中心点坐标。由于这些红外摄像机均预先标定了其位姿，因此，通过多视角几何关系，可以优化求解标志点的 3D 空间位置，实现精准定位。当标识点运动时，一般也能够快速跟踪定位，实现标识点的跟踪。

如图 4.13 所示，G. Welch 等在 1999 年设计制作了一个头部位姿跟踪系统，通过在屋顶规则地排布 LED 灯作为标志点，在头盔上配置一个摄像头组合，来实现较大范围的鲁棒头盔跟踪。规则排布的方式容易确定标志点的位置参数，摄像机的姿态参数和内部参数矩阵也可以预先校准。用户的头盔上布置的摄像头可以高速成像，用以拍摄屋顶的 LED 标志点。这些 LED 标志点以很高的频率顺序发光。这样，根据发光的时间，就可以识别标志点并获得其 3D 位置。这些标志点在图像上的投影点很容易通过图像处理的方式获取，这样就得到了 3D 点与 2D 点的匹配。按照 4.2.3 节描述的方法，可以确定头部位姿的变化矩阵，实现观察者相机与现实场景的跟踪注册。图 4.13(a)给出了使用该系统时的场景示意图，图 4.13(b)为屋顶的标志点，图 4.13(c)是具有多个摄像头的摄像头组合。这套跟踪系统经过不断更新，具有可扩展性，且精度很高，但系统配置复杂，且价格相对昂贵。

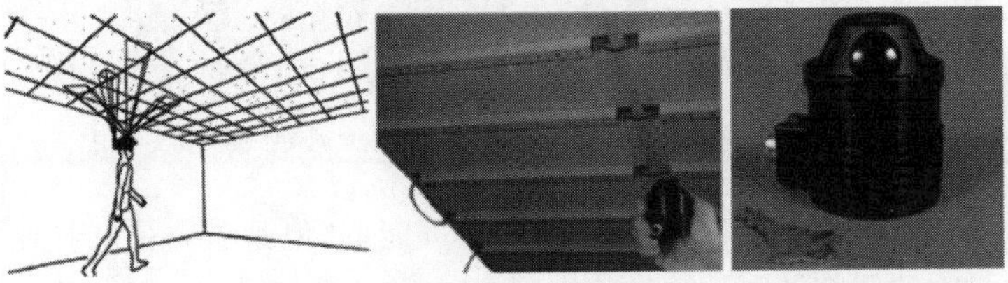

(a) 头盔位姿标定使用场景　(b) 屋顶安装有LED标志　(c) 摄像头组合

图 4.13　采用摄影测量的方式实现头盔位姿的跟踪

除了采用红外摄影测量的方式来实现空间注册外，还有很多其他的传感器也可以采用类似的原理进行实时位姿跟踪，如通过电磁传感器和惯性设备等。增强现实常用的跟踪定位器主要有惯性跟踪器、红外跟踪器、磁性跟踪器、激光跟踪器、光学跟踪器等。

4.4.2 基于视觉的定位跟踪

随着视觉捕获设备的便捷化，计算机视觉技术蓬勃发展。采用视觉定位的技术逐渐进入增强现实。无须庞大的、专业的设备，仅仅依赖于视觉计算，就可以确定相机的位姿。由于视觉信息往往还包含了其他高层的语义信息可供分析，因此是具有广阔前景的技术。

视觉跟踪器通常采用可见光下拍摄的视频，通过设定场景的标志点或标志物，或者利用场景中的自然视觉特征，来估计相机相对于标志或场景的位姿参数。标志点和标志物是可以预设的，是稳定的特征；而场景的自然特征可以在不经过预先处理的情况下，随时随地地获得相机的位姿参数，但存在特征消失的风险。

由于计算资源和算法的限制，所以，最初的视觉定位技术主要采用具有独特颜色的标志点方法，但是标志点往往需要多个点联合才能实现位姿跟踪；并且如果使用了太多的点，就容易导致匹配点的混乱。于是，黑白图像块或自然图像块构成的标志更好地保证了特征的丰富性和检测的准确性。利用标志在画面中的显著性可以将其设置为已知3D坐标的静态点，也可以通过标志图案建立一个局部坐标系。如果标志具有方向明确的平面图案，那么无论标志如何运动，只要出现在画面中，都能够实现相机与标志间的空间注册。除了采用平面标志来实现实时跟踪外，视觉跟踪器还可以采用3D模板来实现。一个3D模板定义了一个局部坐标系，当物体自由运动时，也可以获得相机与物体的相对位姿关系，实现这个3D物体与相机间的跟踪注册。

场景的自然特征通常在相机自由移动时也能良好匹配，且不需要预知场景中物体的3D信息。从原理上讲，是采用多视角原理来自动实现跟踪，即在一个静态场景中，通过从不同角度观察的图像来重构相机的观察位姿。这也就是运动恢复结构(structure from motion)技术，是多视角几何的直接应用。由运动恢复结构来实现相机的注册，通常需要预处理场景，这在增强现实环境中仍然不够便利。视觉同时定位与地图构建(simultaneous localization and mapping，SLAM)进一步克服了这一缺陷，在无须任何预处理的前提下，自动实现实时的跟踪注册。从术语上看，尽管SLAM是由机器人领域的问题命名的，但视觉SLAM在本质上仍然是基于多视角原理的，因此具有视觉方法固有的局限性，如无法恢复绝对尺度、特征消失时算法失效等。尽管对计算资源有很高的要求，幸运的是，很多智能设备都已经具有起码的计算资源配置。目前，视觉SLAM技术已成为智能手机上增强现实平台的标配，标志着基于自然特征的视觉跟踪器的成功。

4.4.3 混合定位跟踪

跟踪定位是非常具有挑战性的任务。基于视觉的跟踪定位方法虽然成为主流方法，但视觉任务通常是有缺陷的，在特征消失或难以准确匹配时，跟踪算法就失效了。在定位跟踪技术发展的历史上，出现了大量的、多种多样的技术，都各有优势和缺点。因此，将两种以上的定位跟踪方法结合起来，进行混合定位跟踪，是鲁棒跟踪的主要方法。

GPS与磁强计/测斜仪定向跟踪的混合跟踪：Feiner等在1997年发布了一个漫游机器(touring machine)，空间注册由GPS与磁力计等混合定标来实现，这也是第一个可移动的增强现实系统。该系统采用差分GPS定位技术，将定位精度提高到1m以内。众所周知，GPS只能定位且精度不高，不能确定朝向，因此漫游机采用磁强计/测斜仪定向跟踪(magnetometer/inclinometer orientation tracking)来确定朝向。磁力计能感知地球磁力线的方向，可以用来测量偏航角(yaw)。该系统设计巧妙，尽管GPS的定位精度不够高，但是并未显著影响增强现实的定位效果。只是当位于大树、建筑之下时，虚实融合效果会受到影响。

视觉算法与GPS的混合跟踪：GPS是智能手机的基本配置，在全球范围内实现实时定位。但是，基于卫星的GPS一般只提供室外场景的定位，且定位的精度有较大的误差，一般在3m左右。尽管有一些技术可以提高GPS的定位精度，如利用时间均值来降低GPS的定位噪声，但这种技术并不适合增强现实这样的实时应用。在城市范围等大场景中，要完整建立视觉数据并用于实时应用是非常困难的。在这个层面上，将GPS用于确定用户在大范围场景中的粗略定位，主要用于调度场景数据；而在局部场景中，则采用视觉方法获取精确、实时的定标跟踪，满足增强现实虚实无缝融合的需求。

视觉算法与惯性测量的混合跟踪：随着智能手机的兴起，手机设备上的定位跟踪成为应用的主要场所。一般说来，智能手机配备了一个或多个摄像头，同时内置微型惯性测量单元(IMU)，其测量的姿态参数非常准确，没有测量范围的限制，且不受环境的影响，甚至不受声音、磁场、光学及射频信号(RF interference sources)的影响。众所周知，惯性测量是绝对值的测量，测量频率很高，并且漂移误差很小，因此是理想的视觉方法的合作对象。将视觉跟踪定位与惯性测量单元结合，在视觉特征微弱时，可以用惯性测量的参数替代视觉计算，或者以惯性测量的参数作为优化的初值，都能在很大程度上提高跟踪定位的鲁棒性和精确性。

目前的各种定标方法都有其固有的缺陷。例如，视觉算法在场景过暗或缺乏特征时，会导致定标失败或极度不稳定；GPS 只能定位，不能确定朝向，且精度不够。混合定标方法利用多种传感器，通过融合各传感器捕获的数据，来获得比使用单一传感器更为全面、精确或鲁棒的定标参数，最大限度地满足增强现实对定标的需求。

扩展阅读

空间注册是增强现实中的关键技术，而基于 3D 点的空间注册方法在增强现实的早期尤其重要，因为使用的传感器有效便捷，计算方法简单，容易满足实时性要求。增强现实技术在这一时期的主要工作是发展各种各样的传感器，以及与传感器配套的系统。相对而言，这一时期的注册跟踪算法比较简单，更多地关注传感器的性能。2001 年 J. P. Rolland 等专门对虚拟现实和增强现实中的跟踪技术进行了综述(“A SURVEY OF TRACKING TECHNOLOGY FOR VIRTUAL ENVIRONMENTS”)。2005 年 Vincent Lepetit 与 Pascal Fua 用文章“Monocular Model-Based 3D Tracking of Rigid Objects：A Survey”进行了更为详尽的综述，并且给出了相关算法的细节，尤其是视觉相关算法。一般关于增强现实的综述中也会对跟踪问题进行详细的讨论，可以更好地了解相关的技术，推荐阅读 Marc Billinghust 等在 2015 年发表的综述“A survey of augmented reality”。

习题

1. 推导 3D 空间中三角定位法的位姿计算公式。

2. 推导 3D 空间中航位推算法的位姿计算公式。

3. 如果有实时跟踪空间点坐标的系统，如何跟踪人体的肢体动作？

4. 基于 3D 点的空间注册方法适合什么样的环境？与基于标志的方法相比，有哪些优势和劣势？

5. 时间延迟是如何产生的？在一个实时系统中，时间延迟会导致什么问题？如果系统的每一个环节都达到实时，会不会存在时间延迟？

6. 在空间变换的估计方法中，为了实时估计一个刚性物体(如相机、头部)的位姿，至少需要绑定多少标志点？标志点是不是越多越准确？在这样的系统中，在需要准确估计位姿的条件下，物体所处的范围由什么决定？为什么？

7. 当增强现实环境中的虚拟物体较多，又各自有自己的坐标系时，常常需要将虚拟物体统一到一个全局坐标系中。如何建立这样的坐标系？又如何将这一组物体变换到增强现实的每帧绘制画面中？

8. 当一个增强现实系统中存在多个定标系统时，如何建立统一的坐标系？

9. 如果空间点的定位存在坏点，能够发现这个坏点吗？请给出算法策略。

第 5 章 特征点的检测与匹配

CHAPTER 5

基于标志物实现空间注册的关键在于获得标志物上的 3D 点到图像上相应点的对应关系。这种对应关系可以通过人工平面标志获得(第 3 章),或者通过跟踪器得到(第 4 章),但以上方法对标志物的类型和适用范围有较大的限制。一个自然的问题是能否使用更为广泛的一类物体作为增强现实的标志物？例如,能否允许平面标志上打印的是任意图案,甚至是用任意非平面的 3D 物体作为标志物？本章将讨论用自然物体作为标志物的方法。如图 5.1 所示是以一本书的封面作为标志物的增强现实效果。与图 3.1 所示的系统相比,其主要区别在于标志物可以是具有任意图案的平面物体。目前市面上流行的基于增强现实的儿童绘本辅助阅读技术,即是基于同样的原理。当用摄像头扫描书页时,可以基于图像识别定位书页,然后在书页上叠加预先制作好的增强现实动画。

视频演示

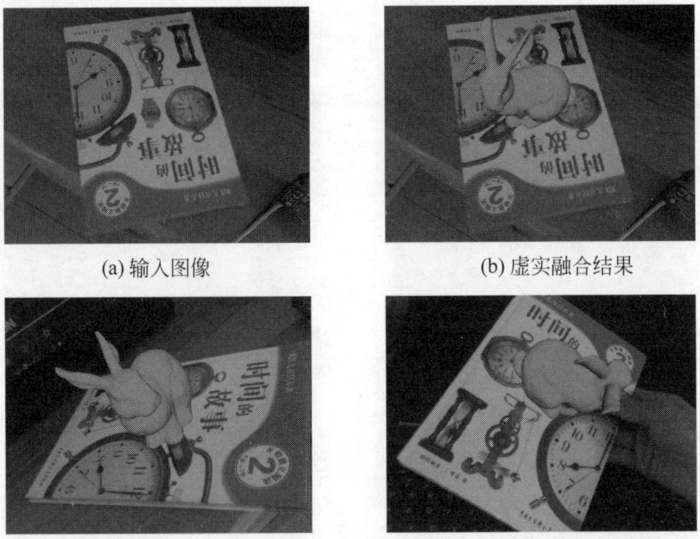

(a) 输入图像　(b) 虚实融合结果

(c) 虚拟物体随视角变化　(d) 虚拟物体随标志物运动

图 5.1　基于自然标志物的增强现实(见彩插)

与第 3 章所述的平面标志方法相比,使用自然图像作为标志物的最大困难在于无法通过简单的图像处理精确定位标志物的边界和角点。对于这种情况而言,现有技术主要基于物体表面的纹理信息来识别物体并计算其 3D 位姿,这在很大程度上依赖图像的局部特征方法。图像的局部特征是在计算机视觉领域需深入研究的问题，在许多视觉系统中已有较为成熟的应用。现有的视觉 3D 重建技术都依赖于足够且稳定的特征点对应，第 6 章也会有所涉及。此外，局部特征方法也是诸如图像拼接、大位移立体匹配等关键技术的基础。在深度学习出现之前，包括图像识别、检测与检索等语义相关的视觉任务，也在很大程度上依赖于图像的局部特征。

5.1 特征检测基本原理

特征检测的目标是从给定的输入图像中提取适合用于匹配的点的集合，即特征点。衡量特征点好坏的标准主要有两个。一是可区分性，即特征点所在位置的图像内容要与其他特征点有足够的区分度，以尽量减少错误匹配。例如，在各方向上都没有明显变化的平坦区域是不适合作为特征点的。二是可重复性，即场景中的同一点，在不同观测条件下得到的图像都能被特征检测算法稳定地检测到。此外，由于在实际应用中经常要求系统能够在移动设备等低计算能力的设备上实时运行，因此计算效率也是需要考虑的重要因素。

一般说来，图像中适合作为特征点的像素位置主要包含两类，一类是角点，另一类是斑点。二者虽然在概念上对应不同的图像结构，但实际计算过程存在一定的关联性，以下将分别进行介绍。

5.1.1 角点检测

角点原理来源于人对角点的感性判断。如图 5.2 所示，根据局部窗口内所含图像块内容随局部窗口位置移动而变化的特点，可以把图像区域分为以下几类。

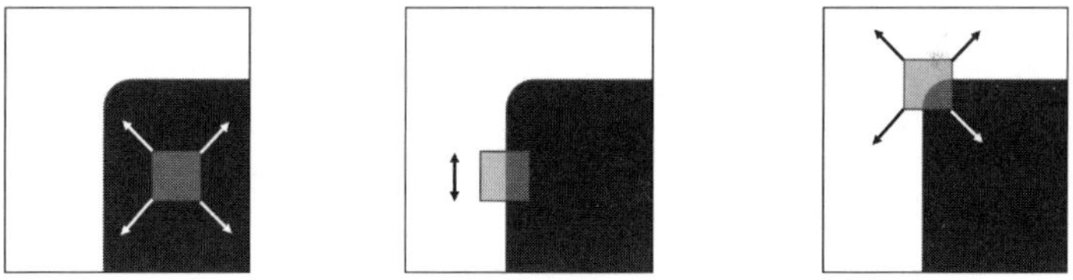

(a) 平坦区域　　(b) 边缘　　(c) 角点

图 5.2　角点检测对图像区域的分类

(1) 平坦区域：窗口沿各个方向移动时所对应的图像块变化不明显。

(2) 边缘：窗口沿垂直于边缘的方向移动时图像块变化明显，而沿边缘方向移动时图像块无明显变化。

(3) 角点：窗口沿各方向移动时图像块变化都很明显。

显然，平坦区域和边缘上的点都不适合作为特征点。平坦区域的相互像素之间没有可区分性，而边缘点与相同边缘上的其他点没有可区分性。

为了描述局部图像块内容随窗口移动时的变化，可以假设窗口 W 发生位置偏移 (u, v)，比较偏移前后窗口中每一个像素点的灰度变化值，并使用灰度差的平方和来度量图像块内容的变化：

$$E(u,v)=\sum_{(x,y)\in W} w(x,y)(I(x+u,y+v)-I(x,y))^2 \tag{5.1}$$

其中,$w(x,y)$为窗口函数,用于表示窗口中像素(x,y)的权重。$I(x+u,y+v)$为平移后的图像灰度;$I(x,y)$为平移前的图像灰度。对于较小的偏移量(u,v)来说,可以利用泰勒公式对$I(x+u,y+v)$进行近似:

$$\begin{aligned} I(x+u,y+v) &= I(x,y)+I_x u+I_y v+O(u^2,v^2) \\ &\approx I(x,y)+(I_x\ I_y)\begin{pmatrix}u\\v\end{pmatrix} \end{aligned} \tag{5.2}$$

由此可得:

$$E(u,v)=\sum_{(x,y)\in W} w(x,y)\left((I_x\quad I_y)\begin{pmatrix}u\\v\end{pmatrix}\right)^2 \tag{5.3}$$

其中

$$\left((I_x\quad I_y)\begin{pmatrix}u\\v\end{pmatrix}\right)^2=(u\quad v)\begin{pmatrix}I_x^2 & I_xI_y\\ I_xI_y & I_y^2\end{pmatrix}\begin{pmatrix}u\\v\end{pmatrix} \tag{5.4}$$

由此,误差函数$E(u,v)$可以表示成如下形式:

$$E(u,y)=(u\quad v)\left(\sum_{(x,y)\in w} w(x,y)\begin{pmatrix}I_x^2 & I_xI_y\\ I_xI_y & I_y^2\end{pmatrix}\right)\begin{pmatrix}u\\v\end{pmatrix} \tag{5.5}$$

令

$$\boldsymbol{H}=\sum_{(x,y)\in w} w(x,y)\begin{pmatrix}I_x^2 & I_xI_y\\ I_xI_y & I_y^2\end{pmatrix} \tag{5.6}$$

注意$\boldsymbol{H}$是一个2×2矩阵,只与图像内容和窗口函数相关,而与偏移向量(u,v)无关。根据$E(u,v)$的定义,$\boldsymbol{H}$实际上包含了图像块沿各个方向的运动信息。

假设λ_1和λ_2是矩阵$\boldsymbol{H}$的两个特征值,相应特征向量分别为$\boldsymbol{v}_1$、$\boldsymbol{v}_2$。不妨假设$\lambda_1\geqslant\lambda_2$,则$\boldsymbol{v}_1$实际上是$E(u,v)$变化最快的方向,而$\boldsymbol{v}_2$则是$E(u,v)$变化最慢的方向。因此,给定$\lambda_1$和$\lambda_2$,就可以按以下规则对图像区域进行分类。

(1) 如果λ_1和λ_2都很小,说明图像在该像素处沿各方向变化都不明显,因此相应像素应属于平坦区域。

(2) 如果λ_1和λ_2中一个较大,另一个较小,且二者差异较大,则说明图像在该像素处只在一个方向变化明显,因此相应像素应在图像边缘附近。

(3) 如果λ_1和λ_2的值都比较大,且二者数值相当,则说明图像在该像素处沿各方向变化都比较明显,因此相应像素是图像的角点。

在实际计算过程中,为了减小计算量,可以不显式计算特征值λ_1和λ_2。注意到矩阵$\boldsymbol{H}$的行列式$\det(\boldsymbol{H})=\lambda_1\lambda_2$,而迹$\operatorname{trace}(\boldsymbol{H})=\lambda_1+\lambda_2$,因此可以定义以下角点响应指标:

$$R=\det(\boldsymbol{H})-\alpha\operatorname{trace}(\boldsymbol{H})^2=\lambda_1\lambda_2-\alpha(\lambda_1+\lambda_2)^2 \tag{5.7}$$

其中α是一个常数,通常取值为0.04~0.06。显然,响应值R只在λ_1和λ_2都较大时才较大,因此可以根据R的大小鉴别角点。上述角点检测方法即著名的哈里斯(Harris)角点检测。

5.1.2 斑点检测

斑点是图像中易于检测和定位的另一类结构。不同于角点,斑点通常为图像中的一个区域，面积较小且与区域外有明显差异。理想的斑点是一个 2D 高斯函数，如图 5.3(a)所示。图 5.3(b)显示了一幅向日葵的图像，其中每朵向日葵都可以看作是图像中的一个斑点。

(a) 高斯函数形成的斑点

(b) 向日葵形成的斑点区域

图 5.3 斑点图像

基于斑点所在区域的内外图像差异明显的特点，斑点检测的基本思想是计算以某一点为中心的内外区域差异，并以此作为斑点响应函数。很明显，图像的拉普拉斯(Laplacian)算子即是这样的操作。在数学上，2D 函数 $f(x,y)$的拉普拉斯算子定义为

$$\nabla^2 f = \frac{\partial^2 f}{\partial x^2} + \frac{\partial^2 f}{\partial y^2} \tag{5.8}$$

图像的拉普拉斯是对上式的离散化，基于图像求导法则很容易得到：

$$\nabla^2 f = 4f(x,y) - (f(x+1,y) + f(x-1,y) + f(x,y+1) + f(x,y-1)) \tag{5.9}$$

可见标准拉普拉斯算子计算的是中心像素 $f(x,y)$与其四邻域像素值之差，可以反映像素与其邻域像素的差异大小。

最早的斑点检测器是 Beaudet 等人提出的 Hessian 检测器。将图像看作定义在 2D 空间域上的函数，在每个像素处可以计算其 Hessian 矩阵：

$$\boldsymbol{H} = \begin{pmatrix} \dfrac{\partial^2 I}{\partial x^2} & \dfrac{\partial^2 I}{\partial x \partial y} \\ \dfrac{\partial^2 I}{\partial x \partial y} & \dfrac{\partial^2 I}{\partial y^2} \end{pmatrix} \tag{5.10}$$

可见，Hessian 矩阵主要包含对图像的二阶导，且拉普拉斯算子即 Hessian 矩阵的迹。实际上，如果将像素值看作是每个像素处的高度值，则图像等同于一曲面函数。Hessian 矩阵所刻画的是曲面上每点沿各方向的曲率变化情况，其最大和最小特征值对应的特征向量分别对应于曲面上曲率变化最快和最慢的方向。这一点非常类似于角点检测器中自相关矩阵的性质，因此也可以通过分析 Hessian 矩阵的特征值来检测斑点。在 Hessian 检测器中采用矩阵 $\boldsymbol{H}$ 的行列式作为特征的响应值，这是因为 $\det(\boldsymbol{H})=\lambda_1\lambda_2$ 只有在特征值 λ_1 和 λ_2 都比较大时才能取得较大值，而计算行列式比计算特征值的计算量要小得多。

与 Hessian 检测器相比，高斯-拉普拉斯(Laplacian-of-Gaussian，LoG)算子是一种更直观且更适合多尺度扩展的斑点检测器。对于 2D 的高斯函数来说

$$G(x,y,\sigma) = \frac{1}{2\pi\sigma^2} e^{-(x^2+y^2)/2\sigma^2} \tag{5.11}$$

其拉普拉斯变换为

$$\mathrm{LoG}(x,y)=\frac{\partial^2 G}{\partial x^2}+\frac{\partial^2 G}{\partial y^2}=\frac{1}{\pi\sigma^4}\left(\frac{x^2+y^2}{2\sigma^2}-1\right)\mathrm{e}^{-(x^2+y^2)/2\sigma^2} \tag{5.12}$$

LoG 算子在 2D 图像上显示为一个圆对称函数，如图 5.4 所示。

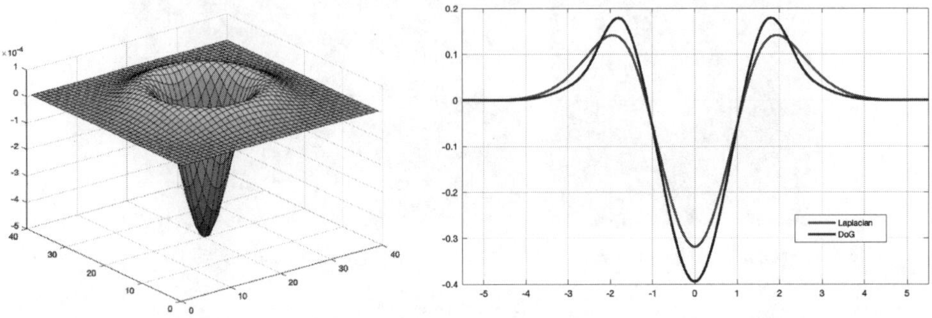

(a) LoG算子　　(b) LoG算子在y=0处的截面

图 5.4　图像的 LoG 算子

LoG 算子是以 LoG 函数为核函数的空间域滤波器。如图 5.4 所示，LoG 函数中心的权重为负值，而外侧周围的权重为正值，因此当其与图像卷积时，所得结果是内外区域的差异值。以 LoG 算子滤波的结果为斑点检测的响应值，再经过非极大值抑制和阈值过滤，便可以得到特征点集合。注意通过改变 σ 的值可以调整 LoG 函数的形状，σ 越大，LoG 函数中的内部区域半径就越大，相应地可以检测出半径(尺度)更大的斑点。

为了更高的计算效率，也可以采用 DoG(Difference of Gaussian)算子近似计算 LoG 函数。DoG 表示两个相近尺度高斯函数的差，可以理解为以不同 σ 对图像进行高斯滤波的结果的差值。要理解 DoG 与 LoG 的关系，首先应验证式(5.11)所示的 2D 高斯函数，有以下等式成立：

$$\frac{\partial G}{\partial \sigma}=\sigma\,\nabla^2 G \tag{5.13}$$

其中$\nabla^2 G$ 即 LoG 算子。利用差分近似微分可以得到：

$$\sigma\,\nabla^2 G=\frac{\partial G}{\partial \sigma}\approx\frac{G(x,y,k\sigma)-G(x,y,\sigma)}{k\sigma-\sigma} \tag{5.14}$$

因此

$$G(x,y,k\sigma)-G(x,y,\sigma)\approx(k-1)\sigma^2\,\nabla^2 G \tag{5.15}$$

其中 $k\sigma$ 表示 σ 的一个相邻尺度(如高斯金字塔中的一个相邻层次)。式(5.15)左边即高斯的差分(DoG)，因此 DoG 和 LoG 之间只差一个常量的缩放。在 5.3.1 节中将看到，采用 DoG 算子可以显著降低 LoG 金字塔的计算开销。

5.1.3 尺度不变性

物体在图像中的尺度对应于其在图像中所占区域的大小。图像分辨率、图像拍摄时物体离相机的距离、相机参数等都可能引起物体的尺度变化。因此，当同样的物体在不同图像中出现时，其尺度可能出现较大的差异，如图 5.5 所示。如何实现不同尺度的区域之间的稳定匹配，是特征检测和匹配方法需要解决的首要问题。

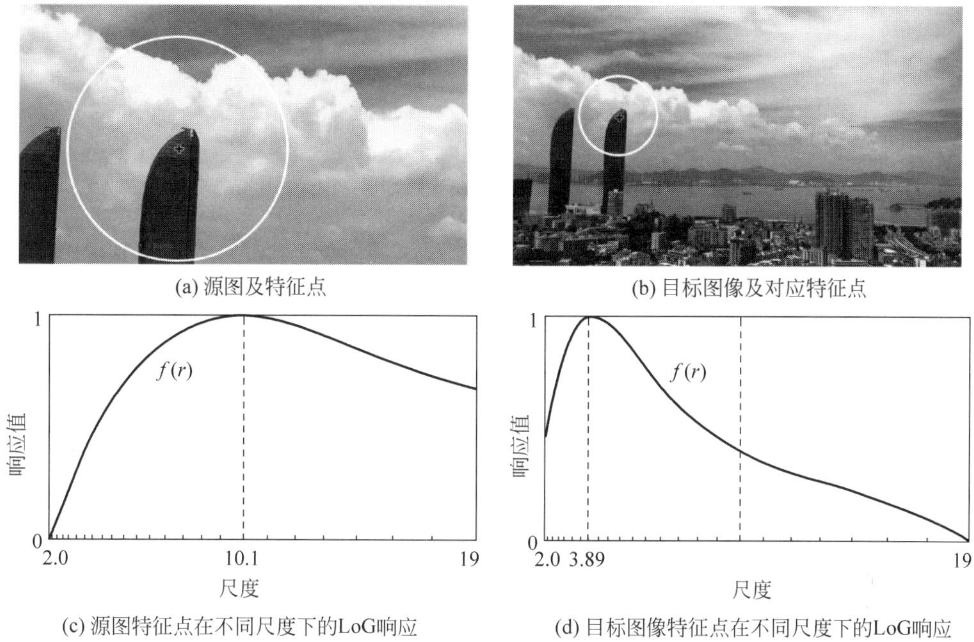

(a) 源图及特征点　(b) 目标图像及对应特征点

(c) 源图特征点在不同尺度下的LoG响应　(d) 目标图像特征点在不同尺度下的LoG响应

图 5.5　图像的尺度与尺度选择理论示意图

实现尺度不变的难点在于输入图像中物体的尺度是未知的。因此，为了应对特征点的尺度变化，一种方法是对源图像中的每个特征点，搜索其在目标图像中所有可能的尺度变化。这要求计算目标图像中每个特征点在所有可能尺度上的特征描述，并与源图像中的特征点进行匹配。这一方面会导致显著的冗余计算，另一方面会因为引入大量不稳定特征而导致更多的错误匹配。

是否存在一个方法，能够为每个特征点赋予一个尺度半径 r，并且当物体尺度改变时，r 能够相应地进行调整？如图 5.5 所示，虽然物体尺度相差较大，但尺度变化前后圆环内部的图像内容基本是一致的。

尺度选择理论可用于解决上述问题。给定图像上一个特征点 x，可以定义一个能够反映以 x 为中心，半径为 r 的区域特征的特征函数 $f(r)$。特征函数的定义可以是多样化的，如用于斑点检测的 LoG 算子，即是较为理想的特征函数。LoG 算子实际上反映了区域内外的像素值差异。因此，考虑图像上一圆形斑点，LoG 算子将在其权值正负的边界与圆形斑点边界重合时达到最大响应值。基于这个观察，尺度选择理论的基本思想在于通过改变特征函数 f 的尺度半径参数 r，可以得到 f 在 x 点处关于 r 的响应曲线。选择响应曲线中最大值对应的尺度半径，作为特征点 x 的关联尺度，并称其为 x 的特征尺度。

由于采用上述方法计算的特征尺度是跟图像内容相关的，因此当图像缩放时，特征尺度会随图像内容的变化而改变。例如，当图像被缩放到原始大小的 1/2 时，特征函数的响应曲线会被横向压缩，其最大值点对应的尺度也将变为原来的 1/2，由此可以实现尺度不变性。注意，由于实际情况一般不会如此理想，因此，响应曲线中会出现多个局部极大值点。这种情况下，一般会把所有局部极大值点的位置都选择为特征尺度。这也是为什么常见的尺度不变特征检测方法,如尺度不变特征变换(scale invariant feature transform,SIFT)等,会在同一位置检测到多个特征点的原因。多个特征点虽然空间位置相同,但具有不同的特征尺度。

5.2 特征匹配基本原理

特征检测可以对每一幅输入图像检测到一系列的特征点。如果待匹配的图像之间有明显的尺度变化,则可以进一步基于尺度选择原理为每个特征点决定一个尺度半径,并在进行特征匹配之前将特征点周围的相应图像区域缩放到同一尺度。因此,在特征匹配阶段,可以不考虑图像的尺度变化,这样,特征匹配就等同于比较两个相同大小图像块的相似性问题。假设 $\varphi(P,Q)$ 是计算两个图像块 P、Q 之间差异的函数,且 P、Q 具有相同的大小。特征匹配的关键在于定义适当的 $\varphi(\cdot)$,以使得匹配特征点对之间具有较小的差异,而不匹配的特征点对之间具有较大的差异。

注意,即使图像块 P、Q 来自一对匹配的特征点,其对应的像素值也可能有较大的差异。这主要是由于两方面因素的影响:一是图像拍摄环境的光照变化,或者相机曝光度的变化等,这会导致图像块之间不同的亮度、颜色等;二是图像块内部的几何形变,这主要由物体形变或观测视角的变化引起,将导致对应像素之间没有严格对齐。上述两方面原因可能导致匹配的特征点对之间计算得到的相似性较低,从而无法获得正确的匹配,这是特征匹配需要解决的主要问题。

5.2.1 处理像素值变化

首先假设待匹配图像块之间没有几何形变。注意这种情况一般并不成立,但是如果待匹配图像差异较小,如对视频中的连续两帧图像来说,可以认为局部图像块 P、Q 之间的几何形变是可以忽略的。在这种情况下,一个最简单且常用的图像块匹配度量是对应像素值差的平方和(sum of square difference,SSD):

$$\varphi^{\text{ssd}}(P,Q)=\sum_{\boldsymbol{x}\in\Omega}\|P(\boldsymbol{x})-Q(\boldsymbol{x})\|^2 \tag{5.16}$$

其中 Ω 表示图像块所在区域,$\boldsymbol{x}$ 是图像块内的一个像素位置。SSD 完整地保留了图像块之间的颜色差异,在图像之间不存在明显像素值变化的时候具有较好的表现。不过,由于其平方项对像素值的较大差异增长很快,因此对像素值变化和几何形变都很敏感。为此,可以将平方项改为绝对值,即采用像素值差的绝对值和(sum of absolute difference,SAD):

$$\varphi^{\text{sad}}(P,Q)=\sum_{\boldsymbol{x}\in\Omega}|P(\boldsymbol{x})-Q(\boldsymbol{x})| \tag{5.17}$$

不过,SAD 对于像素值变化的影响仍然具有线性响应。为获得更好的稳定性,更常采用的度量函数是归一化互相关性(normalized cross-correlation,NCC):

$$\varphi^{\text{ncc}}(P,Q)=\left\langle\frac{P-\bar{P}}{\|P-\bar{P}\|},\frac{Q-\bar{Q}}{\|Q-\bar{Q}\|}\right\rangle \tag{5.18}$$

这里把 P、Q 看作是由像素值依次排列组成的向量,$\langle,\rangle$ 表示向量的内积,$\bar{P}$、$\bar{Q}$ 表示图像块内所有像素值的均值。注意 φ^{ncc} 是一个相似性函数而不是差异函数,其值的范围为$[-1,1]$,值越小表示差异越大;如果 P、Q 相等,则 $\varphi^{\text{ncc}}(P,Q)=1$。为了理解 NCC 对像素值变化的稳定性,可以假设 P、Q 之间的像素值变化可以用一个线性函数来拟合,即存在 a、b,使得 $Q(\boldsymbol{x})=aP(\boldsymbol{x})+b$。容易证明,NCC 对线性的像素值变化是不变的,即如果 P、Q 之间只有线性变化,则 $\varphi^{\mathrm{ncc}}(P,Q)=1$。

另一种对像素值变化稳定的方法是图像的方向梯度直方图(histograms of oriented gradients,HOG)。由于 HOG 方法基于图像的梯度计算图像块的相似度,因此对像素值变化也具有很好的稳定性。图 5.6 显示了 HOG 的基本原理。对给定的图像块来说,首先将图像块均匀分为相同大小的网格,然后对每个网格里的小图像块,统计像素的梯度方向直方图。注意,每个像素 $\boldsymbol{x}$ 的梯度是一个 2 维向量(θ_x,ω_x),其中 θ_x 表示梯度方向,ω_x 表示梯度强度。每个网格里的梯度直方图一般把 0 到 2π 的方向分为 8 份,然后计算落在每个角度范围内的梯度强度并以此之和作为直方图的值。将每个小网格的直方图相连,便得到了整个图像块的 HOG 特征。如果图像块被分为 m 个小网格,则整个图像块的特征是一个长度为 $8m$ 的向量,再对该向量进行归一化就得到了最终的 HOG 特征。获得 HOG 特征之后,两个图像块的差异可取为相应 HOG 特征的欧氏距离。

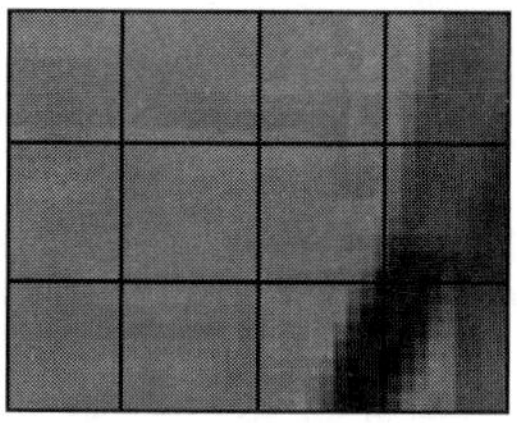

(a) 输入图像块及其划分

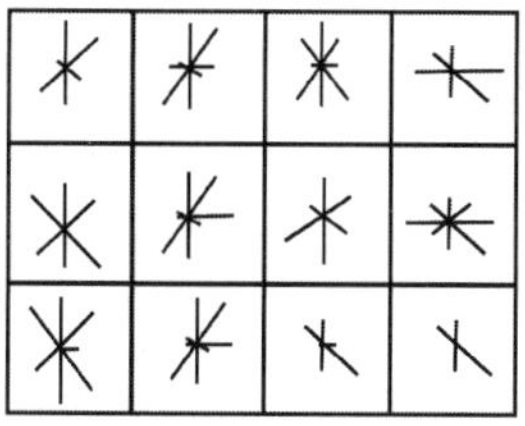

(b) 梯度方向直方图

图 5.6 计算梯度方向直方图

注意图像梯度实际上是邻近像素的差分,所以很容易验证 HOG 对线性的光照变化也是不变的。此外,由于 HOG 是对一定区域内像素的统计特征,因此相对于 SSD、NCC 等方法,HOG 对像素位置的变化也更不敏感,可以在一定程度上处理图像块的几何形变和对齐误差。

NCC 和 HOG 虽然都可以较好地处理线性的像素值变化,但计算开销都比较大。对计算性能要求较高的情况,通常都采用二值特征来计算图像块之间的差异。如图 5.7 所示为一种典型的二值特征编码方法。对一个 3×3 的图像块来说,将图像块 P 内非中心像素 $\boldsymbol{x}$ 与中心像素 $\boldsymbol{c}$ 进行比较,并按以下规则进行编码:

$$\hat{P}(\boldsymbol{x})=\begin{cases}0 & P(\boldsymbol{x})\leqslant P(\boldsymbol{c})\\1 & P(\boldsymbol{x})>P(\boldsymbol{c})\end{cases} \tag{5.19}$$

经过上述变换之后,$\hat{P}$ 可以被看作是一个二进制串。对待比较的图像块 P、Q,可以通过 $\hat{P}$、$\hat{Q}$ 中不同的二进制位的个数来计算其差异:

$$\varphi^{\mathrm{binary}}(P,Q)=\sum_{\boldsymbol{x}\in\Omega}\hat{P}(\boldsymbol{x})\,\mathrm{xor}\,\hat{Q}(\boldsymbol{x}) \tag{5.20}$$

其中,xor 表示异或操作。

二值特征不仅计算高效,而且对图像的噪声和非线性的像素值变化也有较好的稳定性,因此在图像匹配中得到了广泛关注。针对局部特征描述,一种代表性的方法是位特征描述子(binary robust independent elementary features,BRIEF)。与图 5.7 所示的二值编码方法相比，BRIEF 的区别在于其像素值比较不再固定与中心像素进行，而是可能发生于任意两个像素之间。根据一定的规则，采样一定数量的像素对，并比较像素对的相对亮度关系，生成二值编码。像素对可以随机生成，也可以按一定规则生成(如在靠近中心的区域采样更多等)。

120	127	97
99	100	108
87	23	189

(a) 图像块的灰度值

1	1	0
0		1
0	0	1

(b) 图像块的二值特征

图 5.7　图像块的二值特征编码方法

5.2.2　旋转不变性

考虑图像块 P、Q 可能包含几何变换和变形，其中最重要的也是最基本的两种变换即缩放和旋转。尽管整幅源图像和目标图像之间的几何形变可能很复杂，但对于其中包含的一个局部图像块，其几何形变一般可以较好地用一个 2D 相似变换来近似表示。如 5.1.3 节所述，图像块的缩放可以通过尺度不变特征检测来处理，在特征匹配阶段主要考虑图像块的旋转。

现有特征匹配方法处理旋转不变性的思路大致相同。如图 5.8 所示，假设图像块 Q 是 P 经过旋转变换之后的结果，则 Q 的像素可以经过旋转一定角度与 P 中像素对齐。因此，如果能为每个图像块根据其像素值的空间变化规律计算一个方向向量 $\boldsymbol{\nu}$，则 $\boldsymbol{\nu}$ 也会随着图像块的旋转一起旋转。假设已经计算得到图像块 P、Q 对应的方向向量 $\boldsymbol{\nu}(P)$、$\boldsymbol{\nu}(Q)$，则可以很容易地通过对 P 或 Q 旋转一定角度来消除它们之间的旋转差异。

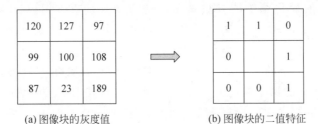

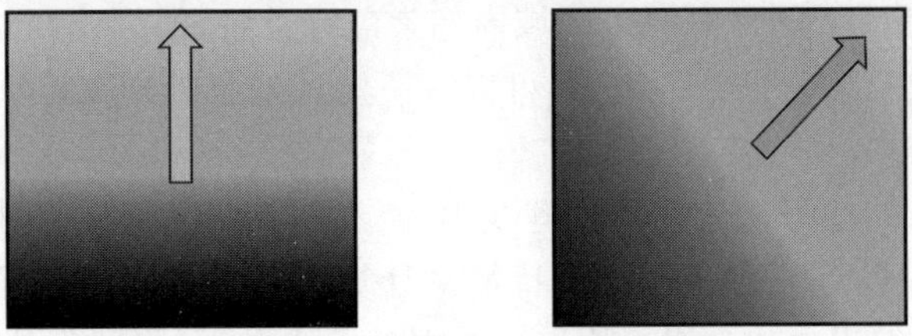

(a) 原图像及其主方向　　(b) 旋转后的图像及其主方向

图 5.8　图像块的主方向与旋转不变性

上述过程中的方向向量 $\boldsymbol{\nu}$ 称为图像块的主方向。可见，实现旋转不变性的关键在于正确估计图像块的主方向。一个估计主方向的最简单的方法是计算图像块中心的像素梯度。不过，由于单个像素的梯度方向很不稳定，因此一般不采用这种方法。在 5.3 节中，将结合具体的特征匹配技术，介绍几种代表性的主方向估计方法。

5.3　特征检测与匹配的代表性方法

在 5.1 和 5.2 节中，介绍了特征检测与匹配的一些基本原理。本节将结合几种代表性的局部特征方法(SIFT、SURF 和 ORB)，介绍更多与实现相关的细节。

5.3.1　SIFT 特征

尺度不变特征变换(scale invariant feature transform,SIFT)是最早被广泛采用的局部特征方法。直到现在,如果不考虑计算性能,大部分情况下仍会采用 SIFT 方法。SIFT 特征检测主要基于于 5.1 节介绍的斑点检测原理,基于图像金字塔实现了多尺度(尺度不变)的特征检测与匹配。

如图 5.9(a)所示是 SIFT 中图像金字塔的构造过程。对输入图像而言,首先构造如图 5.9(a)所示的高斯金字塔。注意该金字塔与普通高斯金字塔有很大不同。在普通的高斯金字塔中,相邻层的降采样率一般为 2,其构造过程是先用选定的高斯核函数 $G(x,y,\sigma)$ 对第 l 层进行高斯滤波,再将滤波后的图像降采样为第 l 层分辨率的一半,所得结果即为第 $l+1$ 层。但是,对于图像匹配来说,由于物体尺度一般是连续变化的,因此普通高斯金字塔在尺度空间的采样显然过于稀疏,这会导致位于中间尺度的特征点无法正确匹配。为此,需要提高对尺度空间的采样率。SIFT 中的高斯金字塔构造方法正是出于提高尺度空间采样率的目的而设计的。注意,其中有连续的 k 层图像大小相同,如在图 5.9(a)中 $k=5$,这样连续的 k 层被称为一个八度组(Octave,原意是音乐中的八度音阶)。降采样只在两个相邻的八度组之间进行(将图像缩小一半),而在同一个八度组内,每次仅等量地增大高斯滤波的尺度参数 σ。所以,一个八度组即相当于普通高斯金字塔中的一层,k 值越大,则在尺度空间的采样率越高。

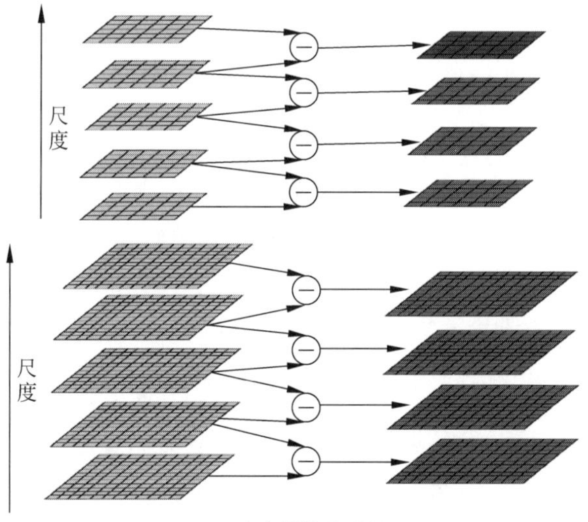

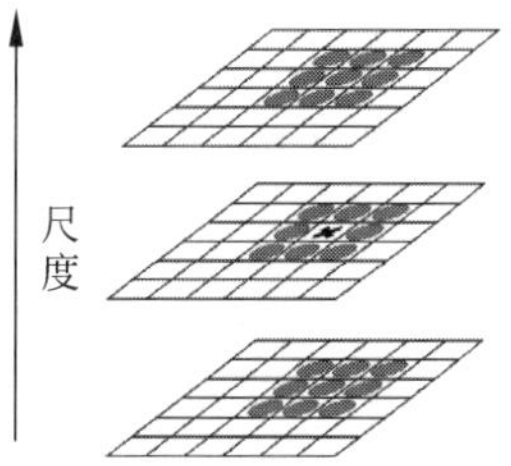

图 5.9　SIFT 特征提取算法

高斯金字塔构造完成后,再基于 5.1.2 节介绍的 DoG 算子计算拉普拉斯(Laplacian)金字塔。采用 DoG 算子计算拉普拉斯金字塔可以显著减少计算量。图像金字塔构造完成之后,可以在金字塔中检测尺度空间的局部极值点,并以此作为特征点的候选。如图 5.9(b)所示,检测局部极值点需要将每个样本点跟它的 8 个最近邻点及其上、下相邻尺度空间中各 9 个最近邻点(总共 26 个最近邻点)进行比较,如果某个样本点比所有 26 个近邻点都大或都小,则该样本点被认为是一个局部极值点。注意,这样得到的每个极值点都有一个 3D 坐标(x,y,σ)，其中(x,y)是特征点的空间坐标，σ 则是特征点的尺度，相当于尺度选择理论中得到的特征尺度，可用于决定计算特征描述符的尺度半径。

通过极值点检测得到的只是特征点的候选，要获得最终的特征点，还需要经过两个步骤：一是优化特征点坐标(x,y,σ)，获得亚像素的坐标值，提高特征点定位的精度；二是移除低响应值的点和边缘点。

SIFT 的特征描述主要基于 5.2 节介绍的 HOG 描述子。具体地，对特征点(x,y,σ)来说，首先根据 σ 确定的采样间隔，以(x,y)为中心采集一个 16×16 网格像素的梯度。再将 16×16 的网格均匀分为 4×4 的子网格，并在每个子网格内计算一个长度为 8 的梯度方向直方图。因此，每个特征点将获得一个长度为 $4\times4\times8=128$ 的特征描述子。

如 5.2 节所述，获得旋转不变性的关键在于估计特征点的主方向。SIFT 的主方向估计也是基于梯度直方图。对特征点关联区域内像素的梯度方向分布进行统计，取强度最大的方向作为主方向。此外，如果某个方向的强度大于最大强度的 80%，则该方向也被认为是一个主方向，这时需要新增加一个特征点来表示该方向的特征描述子。这也是为什么在 SIFT 特征检测的结果中，往往有多个特征点具有完全相同的空间坐标。这样做的主要目的是增强主方向估计的稳定性。根据 SIFT 原论文的描述，只有不到 15%的特征点会被赋予多个主方向，但是这样做可以显著改善特征匹配的效果。

5.3.2 SURF 特征

加速稳健特征(speeded up robust features，SURF)的提出主要是为了对 SIFT 特征的计算进行加速。SURF 特征检测基于 5.1.2 节介绍的 Hessian 斑点检测原理。为了进行多尺度检测，首先定义尺度空间的 Hessian 矩阵为

$$\boldsymbol{H}(\boldsymbol{x},\sigma)=\begin{pmatrix} L_{xx}(\boldsymbol{x},\sigma) & L_{xy}(\boldsymbol{x},\sigma) \\ L_{xy}(\boldsymbol{x},\sigma) & L_{yy}(\boldsymbol{x},\sigma) \end{pmatrix} \tag{5.21}$$

其中 $\boldsymbol{x}$ 是像素的空间坐标，σ 是尺度参数，L_{xx}、L_{xy}、L_{yy} 是 2D 高斯函数 $G(x,y,\sigma)$的二阶偏导 G_{xx}、G_{xy}、G_{yy} 分别与图像卷积后的结果。为了加速 Hessian 矩阵的计算，在 SURF 中采用均值滤波来近似计算 L_{xx}、L_{xy}、L_{yy}。如图 5.10 所示，与图像的拉普拉斯算子一样，卷积核 G_{xx}、G_{xy}、G_{yy} 实际上也是对不同区域内像素的差分，因此可以用均值滤波来近似。采用均值滤波的优点在于其计算可以通过积分图进行加速。对一幅输入图像而言，只需要构造一次积分图，之后任意窗口大小(任意尺度)的均值滤波都可以在常数时间复杂度内完成。SURF 特征的响应值即 $\boldsymbol{H}$ 矩阵的行列式，与 SIFT 特征一样，SURF 也是将尺度空间的 3D 极值点作为特征点的候选。

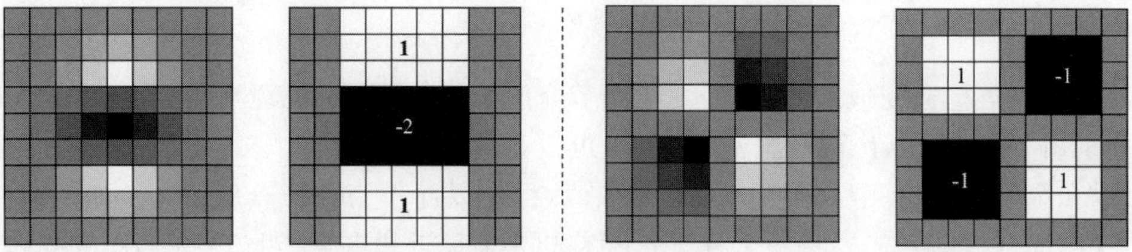

(a) L_{yy}　(b) L_{yy}近似　(c) L_{xy}　(d) L_{xy}近似

图 5.10 采用均值滤波近似计算 Hessian 矩阵

SURF 特征描述子的计算过程如图 5.11 所示。对每个特征点(x,y,σ),以(x,y)为中心,大小为 $20s\times20s$ 的子窗口内像素进行计算,其中 s 由 σ 决定,对应于特征的尺度大小。每个 $s\times s$ 大小的图像块称为一个子区域,20×20 的子区域被进一步均匀划分为 4×4 的网格,每个子网格包含 5×5 的子区域。在每个子网格内,首先在每个子区域位置上,利用图 5.11 所示的小波核计算 x 和 y 方向的图像梯度 $\mathrm{d}x$ 和 $\mathrm{d}y$,这实际上是在每个 $2s\times2s$ 的图像块内进行水平或垂直方向上的差分,这样计算得到的图像梯度称为小波梯度。然后对每个子网格包含的 5×5 个子区域,计算一个描述子:

$$v=\left(\sum \mathrm{d}x,\sum \mathrm{d}y,\sum \mid \mathrm{d}x\mid,\sum \mid \mathrm{d}y\mid\right) \tag{5.22}$$

最后将所有 4×4 个子网格的描述子连接,即得到 SURF 的特征点描述子。因此,每个特征点的描述子大小为 $4\times4\times4=64$。

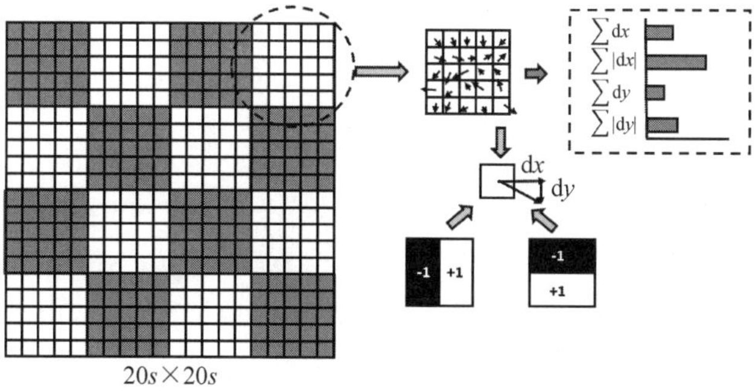

图 5.11 SURF 特征描述子的计算过程

SURF 主方向与 SIFT 主方向的计算具有相同的原理,都是选梯度分布最强的方向作为主方向,但是实现方式不同。首先,在 SURF 中,梯度计算采用的是小波梯度。其次,为了计算最强的梯度方向,SURF 中采用 $\pi/3$ 大小的角度扫描窗进行搜索,这与 SIFT 中采用梯度直方图进行搜索在很大程度上是等价的。

5.3.3 ORB 特征

方向快速特征及位特征描述子(oriented-fast and rotated brief,ORB)是比 SIFT 和 SURF 更为高效的特征,往往被用于实时性要求比较高的应用中(如 SLAM)。从其命名可以看出,它实际上结合了 FAST 角点检测和 BRIEF 特征描述子。虽然快速特征(features from accelerated segment test,FAST)是一种非常快速的角点检测方法,但是没有为角点估计主方向,也没有进行多尺度的检测。BRIEF 在 5.2.1 节中已有介绍,是一种高效的二值特征描述子,但没有考虑尺度和旋转不变性。ORB 将二者进行了结合,解决了尺度不变和旋转不变的问题。

在特征检测阶段,ORB 首先构造图像金字塔,并在金字塔的每一层上进行 FAST 角点检测,以得到特征点的候选。对候选特征点而言,计算 Harris 角点响应,并基于角点响应值消除弱特征点和边缘点,剩余的特征点即为 ORB 特征点,相应的金字塔的层数用于决定计算特征描述子的尺度半径,并基于 BRIEF 方法计算特征描述,最终生成长度为 256 的二进制串描述。

在 ORB 中,主方向的估计采用了一种被称为"亮度质心"的原理。对于以一个特征点

为中心的某个区域 Ω 来说，首先定义

$$m_{pq}=\sum_{(x,y)\in\Omega}x^{p}y^{q}I(x,y) \tag{5.23}$$

亮度质心于是可以计算为

$$C=\left(\frac{m_{10}}{m_{00}},\frac{m_{01}}{m_{00}}\right) \tag{5.24}$$

上式中 m_{00} 实际上是区域内像素亮度的均值，m_{10} 和 m_{01} 分别是以像素亮度为权重对 x 和 y 坐标的加权平均。所以，亮度质心会往亮度较大的方向偏移。获得亮度质心后，主方向即特征点到亮度质心连线的方向，可以计算为

$$\theta=\arctan2(m_{01},m_{10}) \tag{5.25}$$

注意，如果区域内像素的亮度都比较低，则亮度质心的计算是不稳定的。不过，由于特征点所在位置一般是像素亮度变化较大的位置，因此这种情况一般很少出现。

5.4 基于特征点对应的位姿估计

在第 3 章和第 4 章中，介绍了基于点对应估计标志物 3D 位姿，进而实现空间注册的基本方法。对自然标志物而言，可首先利用本章所述特征匹配方法获得输入图像与标志物模板之间的特征点对应，再基于点对应估计标志物的当前位姿。然而，由于特征匹配获得的特征点对应都包含一定的误匹配，且实际情况下误匹配的比率往往较高(超过 50%)，因此直接基于这些点对应估计位姿参数将难以获得准确的结果。本节将主要讨论在包含误匹配的情况下进行位姿估计的方法。

5.4.1 鲁棒最小二乘

常规的最小二乘方法在噪声符合正态(高斯)分布时是一个合适的选择。但是，在实际情况中，对应点中往往存在着外点。所谓外点，即误差较大的对应点，也可以被称为离群点。相应地，误差很小的对应点称为内点。由于外点在最小二乘法中计算出的残差可能会非常大，因此，对计算结果可能会有破坏性的影响，如果考虑外点，则一般不能采用普通的最小二乘进行参数估计。图 5.12 显示了在直线拟合问题中，外点对拟合结果的影响。可见即使只有一个外点，也可能对结果造成极大的影响。

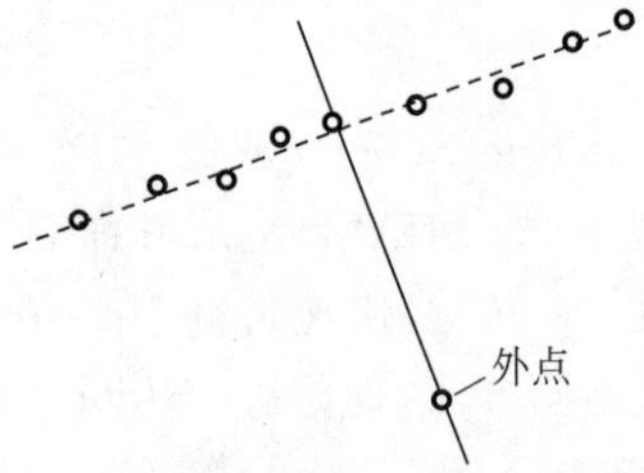

图 5.12　外点对最小二乘结果会有破坏性的影响

为了改善最小二乘法在有外点情况下的稳定性，可以采用鲁棒的最小二乘法：

$$E_{\mathrm{RLS}}(\Delta\boldsymbol{\Theta})=\sum_{i}\|r_{i}\|^{q} \tag{5.26}$$

在最小二乘中，由于 $q=2$，因此惩罚能量将随着残差的增大而快速增长。为了减小外点对结果的影响，需要取 $q<2$，q 越小，外点对结果的影响也越小。为了求解，可以将式(5.26)写为

$$E_{\mathrm{RLS}}(\Delta\boldsymbol{p})=\sum_{i}\|r_{i}\|^{q}=\sum_{i}\|r_{i}\|^{q-2}\|r_{i}\|^{2}=\sum_{i}\omega(r_{i})\|r_{i}\|^{2} \tag{5.27}$$

其中 $\omega(r_i)=\| r_i \|^{q-2}$ 可以被看作是一个权重函数，并基于当前的残差值进行计算。对给定的权重而言，式(5.27)变成了一个加权最小二乘问题，可以采用线性方法进行求解。初始时，可以设置 $\omega(r_i)=1$，即求解一个普通的最小二乘问题作为初始解，随后更新残差和权重函数，如此迭代直至收敛。上述方法被称为迭代重加权最小二乘(iteratively reweighted least squares，IRLS)。

采用鲁棒最小二乘可以在一定程度上减少外点的影响，但是如果外点数量较多或误差很大，基于普通最小二乘估计的初始解也会与真值有较大的偏差，这会导致 IRLS 和类似梯度下降的算法不能收敛至最优解。因此，鲁棒最小二乘只适用于外点影响不太大的情况。

5.4.2 随机采样一致性算法

为了更稳定地处理外点，可以采用随机采样一致性(random sample consensus，RANSAC)算法。RANSAC 是一种随机算法，可以处理较高比例和很大误差的外点。

RANSAC 算法的思想非常简单，在包含外点的数据集中，采用不断迭代的方式，去寻找最优的参数模型。对于每次迭代而言，都执行以下过程。

(1) 随机选取一小组点，然后用这组点拟合一个参数化模型 θ_i。选取点的个数遵循"最小采样"原理，即估计一个参数模型所需的最小点数。例如，2D 仿射变换一共有 6 个自由度，则至少需要 3 个 2D 点对；透视变换一共有 8 个自由度，则至少需要 4 个点对。

(2) 用当前模型 θ_i 去测试其他所有点，如果某个点与模型的偏差小于一定阈值 ε，则认为该点与当前模型一致。找出所有与 θ_i 一致的点的集合，并记一致点的数量为 m_i。

重复执行上述过程，直至找到一个足够好的模型(m_i 足够大)，或者达到最大迭代次数，并选 m_i 最大的一次作为结果。为了改善结果的精度，一般在迭代结束后，还需要再用所有估计出来的内点，用最小二乘法重新拟合模型。上述过程中的第 1 步称为"采样"，第 2 步称为"验证"。采样的目的是生成假设模型，而验证则是评估模型的正确性。因此，RANSAC 算法即是通过不断地"假设-验证"选择最优模型的过程。

需要注意，RANSAC 算法并不能保证收敛到全局最优解。理论上，只有至少有 1 次采样得到的点集不包含外点时，RANSAC 算法才有可能得到正确解。不妨设 k 为算法的迭代次数，n 为每次采样的数据点的个数，w 为数据集中内点的比率。则 n 个点均为内点的概率为 w^n，$1-w^n$ 为 n 个点中至少有一个外点的概率，$(1-w^n)^k$ 为算法在 k 次迭代中每次都采样到了外点的概率。假设 p 为算法在 k 次迭代中至少有一次采样到的点均为内点，则有

$$1-p=(1-w^n)^k \tag{5.28}$$

对此式两边取对数有

$$k=\frac{\log(1-p)}{\log(1-w^n)} \tag{5.29}$$

表 5.1 为达到 99%的成功概率($p>0.99$)所需要的试验迭代次数 k。其中横向参数为外点在数据中所占比例 $1-w$，纵向参数为抽取数据个数 n。可见，随着采样点数和外点所占比例的增加，所需的迭代次数会迅速增大。这也是在采样过程中需要遵循最小采样原则的原因。在外点比例和迭代次数一定的情况下，采用较小的采样点数有助于提高成功的概率。

表 5.1 RANSAC 方法所需的迭代次数与采样点数和外点比率的关系

外点所占比例/%	迭代次数						
	采样点数=2	采样点数=3	采样点数=4	采样点数=5	采样点数=6	采样点数=7	采样点数=8
5	2	3	3	4	4	4	17
10	3	4	5	6	7	8	9
20	5	7	9	12	16	20	26
25	6	9	13	17	24	33	44
30	7	11	17	26	37	54	78
40	11	19	34	57	97	163	272
50	17	35	72	146	293	588	1177

5.5 连续特征跟踪

回忆本章所介绍的局部特征方法，由于其匹配过程是基于特征描述子在整个图像范围内进行的最近邻搜索，因此可以处理特征点的大幅度运动。不过，在视频中，由于相邻两帧差异不大，对应特征点的位置偏移一般都较小，因此进行全局搜索一方面计算效率较低，另一方面也会导致更多的误匹配。对相邻视频帧间的特征匹配，一般采用连续特征跟踪的方法进行处理。给定上一帧的一组特征点，特征跟踪通过在每个特征点的某个局部邻域内进行搜索，来获得特征点在当前帧中的最优匹配。

连续特征跟踪通常采用托马斯-卢卡斯-卡纳德(Tomasi-Lucas-Kanade，KLT)方法。KLT 实际上是 Tomasi 等人提出的特征检测方法和 Lucas、Kanade 所提出的特征跟踪方法的结合。特征检测用于在初始化时(第 1 帧)获取特征点，并在跟踪过程中对跟踪丢失和新出现的特征点进行补充。KLT 的特征检测方法与 Harris 角点检测类似，接下来主要介绍其特征跟踪的基本原理。

假设 T 和 I 分别是视频中的第 t 帧和第 $t+1$ 帧。考虑像素点 $T(x,y)$，算法的目标是要计算其在 I 中的对应像素 $I(x',y')$。记 $x'=x+u$，$y'=y+v$，则寻找对应像素 (x',y') 可以描述为以下优化问题：

$$(u,v)=\underset{u,v}{\operatorname{argmin}} \mid I(x+u,y+v)-T(x,y)\mid^2 \tag{5.30}$$

这里假设 T、I 都是灰度图像，所以 $T(x,y)$、$I(x',y')$ 都是标量值。注意式(5.30)利用了图像的**灰度不变假设**，即认为场景中同一点，在图像中对应像素的颜色值不随时间变化，因此 $T(x,y)=I(x',y')$。

由于单个像素点的亮度在其附近一般存在较多相似值，因此只用单个像素点求解公式(5.30)将会非常不稳定。为此，进一步假设邻近的像素具有相似的运动(相邻视频帧间差异较小)，则可以认为在以 (x,y) 为中心的某个局部图像块 Ω 内，像素的偏移值都是相同的。这样可以利用 Ω 内所有像素来估计特征点对应像素的偏移值 (u,v)：

$$(u,v)=\underset{u,v}{\operatorname{argmin}} \sum_{(x,y)\in\Omega} \mid I(x+u,y+v)-T(x,y)\mid^2 \tag{5.31}$$

由于 I 关于 (u,v) 的变化一般是非线性的，因此式(5.31)是一个非线性优化问题。不过，对于较小的 (u,v) 来说，可以假设像素值 $I(x+u,y+v)$ 关于 (u,v) 的变化是近似线性的，因此可以用泰勒公式进行近似：

$$I(x+\Delta u, y+\Delta v) \approx I(x, y)+\frac{\partial I}{\partial x}\Delta u+\frac{\partial I}{\partial y}\Delta v \tag{5.32}$$

其中$\frac{\partial I}{\partial x}$、$\frac{\partial I}{\partial y}$分别是$I$在$x$和$y$方向的梯度，可以用图像梯度算子进行计算。将式(5.32)代入式(5.31)中，可以得到关于未知参数$\Delta\boldsymbol{\Theta}=(\Delta u, \Delta v)^{\mathrm{T}}$的线性形式

$$\Delta\boldsymbol{\Theta}=\underset{\Delta p}{\operatorname{argmin}} \sum_{(x, y) \in \Omega} \mid I(x, y)-T(x, y)+\nabla I \Delta\boldsymbol{\Theta} \mid^{2} \tag{5.33}$$

其中$\nabla I=\left(\frac{\partial I}{\partial x}, \frac{\partial I}{\partial y}\right)$是图像的梯度向量。式(5.33)可以采用最小二乘法来进行求解。为了提高计算效率，可以采用以下解析形式直接计算

$$\Delta\boldsymbol{\Theta}=\left(\sum_{(x, y) \in \Omega} \nabla I^{\mathrm{T}} \nabla I\right)^{-1} \sum_{(x, y) \in \Omega} \nabla I^{\mathrm{T}}(T(x, y)-I(x, y)) \tag{5.34}$$

得到$\Delta\boldsymbol{\Theta}$以后，可更新对应点的位置，并重新计算$\nabla I$，如此迭代直至$\Delta\boldsymbol{\Theta}$趋近于0。

在上述方法中，假设像素灰度值在空间和时间上都是连续变化的。这个假设在实际情况中往往不成立，尤其在时间维度上，如果图像T、I之间偏移较大，则上述方法将无法收敛到正确的对应点。为了应对这种情况，可以采用由粗到精(coarse-to-fine)的方法，先在低分辨率图像上获得对应点的初值，再逐步在更高分辨率的图像上进行求精。

扩展阅读

对标志物进行稳定地跟踪和空间注册是增强现实系统工作的基础。在现实场景中，基于局部特征的方法需要能够处理标志物的各种运动和几何变化。本章主要讨论了特征匹配的尺度不变性和旋转不变性，针对更一般的情况，可以进一步采用仿射不变的特征检测方法。由于仿射不变的特征检测方法为每个特征点决定了一个椭圆形的区域，可以表示关联区域在不同视角下的透视变换，因此可以更好地处理透视差异较大的情况。近年来，基于学习的方法也被用于局部特征检测及特征描述子计算，并在多个数据集上取得了比传统方法更好的效果。感兴趣的读者可以参考Y. H. Jin等人在2021年发表的论文“Image Matching Across Wide Baselines：From Paper to Practice”。

在实际的增强现实应用中，标志物可能有很多，因此在进行图像匹配之前，需要首先对当前帧中出现的标志物进行识别。现有的增强现实系统通常都采用基于图像检索的方式进行标志物识别。为此，需要先将标志物模型库中的每个模板图像经过预处理，然后再表示为一个描述向量。输入图像也经过同样的处理过程后被转换成一个描述向量，之后再根据向量搜索进行匹配识别。这其中需要解决的一个关键问题是输入图像中的标志物和模型库中的模板图像在空间上是没有配准的，甚至可能有非常大的差异，并且还存在背景干扰。为解决该问题，最为经典的方法是采用S. Zisserman在2003年提出的视觉词袋(bag of visual words，BoVW)模型。视觉词袋模型来源于自然语言处理领域对文本的表示方法，主要基于一段文本中单词出现的频率(直方图)来描述文本。对于图像而言，一个单词就相当于通过局部特征方法(如SIFT等)计算得到的图像中一个特征点的描述向量，一幅图像包含的所有特征的描述向量就相当于一段文本。为了生成所有单词的集合，可以对模型库中所有模

板图像包含的局部特征描述进行聚类,并以每个类别的中心作为一个候选单词。视觉词袋模型对一幅图像的表示就是图像包含的所有特征点的描述向量在单词集合上的统计直方图。

习题

1. Harris 角点检测将图像区域分为哪几类?分别怎么判定?

2. 直观地解释:为什么 LoG 算子可以用于检测斑点?

3. 简述尺度选择理论的基本原理。

4. 常见特征检测和匹配方法实现旋转不变性的基本原理是什么?

5. SIFT 特征检测的结果,往往会有多个特征点的像素坐标完全相同,请问可能是由哪些原因造成的?

6. 什么情况需要用 RANSAC 方法进行参数估计?

7. 在实际情况下,由于外点比率未知,因此 RANSAC 所需的最大迭代次数是很难根据式(5.29)进行预估的。有什么方法可以用来减少 RANSAC 的迭代次数,从而降低计算量?

8. 改进在第 3 章实现的简易增强现实系统,使之可以用任意图案作为平面跟踪标志,实现如图 5.1 所示的效果。

基于视频序列的空间注册

第6章

CHAPTER 6

实时空间注册是增强现实的核心关键技术。尽管有多种跟踪器能够实现空间注册，但是这些跟踪器的配置通常比较复杂，尤其是需要在室内进行，因此需要高昂的代价。随着摄像头等廉价视觉传感器的出现，尤其是智能手机的普及，使得通过视觉方法实现空间注册成为重要的技术手段。由于相机拍摄的影像蕴涵了丰富的信息，因此，相机成为进行空间配准、重构、识别等任务的重要传感器。随着摄影技术的高速发展，以相机拍摄图像为基础的多视点几何理论和应用取得了巨大成功，摄影测量成为一种专门的技术。基于相机拍摄的多视图重建几何关系，也成为增强现实的重要手段。

6.1 双视图几何基础

双视图几何是指从两幅图像中建立的几何关系，就像人类用两只眼睛看世界一样。考虑从不同位置拍摄同一场景的两幅照片，基于这两幅照片，不仅能实现相机的标定，还可以构成立体视觉从而进行3D重建。在单视点几何中，只有已知现实场景的3D点，才能实现相机的标定。而双视图几何无须对3D场景有所了解即可实现。双视图几何是运动恢复结构(structure from motion，SfM)的理论基础，两幅或多幅不同视点的图像通过特征提取和匹配，来实现相机的自动标定，并重构匹配点在场景中的3D位置。

6.1.1 对极几何理论

双视图几何研究任意两幅不同位置拍摄同一对象的图像之间，通过图像特征点的对应关系所能建立的几何关系。

首先考虑两幅图像间的对应点所建立的关系。如图6.1所示，有两幅图像，分别为**左视图和右视图**，其相机的光心位置分别为O和O'。$\boldsymbol{X}$为场景中的一个3D点。其在两个图像上的投影点分别为$\boldsymbol{x}$和$\boldsymbol{x}'$。因此，$\boldsymbol{x}$和$\boldsymbol{x}'$为对应点，一般通过特征点匹配可以获得这种关系，参见5.1节。两个相机的光心连线OO'称为**基线**。在双视图几何中，约定基线长度非零。基线所在直线与两个图像平面分别交于$\boldsymbol{e}$和$\boldsymbol{e}'$，称为左极点和右极点，统称为**极点**(epipolar point)。如图6.2所示，O、O'与$\boldsymbol{X}$3个空间点决定了一个平面Π，称为**极平面**。极平面与左右视图的交线分别为$\boldsymbol{l}$和$\boldsymbol{l}'$，称为左极线和右极线，统称为**极线**(epipolar line)。显然$\boldsymbol{x}$和$\boldsymbol{x}'$、$\boldsymbol{e}$和$\boldsymbol{e}'$、$\boldsymbol{l}$和$\boldsymbol{l}'$都分别位于这两个平面上。当极平面以基线为轴任意旋转时，基线是固定不动的，而极线则绕极点旋转。由于这里的两个极点都位于基线上，因此双视图几何也称为对极几何。

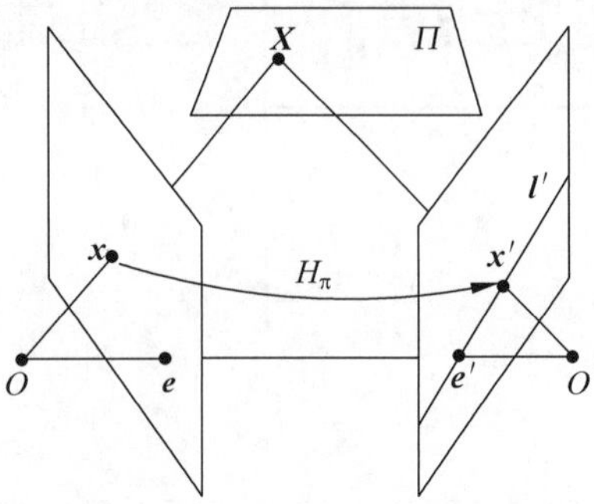

图 6.1　双目视图

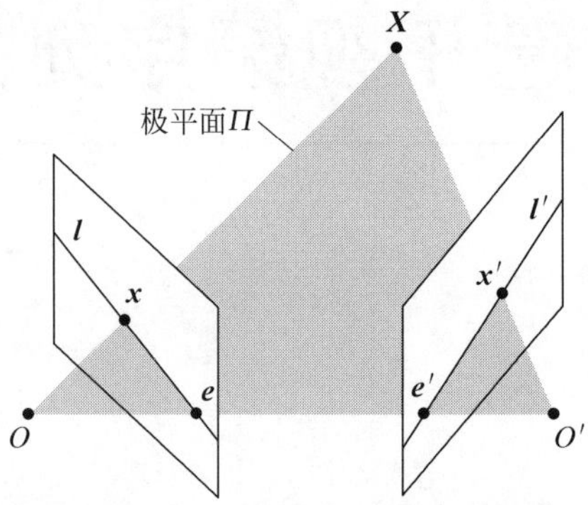

图 6.2　对极几何的空间关系

对极几何的一个基本问题是：已知两幅图像的若干组对应特征点 $\boldsymbol{x}$ 和 $\boldsymbol{x}'$，可以建立什么样的约束关系？首先，通过观察可以发现，这两点在两个视点和 3D 点 $\boldsymbol{X}$ 所决定的平面上，也就是 $\boldsymbol{x}$ 和 $\boldsymbol{x}'$ 与视点 O 和 O' 4 点共面。

回顾相机模型，投影矩阵建立了 3D 点与其在图像上投影点的几何关系。原则上，在由两个视图建立的两组关系中，可以消去 3D 点，建立图像对应点之间的约束关系，且与坐标系的建立无关。假设以左视图相机坐标系为基准，则左视图相机的位姿为 $\boldsymbol{P}=\boldsymbol{K}(\boldsymbol{I}\quad \boldsymbol{0})$，右视图相机的位姿为 $\boldsymbol{P}'=\boldsymbol{K}'(\boldsymbol{R}\quad \boldsymbol{t})$，由旋转矩阵 $\boldsymbol{R}$ 和平移向量 $\boldsymbol{t}$ 来描述。为了简化推导，下面利用成像平面点之间的对应关系来推导，则左视图和右视图的相机模型为

$$\left.\begin{aligned} s\tilde{\boldsymbol{x}} &= \boldsymbol{P}\widetilde{\boldsymbol{X}} = \boldsymbol{K}(\boldsymbol{I}\quad \boldsymbol{0})\widetilde{\boldsymbol{X}} = \boldsymbol{K}\boldsymbol{X} \\ s'\tilde{\boldsymbol{x}}' &= \boldsymbol{P}'\widetilde{\boldsymbol{X}} = \boldsymbol{K}'(\boldsymbol{R}\quad \boldsymbol{t})\widetilde{\boldsymbol{X}} = \boldsymbol{K}'(\boldsymbol{R}\boldsymbol{X}+\boldsymbol{t}) \end{aligned}\right\} \tag{6.1}$$

其中，s、s' 为点的深度，将在后续推导中消除。

利用式(6.1)，可以消去对 3D 点 $\boldsymbol{X}$ 的依赖，因此需要考虑如何由 $\boldsymbol{x}$ 表达 $\boldsymbol{X}$。如果相机的内部参数矩阵已经预先标定，则空间 3D 点可以容易地映射为成像平面上的点，同一个 3D 点在左视图成像平面上的点为 $\tilde{\boldsymbol{u}}=\boldsymbol{K}^{-1}\tilde{\boldsymbol{x}}$，及其在右视图成像的投影点为 $\tilde{\boldsymbol{u}}'=\boldsymbol{K}'^{-1}\tilde{\boldsymbol{x}}'$。式(6.1)的方程两边消去内部参数矩阵可得

$$s\tilde{\boldsymbol{u}} = s\boldsymbol{K}^{-1}\tilde{\boldsymbol{x}} = \boldsymbol{X} \tag{6.2}$$

$$s'\tilde{\boldsymbol{u}}' = s'\boldsymbol{K}'^{-1}\tilde{\boldsymbol{x}} = \boldsymbol{R}\boldsymbol{X}+\boldsymbol{t} \tag{6.3}$$

式(6.2)事实上就是 3D 点用图像点的表示，由光心发出经过成像点 $\boldsymbol{u}$ 的射线上的所有点都将在 $\boldsymbol{u}$ 处成像。将其代入式(6.3)中，有：

$$s'\tilde{\boldsymbol{u}}' = s\boldsymbol{R}\tilde{\boldsymbol{u}}+\boldsymbol{t} \tag{6.4}$$

两边同时从左侧叉乘 $\boldsymbol{t}$，由于向量的自叉乘乘积为 0，因此，等式右侧的这一项被消去，有

$$s'\boldsymbol{t}\times\tilde{\boldsymbol{u}}' = s\boldsymbol{t}\times\boldsymbol{R}\tilde{\boldsymbol{u}} \tag{6.5}$$

由于 $\boldsymbol{t}\times\tilde{\boldsymbol{u}}'$ 总是与向量 $\boldsymbol{u}'$ 垂直，两边同时与向量 $\tilde{\boldsymbol{u}}'^{\mathrm{T}}$ 做内积，所以左边内积为 0，则等式成为

$$0 = s\tilde{\boldsymbol{u}}'^{\mathrm{T}}\boldsymbol{t}\times\boldsymbol{R}\tilde{\boldsymbol{u}} \tag{6.6}$$

这时可以去掉系数 s，并将叉乘用矩阵来表示，再记矩阵$[\boldsymbol{t}]_{\times}\boldsymbol{R}=\boldsymbol{E}$，则等式成为

$$\tilde{\boldsymbol{u}}'^{\mathrm{T}}\boldsymbol{E}\tilde{\boldsymbol{u}}=0 \tag{6.7}$$

矩阵 $\boldsymbol{E}$ 称为**本质矩阵**(essential matrix),并有:

$$\boldsymbol{E}=[\boldsymbol{t}]_{\times}\boldsymbol{R} \tag{6.8}$$

其中,$[\boldsymbol{t}]_{\times}=\begin{pmatrix}0 & -t_z & t_y\\ t_z & 0 & -t_x\\ -t_y & t_x & 0\end{pmatrix}$是一个反对称矩阵,这个矩阵乘以另一个向量,等于向量 $\boldsymbol{t}$ 与这个向量的叉积。

由于本质矩阵仅考虑针孔相机模型下的外部参数,不考虑一般焦平面至图像空间的变换以及在这个过程中产生的相机畸变,因此具有更好的性质,即投影矩阵的自由度更小。本质矩阵只跟旋转矩阵和坐标平移相关,其自由度仅为 6。事实上,将相机的内部参数矩阵预先标定以后,便可以将图像点映射到相机的成像平面上,从而可以去掉投影矩阵的 5 个自由度。

将内部参数矩阵与图像点的关系 $\tilde{\boldsymbol{u}}=\boldsymbol{K}^{-1}\tilde{\boldsymbol{x}}$,及 $\tilde{\boldsymbol{u}}'=\boldsymbol{K}'^{-1}\tilde{\boldsymbol{x}}'$代入式(6.7)中,得到:

$$\tilde{\boldsymbol{x}}'^{\mathrm{T}}\boldsymbol{K}'^{-\mathrm{T}}[\boldsymbol{t}]_{\times}\boldsymbol{R}\boldsymbol{K}^{-1}\tilde{\boldsymbol{x}}=0 \tag{6.9}$$

记

$$\boldsymbol{F}=\boldsymbol{K}'^{-\mathrm{T}}[\boldsymbol{t}]_{\times}\boldsymbol{R}\boldsymbol{K}^{-1} \tag{6.10}$$

则有

$$\tilde{\boldsymbol{x}}'^{\mathrm{T}}\boldsymbol{F}\tilde{\boldsymbol{x}}=0 \tag{6.11}$$

矩阵 $\boldsymbol{F}$ 称为**基础矩阵**(fundamental matrix)。从式(6.11)可以看出,基础矩阵 $\boldsymbol{F}$ 建立了两个视图上对应点之间的约束关系,这个约束与其对应的 3D 空间点位置无关,其几何意义为左右光心与 $\boldsymbol{x}$ 和 $\boldsymbol{x}'$ 4 点共面。

基础矩阵是一般情况下通用的约束,在多视图几何中具有重要地位。本质矩阵 E 是基础矩阵的一个推广,是成像平面上一个对应点对之间建立的约束关系。如果预先知道相机的内部参数矩阵,那么就可以采用本质矩阵来代替基础矩阵,能更为方便地进行后续的计算。

6.1.2 基础矩阵计算

基础矩阵建立了两幅图像上的匹配点间的约束关系,是定标的关键一步。在这个约束关系中,由于不需要知道任何 3D 空间点坐标,因此使得基础矩阵具有很强的适用性。基础矩阵的计算是一个很重要的问题。如果已知两幅图像的一组匹配点对,则可以估计两幅图像间的基础矩阵。由于本质矩阵在形式上与基础矩阵很相似,因此,二者的计算方法非常相似。

一般通过匹配点来计算基础矩阵。基础矩阵是一个 3×3 的矩阵,共有 9 个参数,从式(6.11)可以看出,基础矩阵乘以任意非零系数,其等式均成立,因此其自由度减为 8。再者,由于基础矩阵的秩为 2,因此其自由度进一步减为 7。由于每个对应点对都可以建立一个约束,所以至少需要 7 个点对来估计基础矩阵。设基础矩阵为

$$\boldsymbol{F}=\begin{pmatrix}f_{11} & f_{12} & f_{13}\\ f_{21} & f_{22} & f_{23}\\ f_{31} & f_{32} & f_{33}\end{pmatrix} \tag{6.12}$$

一对图像点对的齐次坐标分别为

$$\tilde{\boldsymbol{x}} \sim \begin{pmatrix} x \\ y \\ 1 \end{pmatrix}, \quad \tilde{\boldsymbol{x}}' \sim \begin{pmatrix} x' \\ y' \\ 1 \end{pmatrix} \tag{6.13}$$

则由极线约束 $\tilde{\boldsymbol{x}}'^{\mathrm{T}} \boldsymbol{F} \tilde{\boldsymbol{x}} = 0$ 有

$$(x' \quad y' \quad 1) \begin{pmatrix} f_{11} & f_{12} & f_{13} \\ f_{21} & f_{22} & f_{23} \\ f_{31} & f_{32} & f_{33} \end{pmatrix} \begin{pmatrix} x \\ y \\ 1 \end{pmatrix} = 0 \tag{6.14}$$

展开整理后有

$$(x'x \quad x'y \quad x' \quad y'x \quad y'y \quad y' \quad x \quad y \quad 1) \begin{pmatrix} f_{11} \\ f_{12} \\ f_{13} \\ f_{21} \\ f_{22} \\ f_{23} \\ f_{31} \\ f_{32} \\ f_{33} \end{pmatrix} = 0 \tag{6.15}$$

式(6.15)可以写为矩阵形式，即 $\boldsymbol{Af} = 0$。每增加一个对应点对，系数矩阵 $\boldsymbol{A}$ 就增加一行。多个匹配点可以有

$$\boldsymbol{Af} = \begin{pmatrix} x'_1 x_1 & x'_1 y_1 & x'_1 & y'_1 x_1 & y'_1 y_1 & y'_1 & x_1 & y_1 & 1 \\ & & & & \vdots & & & & \\ x'_n x_n & x'_n y_n & x'_n & y'_n x_n & y'_n y_n & y'_n & x_n & y_n & 1 \end{pmatrix} \begin{pmatrix} f_{11} \\ f_{12} \\ f_{13} \\ f_{21} \\ f_{22} \\ f_{23} \\ f_{31} \\ f_{32} \\ f_{33} \end{pmatrix} = \boldsymbol{0} \tag{6.16}$$

其中，$\boldsymbol{A}$ 为 $n \times 9$ 的已知矩阵；n 为匹配点个数；f 为 9 维的未知向量。

求解式(6.16)的齐次方程一般采用 8 点法。根据线性代数的基础知识，当 $n < 9$ 时，方程组有非零解。因此，通过 8 个点建立的线性无关约束，可以求得唯一一组非零解，再将向量 $\boldsymbol{f}$ 中的元素排列为 3×3 的矩阵，构成 $\boldsymbol{F}$。但是，通过 8 点法求解的基础矩阵 $\boldsymbol{F}$ 存在一个问题，即难以满足矩阵秩为 2 的条件，需要做进一步的计算。

首先，对矩阵 $\boldsymbol{F}$ 进行 SVD 分解，即 $\boldsymbol{F} = \boldsymbol{UDV}^{\mathrm{T}}$，其中 $\boldsymbol{U}$ 和 $\boldsymbol{V}$ 是正交矩阵，$\boldsymbol{D} = \mathrm{diag}(r, s, t)$ 为对角矩阵，(r, s, t) 为 $\boldsymbol{F}$ 的 3 个特征根，并已按照降序排列，即 $r > s > t$。记矩阵 $\boldsymbol{F}'$ 为

$$\boldsymbol{F}' = \boldsymbol{U}\mathrm{diag}(r, s, 0)\boldsymbol{V}^{\mathrm{T}} \tag{6.17}$$

则矩阵 $\boldsymbol{F}'$ 应该具有奇异性，并保证其秩为 2。这样，$\boldsymbol{F}'$ 就是满足条件的基础矩阵。

采用线性方法求解的基础矩阵其精度往往不能满足要求，需要进行非线性优化。由于

非线性优化一般都需要提供初值，因此，上述线性方法获得的解可以作为非线性方法的良好初值。本质矩阵的计算与基础矩阵的计算是非常类似的。

6.1.3　投影矩阵计算

投影矩阵蕴涵了相机的内外部参数，是相机的重要参数。投影矩阵是否可以由基础矩阵来构造呢？答案是投影矩阵可以用基础矩阵来构造，但是这种构造不是唯一的，即由基础矩阵不能唯一确定投影矩阵。然而，由于本质矩阵不包含相机内部参数，因此可以采用本质矩阵来唯一构造投影矩阵。

在增强现实的应用中，由于相机内部参数通常是固定的，即 $\boldsymbol{K}=\boldsymbol{K}'$，因此可以预先标定相机的内部参数矩阵。假设任意视图的相机内部参数矩阵已知且保持不变，则有

$$\tilde{\boldsymbol{x}}=\boldsymbol{K}\tilde{\boldsymbol{u}} \tag{6.18}$$

其中，$\boldsymbol{x}$ 为图像上的点，$\boldsymbol{u}$ 为成像平面上的点。则

$$\tilde{\boldsymbol{u}}=\boldsymbol{K}^{-1}\tilde{\boldsymbol{x}} \tag{6.19}$$

这样，通过图像上的匹配点对 $\boldsymbol{x}$ 和 $\boldsymbol{x}'$，就可以计算成像平面上的匹配点对 $\boldsymbol{u}$ 和 $\boldsymbol{u}'$，然后用求解基础矩阵的方法，获得本质矩阵 $\boldsymbol{E}$。对本质矩阵有

$$\boldsymbol{E}=[\boldsymbol{t}]_{\times}\boldsymbol{R} \tag{6.20}$$

可以看出，向量 $\boldsymbol{t}$ 为本质矩阵的零子空间，即 $\boldsymbol{t}^{\mathrm{T}}\boldsymbol{E}=\boldsymbol{t}^{\mathrm{T}}[\boldsymbol{t}]_{\times}\boldsymbol{R}=\boldsymbol{0}^{\mathrm{T}}$，因此可以通过线性代数方法，求解出平移向量 $\boldsymbol{t}$。我们不加证明地给出，采用本质矩阵 $\boldsymbol{E}$ 可以构造投影矩阵，即

$$\begin{aligned}&\boldsymbol{P}=(\boldsymbol{I}\quad\boldsymbol{0})\\&\boldsymbol{P}'=([\boldsymbol{t}]_{\times}\boldsymbol{E}+\boldsymbol{t}\boldsymbol{a}^{\mathrm{T}}\quad\sigma\boldsymbol{t})\end{aligned} \tag{6.21}$$

式(6.21)中，$\boldsymbol{a}$ 为3D向量，σ 为标量。由 $\boldsymbol{P}=\boldsymbol{K}(\boldsymbol{R}\quad\boldsymbol{t})$，推出 $\boldsymbol{K}^{-1}\boldsymbol{P}=(\boldsymbol{R}\quad\boldsymbol{t})$。因此，子矩阵$[\boldsymbol{t}]_{\times}\boldsymbol{E}+\boldsymbol{t}\boldsymbol{a}^{\mathrm{T}}$ 需要满足正交性，即其行向量长度相同，行向量间的内积为零。利用这个约束，可以求出向量 $\boldsymbol{a}$，再将$[\boldsymbol{t}]_{\times}\boldsymbol{E}+\boldsymbol{t}\boldsymbol{a}^{\mathrm{T}}$ 除以一个系数，使之成为正交矩阵，从而获得旋转矩阵 $\boldsymbol{R}$。再取 $\sigma=1$，所构建的矩阵 $\boldsymbol{P}^{*}=\boldsymbol{K}(\boldsymbol{R}\quad\boldsymbol{t})$即为欧氏空间的投影矩阵。

这样，当内部参数矩阵为已知时，采用上述方法由本质矩阵来准确重构投影矩阵，进一步重构特征点对应的3D空间点，并求解出相机的外部参数。如果相机的内部参数为未知，则投影矩阵的理论和计算都比较复杂，但是仍然可以通过多视图几何，估计正确的投影矩阵，并由此计算相机的内外部参数矩阵。

6.1.4　3D稀疏重构

对于任意一个匹配点对而言，都存在空间中的一点 $\boldsymbol{X}$，该点会将这个空间点投影到两幅画面的匹配点位置。从双视图中估计出来的空间点称为**重构点**，因此重构点需同时满足：

$$\left.\begin{aligned}&\tilde{\boldsymbol{x}}\sim\boldsymbol{P}\widetilde{\boldsymbol{X}}\\&\tilde{\boldsymbol{x}}'\sim\boldsymbol{P}'\widetilde{\boldsymbol{X}}\end{aligned}\right\} \tag{6.22}$$

由于齐次坐标的特点及3D空间点在尺度上的任意变化，都会保持方程平衡，因此，需要注意的是，基于影像的重构不能估计正确的尺度。

先看如何获得重构点的3D空间坐标。如图6.3所示，由于图像上的两个投影点都来源于同一个3D空间点，因此，由光线的直线传播原理，从两个视点向两个匹配的图像点发出的光线，应该在空间中交于一点，如图6.3(a)所示。

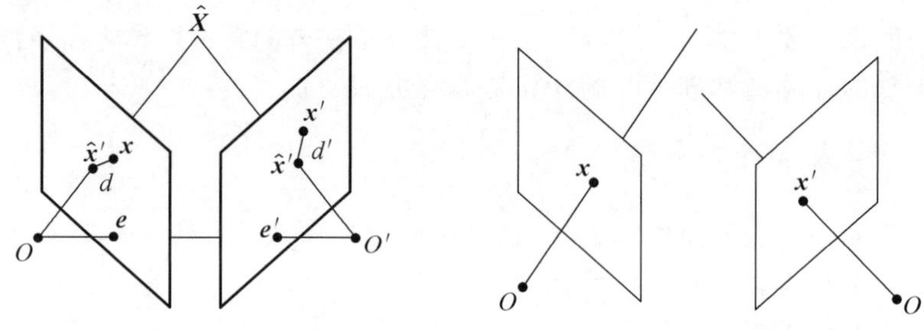

(a) 空间3D点在左右视图上的投影点　　(b) 空间直线不保证有交点

图 6.3　双视图几何重构

一个问题是，由于图像噪声和计算误差的存在，两个匹配图像点的位置会有一定的误差，由视点发出的两条光线是两条 3D 空间直线，而 3D 空间中的两条直线不一定会相交，如图 6.3(b)所示。下面介绍一种线性最优算法来计算一个匹配点对应的空间 3D 位置，称为 Linear-Eigen Method。根据重投影应该与原特征点位置相同，有

$$\left.\begin{aligned} x\boldsymbol{P}_3^{\mathrm{T}}\widetilde{\boldsymbol{X}}-\boldsymbol{P}_1^{\mathrm{T}}\widetilde{\boldsymbol{X}}=0\\ y\boldsymbol{P}_3^{\mathrm{T}}\widetilde{\boldsymbol{X}}-\boldsymbol{P}_2^{\mathrm{T}}\widetilde{\boldsymbol{X}}=0\\ x'\boldsymbol{P}_3^{\mathrm{T}}\widetilde{\boldsymbol{X}}-\boldsymbol{P}_1^{\mathrm{T}}\widetilde{\boldsymbol{X}}=0\\ y'\boldsymbol{P}_3^{\mathrm{T}}\widetilde{\boldsymbol{X}}-\boldsymbol{P}_2^{\mathrm{T}}\widetilde{\boldsymbol{X}}=0 \end{aligned}\right\} \tag{6.23}$$

其中，$\boldsymbol{P}_j^{\mathrm{T}}$ 为相机投影矩阵的第 j 行，(x,y)和(x',y')分别为点 $\boldsymbol{X}$ 在左、右视图上的投影点坐标。因此，上述方程为关于点 $\boldsymbol{X}$ 的线性方程组，采用线性最小二乘方法，计算最优的 3D 点，即重构点 $\boldsymbol{X}$。此方法的运算速度较快，方法简单，结果很接近于最优解。

更进一步地，通过最小化两帧图像上的重投影距离，可获取非线性优化解，即在两帧之间通过最小化重投影误差来优化求解 3D 空间点的坐标：

$$\boldsymbol{X}^*=\underset{\boldsymbol{X}}{\operatorname{argmin}}\|\tilde{\boldsymbol{x}}-\pi(\boldsymbol{P}\widetilde{\boldsymbol{X}})\|^2+\|\tilde{\boldsymbol{x}}'-\pi(\boldsymbol{P}'\widetilde{\boldsymbol{X}})\|^2 \tag{6.24}$$

式(6.24)中，$\pi(\cdot)$是将齐次坐标转换为普通坐标的函数。

通过这种方法，我们就获得了对图像上匹配点的射影重建结果。将所有的点都进行投影重建，便获得了两帧图像上的稀疏结构重建。由于相机的内部参数已预先标定，因此，这样的重构结果与现实世界仅相差一个常数，不会产生形变。如果内部参数没有标定，那么重构的结果将会是施加了一个射影变换后的形状。要想进一步获得正确的形状，所涉及的重构技术将需要更多复杂的优化计算，不再进行详述。Hartley 等给出了由图 6.4(a)和图 6.4(b)所示的双视图，通过指定 5 个点的空间坐标，来重构准确的小屋形状，如图 6.4(c)所示。

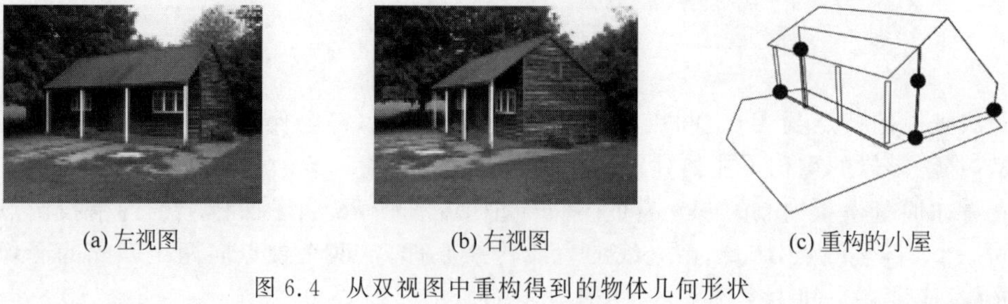

(a) 左视图　　(b) 右视图　　(c) 重构的小屋

图 6.4　从双视图中重构得到的物体几何形状

6.2 图像序列的定标

视频序列在增强现实中常用来呈现虚拟景物融入的现实场景。由于视频序列通常由多帧画面构成,因此,如何定标就成为一个重要的问题。已经知道,双视图的基本几何约束由基础矩阵定义,那么三幅图像或更多图像之间是否需要建立相似的约束呢?一般而言,三幅或多幅图像之间的约束条件非常复杂,在实际计算中并不实用。通常的做法是通过双视图几何来求解视频序列中的定标问题。因此,视频序列的定标问题,可以看成是序列中两帧之间的双视图几何问题,只是涉及多组双视图几何问题。

6.2.1 由运动恢复结构

从运动相机拍摄的序列图像中,通过特征点的序列对应关系,确定相机的相对位姿,并恢复特征点的3D位置,称为由运动恢复结构(structure from motion,SfM)。这里的位姿,其实就是相机的外部参数,因此它也是相机的定标问题。这里的结构,既指所有恢复的3D点,又指相机的位姿。由运动恢复结构不需要设置标志点,即可实现相机的定标,因此是重要的定标方法,同时也是一种重要的重建方法。需要注意的是,这里的相机必须有空间位置上的移动,即基线不能为零,否则会导致问题退化而无法得到解。

由运动恢复结构的基本模型是由所有相机模型构成的方程组。设有若干图像,其序号为i,$i=1,2,\cdots,n$,已知一组匹配点对$\{\boldsymbol{x}_{ij}\}$,其中x_{ij}是同一个空间中的3D点$\boldsymbol{X}_j$,$j=1,2,\cdots,m$,在第i帧画面上的投影点,这样的投影画面至少2帧以上。相机的模型$\boldsymbol{P}_i$,包括内外部参数$\boldsymbol{K}_i$、$\boldsymbol{R}_i$、$\boldsymbol{t}_i$,即$\boldsymbol{P}_i=\boldsymbol{K}_i(\boldsymbol{R}_i\ \ \boldsymbol{t}_i)$,则有

$$\tilde{\boldsymbol{x}}_{ij} \sim \boldsymbol{P}_i\tilde{\boldsymbol{X}}_j=\boldsymbol{K}_i(\boldsymbol{R}_i\quad \boldsymbol{t}_i)\tilde{\boldsymbol{X}}_j,\quad i=1,2,\cdots,n;\ j=1,2,\cdots,m \tag{6.25}$$

由运动恢复结构的问题是,如何从式(6.25)的方程组中,求解每帧的相机模型$\boldsymbol{K}_i$、$\boldsymbol{R}_i$和$\boldsymbol{t}_i$,并重构3D点$\boldsymbol{X}_j$,重构的点集合$\{\boldsymbol{X}_j\}$即稀疏重构结果。需要注意的是,方程组是在统一的坐标系下,表达运动恢复结构的数学关系,这与双视图的情况略有差异。

式(6.25)所涉及的变量众多,若相机内部参数矩阵未知并不断变化,则方程组的求解是非常困难的。反之,若所有的内部参数矩阵$\boldsymbol{K}_i$都是已知的,则问题在很大程度上将得到简化。在这种情况下,计算的大体思路是先估计双视图的本质矩阵,再计算投影矩阵,然后重构所有特征点对应的3D稀疏点,最后通过PnP方法估计相机的位姿。

由运动恢复结构涉及大量视图,方程组包含大量未知数。一般说来,特征点匹配可以在每帧画面上提取数十甚至数百个特征点,大部分特征点也会出现在另外数帧甚至数十帧画面上并形成匹配。因此,$\{\boldsymbol{x}_{ij}\}$的个数比相机参数和3D点个数的数目大很多。当数量足够多时,方程组是可解的,尽管非常复杂。稀疏点重构与相机的标定相辅相成,都是非常重要的过程。

通过SfM方法可以恢复和重构场景的稀疏结构,但无论$\boldsymbol{K}_i$是否已知,这个结构与真实场景都相差一个尺度因子,即其大小尺寸并不与场景相符,需要其他附加条件,如指定两个3D点的距离,才能得到实际的尺寸。

6.2.2 集束调整

在相机跟踪过程中,相邻两帧间的基线很短,由于不可避免的噪声影响,通常会导致较

大的重构误差。而基于视频序列的定标会涉及大量刚体变换的连乘，最初的微小误差会逐渐积累和扩大，并导致结果的误差和不稳定性，甚至系统崩溃。视频定标的另一个主要问题是因参数过多导致的。尽管在增强现实中，摄像头的内部参数一般保持不变且可预先标定，但是每增加一帧画面就会增加 6 个相机外部参数及若干个新出现的 3D 点。而视频一般以 25fps 以上的速度增加帧画面，这使得视频的定标常常涉及数以千计甚至百万计的参数，因此，要准确求解所有的参数是非常困难的。

在视频序列中，一个空间点往往在多幅图像上有投影点，特征匹配也能够成功地将这些点关联起来。在相隔较远的两帧之间基线较长，这样有利于提高稀疏重构的精度。对所有的相机位姿和稀疏点实行整体优化，能更为精确地重构 3D 点和相机参数。通过使 3D 空间点在所有画面上的重投影距离最小来优化相机参数和空间点位置，利用矩阵的稀疏性来加速求解过程，称为**集束调整**。集束调整可以有选择地挑选局部或全体帧来联合优化，这个优化过程反复进行，使庞大的参数逐渐由粗略到精细，消除积累误差，最终获得精确的位姿参数。集束调整是 SfM 方法的重要部分。

集束调整在求解技巧上，利用相机参数与重构点 3D 坐标的特殊性，提高大规模参数求解的精度和速度。集束调整的目标函数是使所有点在所有帧上的重投影距离最小，即

$$\min\sum_{i}\sum_{j}\|\boldsymbol{x}_{ij}-\pi(\boldsymbol{P}_i\boldsymbol{X}_j)\|^2=\min\sum_{i}\sum_{j}\|\boldsymbol{x}_{ij}-\pi(\boldsymbol{K}_i(\boldsymbol{R}_i\boldsymbol{X}_j+\boldsymbol{t}_i))\|^2 \tag{6.26}$$

式(6.26)中，$\pi(\cdot)$是将齐次坐标转换为普通坐标的函数。式(6.26)的优化可以对三帧、多帧乃至整个序列进行优化处理，因此函数的优化求解复杂度很高。集束调整设计了专门的求解技术来快速计算。这时，可以再次检测匹配点对中的外点，即重投影距离过大的点，并予以剔除。由于集束调整将所有相机位姿和重构点 3D 坐标联合优化，因此，一般能够获得非常精确的参数估计值。当然，这么复杂的优化只有良好的初值，才能获得更精确的解。一般由相邻两帧求解的参数都非常适合做初始值，但是需要进行恰当的坐标变换，以适应集束优化模型。

6.2.3 定标算法框架

集束调整极大地提高了视频定标的鲁棒性，图 6.5 给出了算法的框架示意。仍然假设相机的内部参数矩阵已经预先标定，基于集束调整的视频定标的算法思想如下。

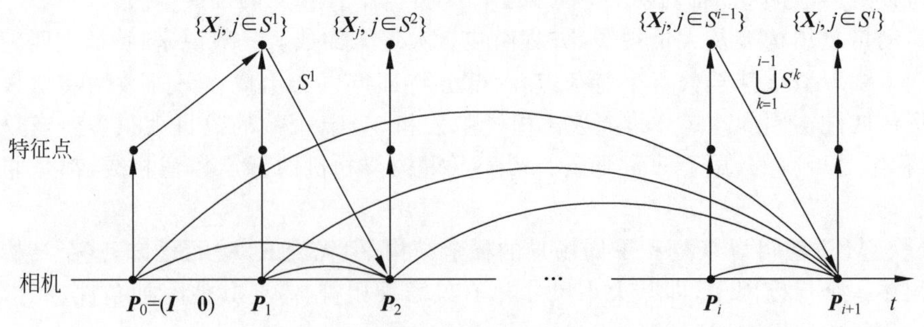

图 6.5 运动恢复结构的算法策略示意

(1) 最初的计算在第 0 帧与第 1 帧之间进行。假设以第 0 帧的相机坐标系为全局坐标系，则第 0 帧的投影矩阵可简化为 $\boldsymbol{P}_0=(\boldsymbol{I}\quad \boldsymbol{0})$。根据两帧之间对应的特征点，估计本质矩

阵 $\boldsymbol{E}_1$，采用 6.1 节中所述方法，求解得到 $\boldsymbol{R}_1$、$\boldsymbol{t}_1$，进而得到投影矩阵 $\boldsymbol{P}_1$，再重构这两帧画面上的特征点对的 3D 坐标$\{\boldsymbol{X}_j, j \in S^1\}$，其中 S^1 表示以第 1 帧为止所重构的所有 3D 点的下标集合。

(2) 设到第 $i-1$ 帧为止，已经恢复的相机矩阵为 $\boldsymbol{P}_1, \boldsymbol{P}_2, \cdots, \boldsymbol{P}_{i-1}$，已重构的所有 3D 点集合为$\{\boldsymbol{X}_j, j \in S^{i-1}\}$，提取并匹配第 i 帧的特征点，可以发现一些特征点已经重构；利用这些已重构的 3D 点坐标，采用 PnP 方法，计算第 i 帧画面的相机参数 $\boldsymbol{R}_i$、$\boldsymbol{t}_i$，获得 $\boldsymbol{P}_i$。

(3) 一旦获得第 i 帧的相机模型，则第 i 帧视图与之前的所有视图都可能构成双视图，从这些双视图中寻找尚未重构的匹配点对，并估计其 3D 空间点坐标，并将 3D 点下标添加进集合 S^i，再与已有的 3D 点合并得到所有的 3D 点集合$\{\boldsymbol{X}_j, j \in S^i\}$。

(4) 采用式(6.26)的集束调整来优化所有的相机参数与 3D 点坐标。

(5) 重复步骤(2)～(4)，直到所有的相机位姿和 3D 点都已重构和优化。

从上述步骤中可以看出，由运动恢复结构分两条腿走路：由最初从两帧中重构的 3D 点坐标，恢复更多相机的内外部参数；由新的相机内外部参数，继续重构更多的 3D 点坐标。这样，相机的定标和特征点的 3D 重构分别计算，并逐渐扩散到全部相机位姿和所有特征点。

由于集束调整将每帧画面的特征匹配实行协同处理，因此起到了在整体上调节计算精度的作用。一般说来，视频序列的定标通常会产生较大的积累误差，比较自然简便的办法是在相机姿态发生闭环的情况下消去积累误差。但是，闭环情况不是总会发生或被发现的。集束调整由于可以考虑几乎每帧上的特征点匹配关系，因此可以在很大程度上自动消减积累误差，并将其控制在较小的范围内。

6.2.4 相机的实时跟踪

SfM 方法实现了视频序列的相机定标，并通过集束调整提高了算法的精度和效率。增强现实出于空间配准的需求，对空间注册有很高的需求。采用 SfM 方法进行定标，在特征丰富的前提下，通常能满足高精度的要求。由于 SfM 算法需要采用集束调整进行反复优化，因此，这必然对计算资源提出很高的要求，一般并不适合增强现实在线实时的定标需求。在特征不丰富的场景中，容易出现特征点的错误匹配，常常导致空间注册的偏差甚至失败。在增强现实中，定标的另一个关键点是计算速度，至少需要满足在线实时的要求，在手机上的应用最好满足强实时，即 60fps 的定标速度，以及最小的时间延迟。为此，面向增强现实应用，需要对跟踪算法进行设计。

基于 SfM 方法的实时跟踪计算框架分为两个过程，即预处理和在线处理两部分。预处理包括相机内部参数矩阵的校准和场景的稀疏重构，其中稀疏重构的目的是恢复特征点的 3D 空间位置。相机的内部参数矩阵的校准方法已经相当成熟，一般通过棋盘格就可以实现较高的精度校准。特征点的 3D 空间位置可以采用 SfM 的技术重构，以便采用 PnP 方法来快速定标。这里的核心问题是，在线应用中拍摄视频的特征点如何与已经重构 3D 位置的特征点进行快速匹配。由于在线视频画面一般与预处理阶段拍摄的视频不在同一个序列，因此，采用特征跟踪的方式难以建立二者之间的对应关系。

有一类描述性的特征点可以满足精确匹配的要求，如 SIFT 特征点。SIFT 特征点通过描述来寻找其匹配点。由于 SIFT 特征点具有尺度不变性和一定的旋转与光照不变性，因此同一个具有特殊性的空间点，即使出现在不同的视频序列里，也可以比较准确地找到其图像上的投影点。这样就避免了从视频中重构特征点3D位置的过程。

图6.6给出了算法的基本想法。如果在SfM的视频重构过程中，采用SIFT这样的特征描述子来记录场景中的自然标识，重构其3D坐标，则这些描述子就成为场景的空间标识或锚点。在在线阶段中，从视频画面中检出SIFT描述子，然后到场景的特征描述子包里去匹配。如果有相同或非常相近的描述子，则认为匹配成功，二者具有同样的3D空间位置，从而获得对应的3D空间坐标。当这样的匹配点超过6个时，就可以用PnP方法，采用最小二乘来获得相机的姿态。由于PnP只需要优化相机的姿态，因此求解比较快；而且由于特征点对应的3D坐标是在离线阶段定义的全局坐标下确定的，因此，优化获得的相机坐标也自然在全局坐标系中。这样，虚实空间的注册只要预先完成，就可以一直使用，且获得的相机姿态不存在积累误差，从而能够在增强现实中使用。图6.7给出了相应的详细算法流程。

视频演示

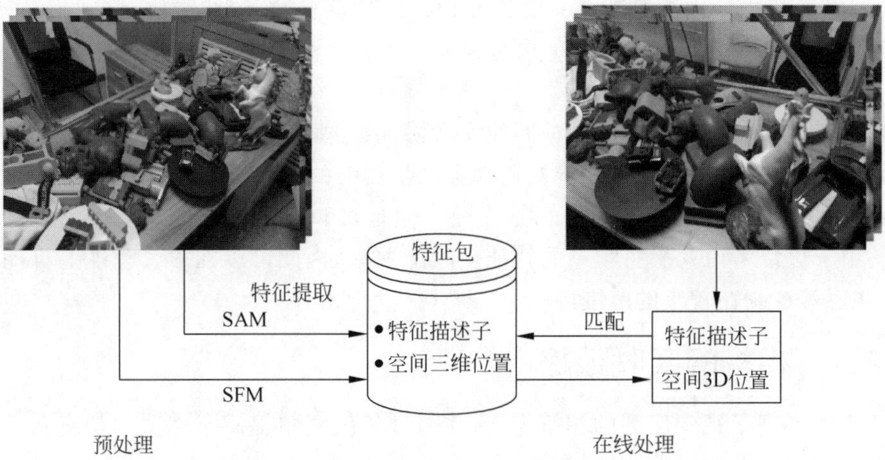

图6.6　基于特征描述子的SfM算法结构图

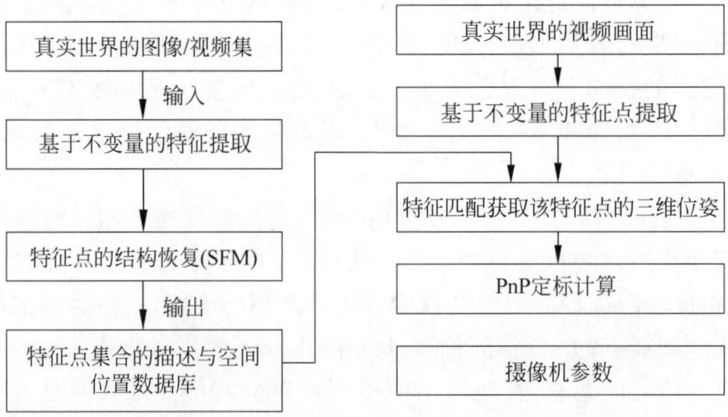

(a) 预处理：场景结构重建与认知　　(b) 在线处理：实时定标

图6.7　基于特征描述子的SfM算法流程图

这个方法有一个主要的缺陷，就是需要预先对场景进行处理，因此使用起来极为不便。理想的情况是不需要任何预处理就可以实现相机的标定，是最适合增强现实的解决方案。

6.2.5 SLAM简介

SLAM是机器人领域的经典问题，目前已经成为移动端增强现实的必备实时定标技术。其主要原因是SLAM方法无须预处理就可以实现相机的定标。

SLAM发端于可移动机器人的导航问题。当机器人位于一个全新的环境中时，就需要利用传感器来获得数据，并不断自我定位。然而，定位必须基于对所处环境的准确描述，这样的描述就是地图。但是，地图的构建又需要对环境中的标志性地标进行定位。地图需要准确地反映这些地标的位置关系。机器人在实现定位与构建地图的交替过程中，达到不断探索和了解环境的目的。这与增强现实中用户进入一个全新环境的空间配准问题相同。

早期的SLAM技术一般基于机器人配备的里程计和测距仪作为传感器的观察值，并以此实现定位与地图构建任务。一开始，地图仅仅是2D联通区域的描述，便于规划机器人的行动路径。随着计算机视觉技术的发展，视觉传感器作为一种新的传感器引入SLAM。从多视角几何理论可知，视觉线索是可以用于重构场景表面的，因此，单纯使用视觉信息就可以实现SLAM技术对定位与地图重建的要求。因此，视觉SLAM很大程度上是SfM技术的延伸和发展，是一种环境中3D几何结构的自动探索技术。随着室内定位、增强现实和无人机定位等需求的出现，地图逐渐发展为空间3D结构的描述，这种结构既可以是稀疏的点云，也可以是稠密的点云，甚至可以是几何曲面。

视觉SLAM是一个在线实时重建静态场景并实现相机定标的算法，不需要预先对场景进行处理。其基本思想是采用多视图几何方法，从视频序列开始的三帧中重构出3D点结构及相机的位姿，这些初始点充当了路标(即地图)。这样，通过移动相机来探索更大的空间，并在这些路标的基础上定位后续的相机；新相机的定标可以重构更多的3D点，并自动扩大路标的集合。这里还有关键的一步就是采用集束调整来优化所有的相机位姿和地图。通过两步滚动的方式，当相机扫过更大的领域范围时，系统就构建了越来越庞大的地图，并同时获得了相机在场景地图中的位姿路径。当这两个步骤在线交替进行时，就获得了相机在场景中的实时定位，同时越来越多地认识了场景。尽管相机每一时刻观测到的都是局部场景，并且是在不同的位姿下观察到的，但是通过SLAM技术，其获得的场景中的路标，以及相机的位姿路径，均建立在一个全局坐标系下，因此得到的是全局的、统一的地图。

经过多年的努力，视觉SLAM取得了巨大的成功，已经成为增强现实技术的核心技术，普遍使用在智能手机的空间注册中。由于摄像头甚至双摄像头是智能手机的标准配置，并且手机的计算性能已经很强，能够胜任复杂的视觉计算。智能手机已经成为普通大众的日常用品，为广泛的增强现实应用奠定了基础。目前，ARCore、ARKit及国内发布的智能手机上的增强现实开发平台，都是采用视觉SLAM作为空间注册的主要方法。

6.3 空间有限重建

相机定标不仅统一了一直变化的相机坐标系，还建立了相机坐标系与场景坐标系之间的稳定关系。但是，虚拟物体与现实场景之间还存在遮挡和相互影响，都与现实场景的几何密切相关。当然，几何重建并非增强现实必须具有的环节，主要用于准确呈现虚拟物体与现实世界的空间关系，如虚拟物体在现实世界中的运动和遮挡情形等，因此这种重建是有限的。

6.3.1 有限重建的意义

在增强现实环境中，由于场景表面几何的重建可以营造更为合理逼真的虚实融合效果，因此在增强现实技术中有重要作用。表面几何的重建可以辅助实现更为稳定鲁棒的空间注册。尤其在以摄像头为唯一传感器的视频场景中，重建的意义更为重要。

增强现实技术会不时涉及场景的重建问题，这主要基于两方面的需求。首先，虚拟物体与现实场景有接触的部分需要重建，例如，要将虚拟人合成到场景中，就需要将视频场景中的道路、阶梯、广场、建筑等行人频繁出现的静态场景部分进行较高精度的重建，以获得虚拟人群行为建模需要的路标(roadmap)。其次，虚实物体间随着相对位置的变化，遮挡关系及阴影投射等也发生变化。对场景的相关部分进行 3D 重建，可以比较精确地确定被遮挡的区域，呈现正确的遮挡关系和阴影。因此，现实场景中与虚拟物体产生相互作用的场景有必要进行重建，而重建的精度需求与增强现实的效果相关联。

在增强现实环境中，虚实物体间的相互影响和遮挡关系都发生在局部空间，因此并不需要对现实环境进行完整的重建。当虚拟杯子放置在现实的桌面、虚拟行人行走在现实场景的道路上时，仅需要重构桌面和路面。通常情况下，虚拟物体都是放置在水平面或悬挂在垂直于地面的墙面上，因此，在增强现实系统中，不仅需要局部地重构场景表面，还需要检测到其中的水平面和垂直面，进而通过平面约束条件，准确地获得平面方程。

可见性计算一直是图形学的核心问题。在增强现实中，当虚拟物体位于真实物体背后时，在合成画面上，某些相应部分被遮挡才是合理的，几何重建是遮挡处理的通用方法。

视频场景的几何重建包括摄像机定标和场景稠密重建，两者均可以采用视觉方法来实现，且定标参数与重建几何在同一个坐标系中，便于使用。当然，场景几何的重建还可以通过激光扫描仪、立体视觉、结构光重建等其他传感器来实现。一般说来，激光扫描仪重建场景难以实时，不能用于增强现实的在线重建，但对静止的场景可以获得较高的精度，多用于预先重建。无论是在线重建还是预先重建，重建的场景需要与视频场景注册，才能保持空间一致性，这必然增加算法的复杂度。在视频场景中，对于观察者的视频场景与虚拟物体间的可见性关系来说，若无深度交叉，则可以简化为最大的侧影轮廓获取问题。因此，增强现实中的重建在精度上允许差异化。对真实动态景物(如行人)的实时重建是可能的，但需要很高的代价，且往往精度较低。虽然这种低精度的重建不妨碍虚拟景物与视频场景中动态景物相对位置关系的判定，但却严重影响混合现实中虚、实景物间的可见性计算。

6.3.2 基于体元的重建

在增强现实环境中，有大量静止的物体，如地面、桌面、墙面等。因此，如果了解场景中物体的基本结构，则可以通过拍摄图像并交互的方式，来确定对象的待定参数，实现对象的 3D 重构。常见的体元有长方体、屋顶、台体、多面体等。

例如，已知场景中有一个屋顶，该形状可以由底面的长、宽及屋顶高度决定。假设这个屋顶的长、宽、高为 a、b、c，原点在一个角点上，如图 6.8 所示。那么，屋顶的各个顶点的 3D

坐标都可以采用长、宽、高来表达，即 $\boldsymbol{X}_j$ 是 a、b、c 的线性函数。设从不同角度拍摄该物体的照片若干。从中选择一张图像 $i, i=1,2,\cdots,n$，屋顶的可见顶点 $\boldsymbol{X}_j, j=1,2,\cdots,m$，对应图像 i 中的实物顶点 $\tilde{\boldsymbol{x}}_{ij}$，其中 n 和 m 分别为视图的张数和顶点的个数。屋顶一般会有 1 个顶点不可见，不可见的顶点则无法建立约束方程。采用交互的方式将体元的顶点拖动到它们各自所在图像上的对应点上，形成匹配点对，这样就产生了若干个 3D 点至图像 2D 点的透视投影方程，每张图像产生至多 $2m$ 个约束条件，即

$$\tilde{\boldsymbol{x}}_{ij} \sim \boldsymbol{P}_i \widetilde{\boldsymbol{X}}_j(a,b,c) = \boldsymbol{K}_i(\boldsymbol{R}_i \quad \boldsymbol{t}_i)\widetilde{\boldsymbol{X}}_j(a,b,c), \quad 其中\ i=1,2,\cdots,n, j=1,2,\cdots,m \tag{6.27}$$

由式(6.27)，并根据这些约束条件，选取恰当的长、宽、高参数 a、b、c，使得所有的重投影点与图像上交互指定的匹配点重合。原则上是相机模型参数与体元参数的乘积，因此无法采用线性方法求解。定义重投影误差作为优化的目标函数，即

$$E(a,b,c) = \sum_{ij} \| \boldsymbol{x}_{ij} - \pi(\boldsymbol{P}_i \widetilde{\boldsymbol{X}}_j(a,b,c)) \|^2 = \sum_{ij} \| \boldsymbol{x}_{ij} - \pi(\boldsymbol{K}_i(\boldsymbol{R}_i \quad \boldsymbol{t}_i)\widetilde{\boldsymbol{X}}_j(a,b,c)) \|^2 \tag{6.28}$$

式(6.28)中，$\pi(\cdot)$是将齐次坐标转换为普通坐标的函数，目标函数是非线性的。采用非线性优化方法，使得重投影误差最小，即

$$\{a,b,c\}^* = \underset{a,b,c}{\arg\min} E(a,b,c) \tag{6.29}$$

由此可以求解屋顶的长、宽、高，当然也能一并求解出相机的外部参数矩阵。需要注意的是，求解参数的个数不能超过约束条件的个数。1 幅屋顶图像通常有 1 个顶点不可见，此时只能产生 10 个约束条件，其中外部矩阵参数共 6 个自由度，屋顶参数 3 个，那么内部参数矩阵最多只能含有 1 个参数。当然，也可以通过多张图像来实现重构。但是，内部参数矩阵未知，会影响体元重建的精度，通常是预先用定标板校准，这样即便单张图像也可以重构出体元。由于相机的透视投影特点，使得恢复的长、宽、高等参数与真实值总会相差一个尺度常数，因此可以通过指定某条边的长度来确定尺度。

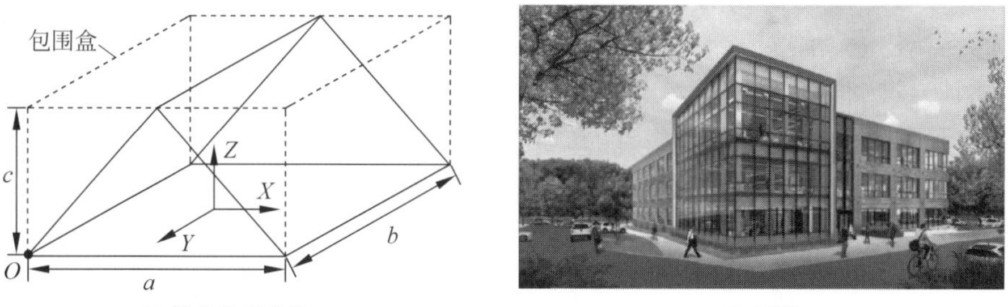

(a) 体元及其参数　　(b) 图像

图 6.8　基于体元的几何重建

基于体元的重建方法由于利用了原始体元的形状特征信息，因此会产生比较强的约束，获得较为准确的结果。若一个物体由多个体元构成，则可以分别求解，然后将这些恢复的体元组合起来，形成整体的重构。图 6.9 是美国斯坦福大学的 P. Debevec 等于 1996 年重构的塔。

基于体元重建的方法简单易行，只要在图像上交互指定对应点就可以重构对象的表面

(a) 体元的匹配　(b) 重建几何模型　(c) 体元与原始图像　(d) 重建模型的纹理图像

图 6.9　基于体元的重构(见彩插)

几何。但是,此方法不能重建基本体元以外的几何形体,并且由于需要交互指定对应关系,因此一般只能在增强现实的离线阶段进行预处理。

6.3.3　场景重建的主要方法

一般的场景大多由非常复杂的表面构成,而场景重建的精度非常重要,为了获得准确的重建几何,通常借助先进的传感器来提高精确性。场景重建一般先得到场景的深度图,后续将多幅深度图融合,重构出较为完整的场景几何模型,有时还需要进行网格化处理。

1. 基于结构光的 3D 重建

尽管基于视觉的 3D 重建在理论和算法上已经很成熟,但是对于缺乏特征的场景来说,单纯依赖视觉的方法常常失效,或者重建精度不高。通过向场景投射结构性的光照来重建 3D 模型,称为结构光重建。结构光重建是一种主动重构方法,重建精度很高,因此是工业化 3D 重建的重要技术。结构光一般分为可见光、红外光和激光,投射的光结构有光线、光栅、光斑等,并且通过在时域上设计光斑的变化,可进一步提高精度。

投影仪是发射结构光的简单装置,在数学模型上与相机相同,可以认为是相机的逆设备,即相机是捕获图像的设备,而投影仪是投射图像的设备。结构光重建的原理可以理解为相机与投影仪所构成的双视图几何。

投影仪所投射的光线是由图像定义的。如图 6.10 所示,假设有一根光线从投影仪发出,则该光线在图像上的坐标即为已知。这根光线投射到物体上形成明亮的光点,此光斑为相机所捕获,并进一步通过算法估计出光斑在图像中的准确位置。这样,投影仪发出光线的图像坐标与相机捕获图像的光斑坐标点就构成了一个图像点对。由双视图几何可知,由多个点对可以估计相机和投影仪的内外部参数,并可进一步重构出物体光斑处的 3D 坐标。一般说来,先配置好投影仪与相机的相对关系并固定,然后校准相机和投影仪的内外部参数。这样,在对物体进行 3D 重建时,仅需要采用 PnP 方法来计算光点处的 3D 坐标就可以了。

为了提高 3D 重建的精度,需要对投影仪所投射的结构光进行精心设计。比较简单的结构光模式包括点结构、线结构及面结构等，更为精细的结构光则是编码的光学图案。结构光的设计对于 3D 重建的速度和精度有重要影响。

2. 激光扫描仪

激光扫描仪是重要的深度传感器，激光雷达(light detection and range，LiDAR)通常采用紫外线、可见光或近红外光等测距的方式来重构场景，是近年来广泛采用的深度图获取设备，具有很高的精度。

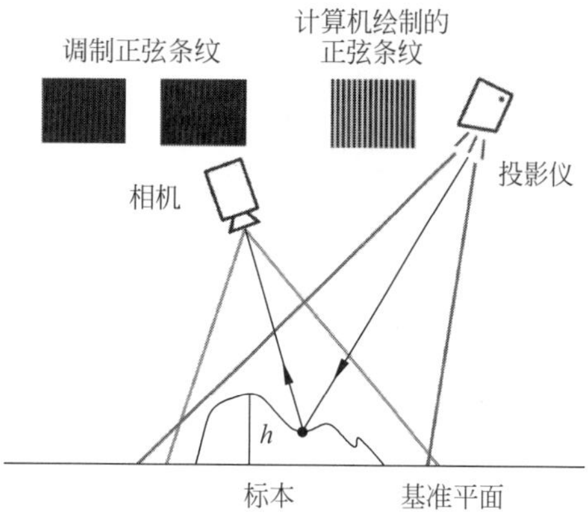

图 6.10 投影仪与相机构成双视图几何

激光扫描仪的工作原理与图像成像很相似，只是它测量的是每一个像素的深度值。激光扫描仪中有一个激光发射器和接收器，发射器沿着光心与像素决定的射线方向发射激光。激光扫描仪还有一个系统计数器和处理返回激光的接收器，以实现测距。一般每次发射一条线的激光。接收器通过分析激光发射的角度及接收到反射光线的时间差(飞行时间)，来计算飞行距离并重构激光击中点的深度值。因此，激光测距是激光扫描仪的重要部件。激光的发光频率尽管很高，但是通常并行度不高，这导致深度图像的获取帧率很低，解像度不高，一般用于静态场景的建模。

激光扫描仪获得的深度图像符合相机模型，其内外部参数矩阵 $\boldsymbol{K}$ 应预先进行标定。对于一个像素点 $\boldsymbol{x}$ 来说，如果测量深度值为 d，则根据相机模型参数，在缺省的相机坐标系中，该点的 3D 点坐标为

$$\boldsymbol{X} = d\boldsymbol{K}^{-1}\tilde{\boldsymbol{x}} \tag{6.30}$$

激光扫描仪获取的数据一般采用深度图像来表示，也可以认为是由大量点构成的 3D 点云。激光扫描仪收集的深度图像直接是数字信号，不需要进行转换。激光不依赖于外部光线，在室内外、白天黑夜均可以同样的精度获取数据，也跟物体表面材质的亮度无关。不过，对于增强现实的应用来说，深度影像的捕获难以达到实时，因此一般用于离线的 3D 重建。

激光扫描仪根据扫描对象的尺度，一般分为近距离物体、中等距离物体和长距离物体的扫描仪，近距离的扫描仪可以重构数十厘米的物体，而远距离的扫描仪甚至可以有效获取 3000m 以外的深度数据。手持激光扫描仪是近年来广泛采用的设备，可以从不同角度对物体进行扫描，这些扫描获得的深度图像，通过拼接融合，获得高度准确的 3D 物体表面的完整点云数据。图 6.11(a)是一款激光扫描仪，而图 6.11(b)是由德国 Jacobs 大学采用这款激光扫描仪获取的点云拼合的城市场景点云图。

3. 深度视频传感器

RealSense、Kinect 等深度视频传感器是近年来深度影像采集的又一大突破。基于彩色照片或视频序列的视觉计算，常会遇到准确性和鲁棒性的问题。由视觉特征不够充分和特征缺失等问题，导致算法的不稳定甚至失败。深度信息在视觉计算中具有更为强大的约束力，而深度视频传感器兼具清晰度高和廉价的特点，甫一出现，立即受到广泛关注。通过采样深度视频来进行场景的 3D 重建，包括动态对象的重建，取得了令人惊奇的结果。

深度视频传感器在实时捕获场景视频画面的同时，采用红外结构光斑来快速准确地重

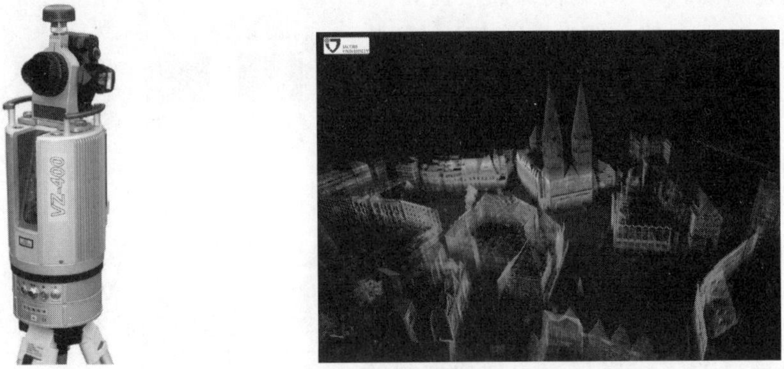

(a) 激光扫描仪　　(b) 激光扫描仪获得的场景点云

图 6.11　激光扫描重构场景(见彩插)

(参考来源见附录 E)

构场景深度。图 6.12 展示了英特尔公司的深度视频传感器构造。由于成像速度很快,具有实时获取场景深度图的能力,因此设备捕获的是深度图序列,适用于动态场景。Kinect 的成像原理与 RealSense 一样,图 6.13(a)展示了 Kinect 设备,图 6.13(b)和图 6.13(c)分别是设备捕获的一对深度图像和彩色图像。通常,光斑在反光物体上无法返回相机,这部分物体难以获取深度值。同时,在物体的边界部分常有深度值缺失。

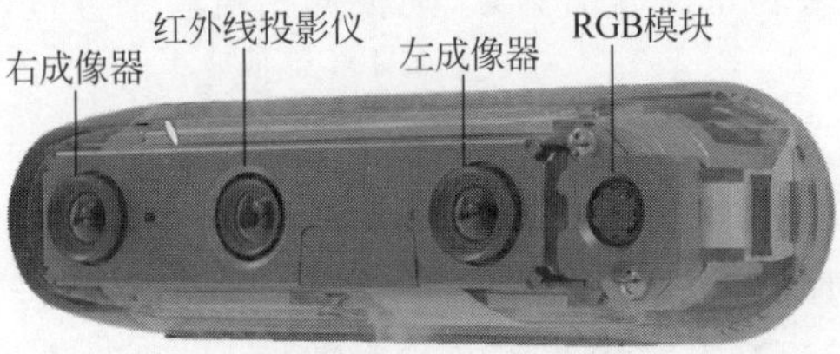

图 6.12　RealSense 的设备结构

(参考来源见附录 E)

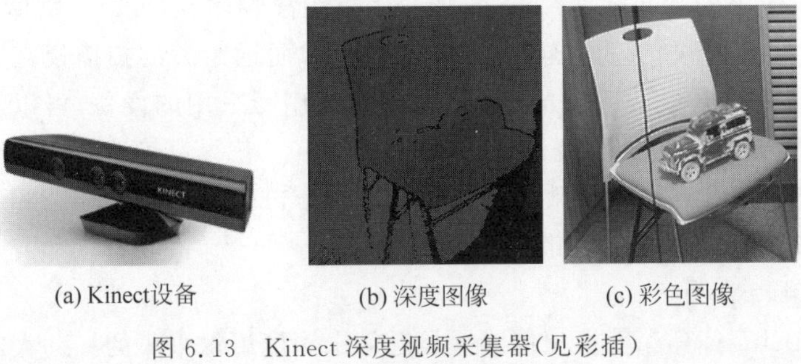

(a) Kinect设备　　(b) 深度图像　　(c) 彩色图像

图 6.13　Kinect 深度视频采集器(见彩插)

深度视频传感器捕获的是每个像素对应点的深度,据此可计算该点在相机坐标系中的 3D 坐标。深度视频在计算机视觉中除了用来重建 3D 场景,还用来获取人体骨架,从而实现自然的人机交互。

4. 深度图融合

当传感器绕着对象从各个角度进行拍摄时，获得的是一个连续的深度图像序列。每幅深度图像代表了一个局部坐标系下的点云，具有不同的局部坐标系。要重建场景，首先要统一视频序列的坐标系，即通过点云的 3D 注册将这些点云变换到一个全局坐标系中。一般情况下，相机的内部参数 $\boldsymbol{K}$ 是预先校准的，并且在拍摄期间不再变化。

全局模型的坐标系有很多方法来指定，最常用的方法是采用第一帧的相机坐标系来指定，这样，第一帧点云就是初始的全局模型。每帧新获得的点云是场景的局部模型。由于深度视频的采样频率很高，连续帧之间的相机姿态变化不大，因此，采用 ICP 方法就可以较为准确地将局部模型与全局模型进行配准。根据配准的姿态参数，将当前帧的点云映射到全局模型的坐标系下，再将局部点云模型与全局模型融合，这样，全局模型就增量式地逐渐完善。点云融合的含义有两个方面：在前期尚无采样点的区域，将新的点补充进全局模型；如果前期已有点云，那么新的点难免与已有的点有差异，应该给出最佳的融合点。

全局模型的最后结果原则上不取决于坐标系的选取，当希望设置新的坐标系时，可以将模型变换到任意新的坐标系下。2011 年由 S. Izadi 等提出的 KinectFusion 方法，是通过将这些点云融合，来获得高度清晰的结果，效果非常惊人，算法也进一步推广到动态场景。图 6.14(a)是深度视频的连续帧直接拼合的结果，非常混乱。采用 Izadi 等的算法，即便传感器的运动尚未形成闭环，也已经获得较为精确的几何形状，如图 6.14(b)所示。当传感器的运动构成闭环甚至多个闭环以后，重构的几何更加完整和精确，其结果分别如图 6.14(c)和图 6.14(d)所示。

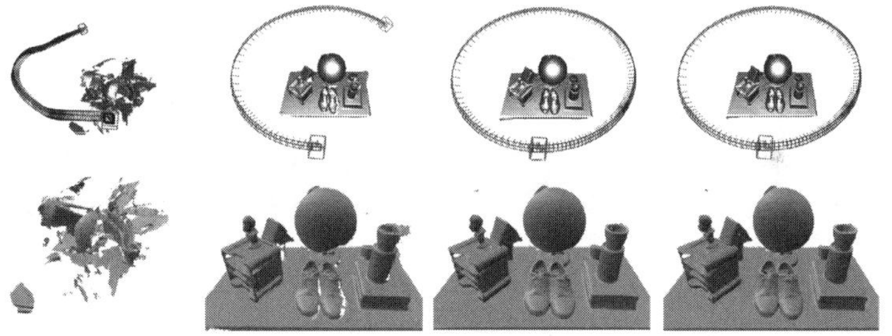

(a) 连续帧跟踪　(b) 未闭合环　(c) 闭环　(d) 多次闭环

图 6.14 KinectFusion 方法的结果图(见彩插)

3D 重建提供了场景的基本模型。由于大量的现实场景是静态的，因此 3D 重建并不需要在线实时运行，可以预先进行。在增强现实的应用中，静态场景可以选择合适的方法来重建，并可以获得很高的精度。相对来说，以 3D 扫描仪为传感设备，获取的原始数据精度最高，可以达到毫米级甚至更高的精度。其次是普及的深度视频传感器，一般精度要低一个数量级。由多视图视觉计算方法重建的模型，精度和鲁棒性要更差一些。也有使用高清的多个相机拍摄的图像来进行精密重构的，甚至能够重构人脸上细密的皱纹，当然计算极为耗时。深度视频的精度相对于激光扫描仪尚有很大差距，其最大的优势是可以处理动态场景，当然，如果要完整地重构动态对象，通常需要多个深度传感器同步工作。3D 重建虽然正逐渐走向高精度、大规模和大尺度，但仍然还有很大的发展空间。

对于增强现实的应用来说，3D 重建的结果是虚实融合的基础，有利于比较自如地处理遮挡或虚拟物体的运动空间等问题。与此同时,静态场景 3D 重建的结果也可以作为空间注册的基础。当然,场景中动态物体的实时重建要困难得多,即便使用深度视频作为输入进行实时重建,也具有很大的挑战性。随着 SLAM 技术的发展,单纯的视觉技术也可以实时重建动态物体的 3D 模型。

6.3.4 场景平面检测

增强现实中的虚拟物体与现实场景共享空间。虚拟物体的放置不仅需要遵循现实世界的物理规律,还需要增加对相关现实场景的理解。平面检测尤其是水平面和垂直面的检测是增强现实融入虚拟物体的重要步骤之一。许多增强现实在用户没有明确的需求时,默认将虚拟物体自动放置在水平面或者挂在墙面上,以保证虚拟物体放置的合理性。

场景平面检测主要有两种方式。如果场景已有 3D 稀疏或稠密点云,那么就可以从点云中拟合或通过平面点的性质来检测平面;如果尚未重构点云,那么也可以通过图像点的单应性映射来检测平面。

1. 单应性矩阵方法

根据多视角几何,平面点在不同视点间可通过单应性矩阵来建立映射关系。也就是说,如果一组点能够通过单应性矩阵来建立对应关系,那么这些点就在同一个平面上。这一性质不需要了解 3D 点坐标就可以实现平面点的检测。在增强现实系统的运行之初,场景的 3D 点通常尚未准确重构,因此常采用单应性矩阵来检测平面。由于场景中的点通常并不在一个平面上,因此需要一个策略来挑选位于同一个平面上的点。采用 RANSAC 进行检测是一个有效的策略,细节参见 5.4.2 节。

用 RANSAC 检测平面的步骤如下所述。首先,选择基线非零的两帧图像,提取特征点并进行特征匹配。然后,采用 3.2.2 节中单应性矩阵的估计算法,选择至少 $n(n\geqslant4)$ 个特征点对来估计一个单应性矩阵。如果要检测一个特征点是否在这四点拟合的平面上,则可采用这个单应性矩阵,将该点映射到另一张图像上,取映射点与该点在此图像上实际匹配点的距离,作为判断该点是否在这个平面上的依据。当然,由于这 n 个点是随机选取的,因此,这些点是否在这 n 个点拟合的平面上也是需要检查的。如果内点足够多,则可基于这些内点重新拟合平面方程。如果这个平面优于已经拟合的平面,则舍弃先前拟合的平面。迭代若干次以后,就可得到足够好的平面。如果要拟合多个平面,则可以将已有的平面上的点剔除,从剩余点中继续进行平面检测。详细步骤如下。

(1) 选择至少两张具有一定视差的图像,检测图像特征点,并进行特征匹配。

(2) 选择最少 $n(n\geqslant4)$ 组匹配特征点,计算单应性矩阵。

(3) 根据步骤(2)中计算的单应性矩阵,计算特征点在其他图像上的映射位置,将同步骤(1)中特征匹配结果吻合较好的点归为一类,称为内点。

(4) 若内点数量足够多,则使用内点拟合平面。

(5) 根据内点数量和内点同拟合平面的偏差评估平面质量,若优于现有平面,则对平面进行更新。

(6) 重复上述步骤(2)~(5)若干次,直到收敛。

2005 年由 M. Zuliani 等提出的 multi-RANSAC 算法得到的多个平面的检测效果,如图 6.15 所示,其中不同颜色的点代表了不同平面上的点。可以看到,检测到的平面点是很准确的。如果特征点对应的 3D 坐标是未知的，则可以从这个单应性矩阵中，继续求解平面方程，但是算法比较复杂。如果 3D 点已知的话，则平面方程的拟合就比较简单了。可以参照“从点云中拟合平面”。

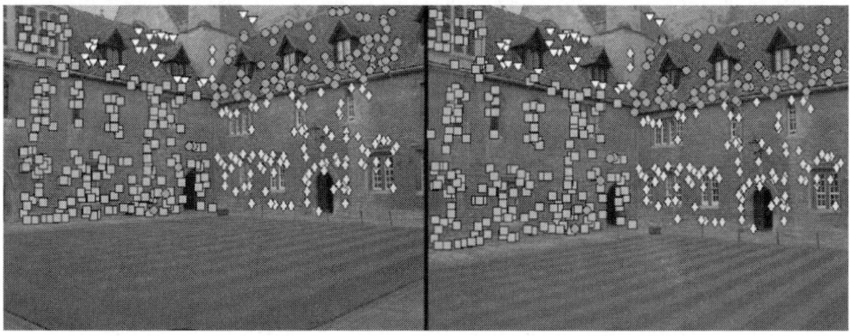

图 6.15 RANSAC 算法的多平面检测结果(见彩插)

2. 从点云中拟合平面

在点云的基础上，场景的平面检测和拟合可以更高效地进行。在一般的相机定标算法中，通常可恢复场景中特征点的 3D 坐标。假设已知场景中若干点的 3D 坐标，要从其中估计出位于同一平面的若干组点及其平面方程，则可采用霍夫变换(hough transformation)来实现。先用 2D 的直线检测来讲述霍夫变换的方法。如图 6.16(a)所示，2D 平面上有一点；如图 6.16(b)所示，过该点的 2D 直线可以参数化为

$$x\cos\theta + y\sin\theta = \rho \tag{6.31}$$

其中，ρ 为原点到直线的距离；θ 为直线的法线角度；这样一条直线可由两个参数决定。知道直线上一点的坐标，并不能直接确定这两个直线参数的值。显然，参数只有满足由式(6.31)所定义的条件，才能位于一条曲线上，如图 6.16(c)所示。这样，平面上的每个点，都对应于参数空间中的一条曲线。将参数空间进行划分，一旦这条曲线经过其中的一个小格子，那么就在这个格子中投一票。由于同一条直线上的点都具有相同的参数值，因此均会在对应的格子中投票。这样，就会产生大量的票数。投票多的格子对应着该参数相应的直线，这样就找到了平面中的直线。

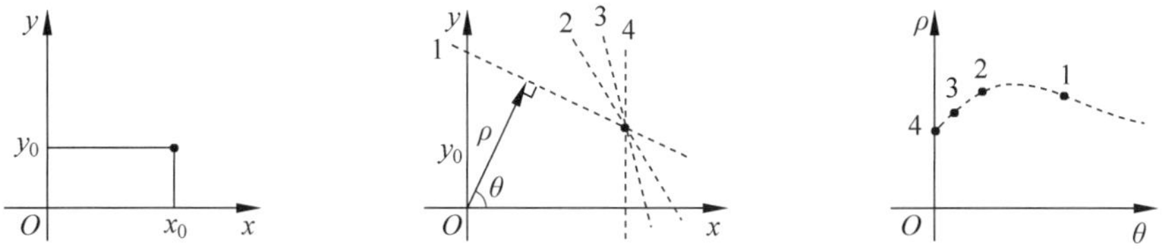

(a) 平面点坐标　(b) 过平面点的直线在极坐标空间的表示　(c) 平面点在极坐标空间对应的曲线

图 6.16 霍夫变换示意

这个方法可以容易地推广到 3D 空间的平面检测。一个 3D 空间平面的方程可以参数化为

$$x\cos\theta\cos\varphi + y\sin\theta\cos\varphi + z\sin\theta = \rho \tag{6.32}$$

其中，ρ 为原点到平面的距离；θ 为平面法向量的天顶角(与 x-y 平面的夹角)；φ 为平面法向量的方位角(与 x 轴的夹角)；这样，投票的格子虽然是 3D 的，但是原理相同。票数足够

高的格子对应的点，都在同一个平面上，这样即可获得该平面的方程。

在增强现实中，水平面和垂直平面的检测往往更为实用。由于智能手机一般配备IMU，采用IMU中的加速计，容易估计重力加速度的方向。若一个平面的法向与加速度方向反向，则该平面为水平面；若与其垂直，则该平面为垂直面。因此，在智能手机上可以比较容易地拟合水平面和垂直面。

6.4 基于多视图的重建

多视图重建指从多幅照片中重建物体或场景的3D表面。一般说来，多视图重建问题的相机是自由放置的，因此在重建之前需要先标定相机的位姿。然后，将多视图重建问题转化为立体重建问题。因此，先介绍立体视觉原理，然后再讲述如何将双视图或多视图问题转化为立体重建问题。

6.4.1 立体视觉原理

人类有两只眼睛，因此能很好地估计和观察对象的距离和形状。基于图像的立体视觉模仿了人类视觉的特点，从相机拍摄的两幅图像中，恢复了物体的3D形状。先来看看计算机是如何通过立体视觉来估计点的远近的。

最简单的立体相机的配置是这样的：用两个内部参数相同的摄像机，两个相机光心相隔一定距离，朝向同一个方向并与基线垂直，且两相机成像平面的 x 轴均与基线平行（如图6.17所示）。这样，两个相机的内部参数完全相同，外部参数也仅相差一个沿 x 轴方向的平移。这样的配置有很多优势，如相机的内外部参数已知，极大地简化了视觉计算的复杂度。当然，这样的相机配置只有在工厂采用精密仪器才能实现。

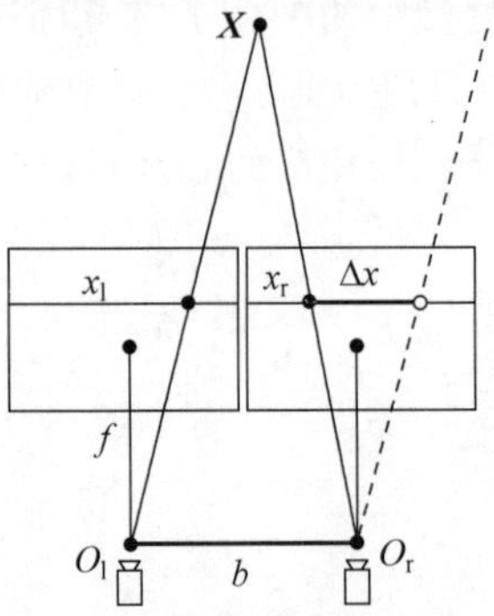

图6.17 视差与深度的关系

如图6.17所示，两个相机构成的双目立体相机 O_l 和 O_r，焦距为 f，基线长度为 b。空间一点 $\boldsymbol{X}$ 在两个相机的像点坐标分别为 (x_l, y_l) 和 (x_r, y_r)。根据对于配置的假设，必有 $y_l = y_r$，并令 $\Delta x = x_l - x_r$ 为点 $\boldsymbol{X}$ 的视差。记 $\boldsymbol{X}$ 的深度值为 d，则根据简单的三角形相似关系有：

$$\frac{b - \Delta x}{b} = \frac{d - f}{d} \tag{6.33}$$

简单整理可得：

$$d = \frac{bf}{\Delta x} \tag{6.34}$$

式(6.34)表明，深度与基线长度和焦距成正比，与视差成反比。一般情况下，图像对的基线长度和焦距均固定不变，因此深度与视差成反比。也就是说，视差图与深度图有对应关系。当相机焦距固定时，基线的长度就决定了深度的尺度。因此，立体相机能够根据视差恢复对象的实际深度。

也就是说，根据像点在图像上的视差，可以推测其深度。视差越大，距离越近；视差越小，距离越远。这符合人的观察经验。由于相机的参数已知，确定了深度，也就确定了其3D空间位置。因此，深度问题就转化为视差的问题，而视差是由点匹配决定的，仅为扫描线上的一个增量。

6.4.2　双视图像的正则化

普通相机自由移动所拍摄的图像跟立体相机拍摄的图像有很大的差异，拍摄任意两帧画面的相机位姿千变万化。对于静态场景来说，位移是可以产生视差的，但是由于相机的自由移动，导致相机拍摄的两幅图像之间往往不具有相同的配置，无法构成相同的立体视觉。双视图像的正则化就是将两幅自由拍摄的图像，转化为具有标准立体视配置的图像。也就是说，通过算法降低对设备的要求。

对极几何理论表明，一个视图上的点，其匹配点必定位于另一个视图的极线上，这条极线由基础矩阵决定，因此匹配点的搜索应该是一个一维搜索问题。一般说来，两个视图上的极线很可能是过极点的斜线，但这在搜索匹配的时候非常不方便。能不能将这些直线映射到一个公共平面上呢？如果将左右视图上对应的极线映射到同一条水平扫描线上，则左右视图的匹配就可以方便地进行一维搜索。幸运的是，双视图各自的图像平面至这个公共平面都存在一个单应性映射。如图 6.18(a)所示，选取一个公共平面，使得双视图映射到该平面以后，所有的匹配点都在同一条水平线上。这个过程称为双视图的正则化(rectification)，这个公共平面称为正则化平面。当左右视点的视向平行且与基线正交时，其正则化平面与视线垂直，且极点在无穷远处，如图 6.18(b)所示。

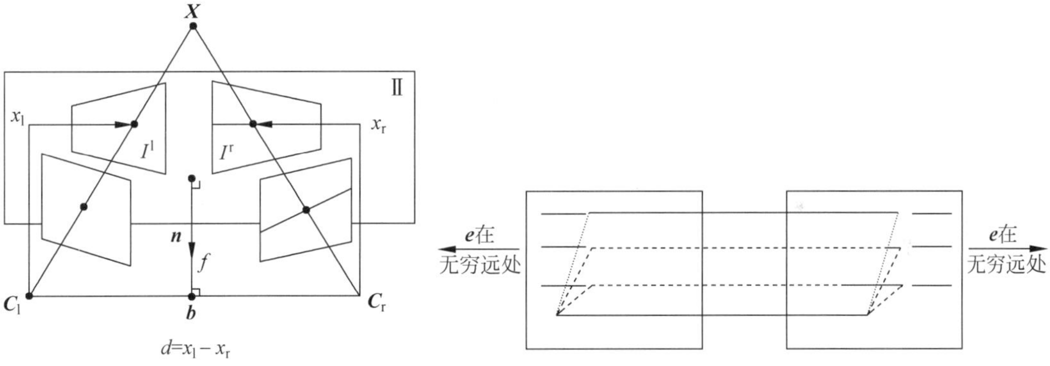

(a) 双视图映射到正则化平面　　(b) 正则化平面与基线平行

图 6.18　双视图的正则化

由于双视图的点匹配计算要在正则化图像上进行，因此，正则化平面的选择十分重要。而双视图上的极线要映射到正则化平面的公共水平线上，因此需要正则化平面与双视图的基线平行。与基线平行的平面有很多，需要确定其与基线的距离与法向，共 4 个自由度。考虑到运算代价和精度，应使得经过映射以后的双视图的变化尽可能小。一个简单方法(不一定是最优算法)是以正则化图像的中心点至基线的平均距离作为正则化平面到基线的距离，以图像的中心点至基线垂线的平均方向为正则化平面的法向。这样，正则化平面便唯一确定了。

在两个相机的参数都已标定的情况下，正则化平面可以根据相机的位姿计算。在正则化平面上选择 4 个点，通过投影矩阵计算其在视图上的投影点，这样通过 4 个对应点坐标，就可以准确计算单应性矩阵。在不知道相机参数，仅仅已知基础矩阵的前提下，也可以实现图像的正则化。由于基础矩阵并未给出明确的几何参数，因此需要通过设计和选择恰当的单应性矩阵参数，来将一对对极线映射为目标平面空间上的同一条线。由于算法的复杂性较高，在此不做详细阐述。视图正则化分别将左右视点的图像映射至统一的正则平面上，以前对应的左右极线在正则图像上具有相同的 y 值。这样，所有的匹配点都在同一条水平线上。如图 6.19(a)所示，有建筑物的左右视图，经过正则化处理以后，得到图 6.19(b)，对比那条水平线上的点，可以观察到之间的对应关系。

(a) 原始左右视图　　(b) 正则化处理以后的左右视图

图 6.19　双视图像的正则化

双视图像映射为正则化图像为稠密重建提供了很好的条件。在没有进行图像正则化之前，双视图是一个相机从不同位置和角度拍摄的两帧照片，需要通过寻找一个视图上的点在另一个视图上的对应点来计算视差。尽管对应点应该在一条极线上，但这条极线并不是水平线，需要在图像上进行 2D 搜索。当视频序列实现了相机的标定或计算基础矩阵以后，就可以方便地通过图像的正则化，使两幅图像构成标准的立体视图关系。这样，搜索每个点的匹配点只需要在同一条扫描线上进行，从而简化为一维搜索。由于场景的视差对应了深度值，而深度值是有范围的，因此这个一维搜索的范围是有限的，可以进一步加速计算。

上述方法，是对自由拍摄的两幅图像的处理过程。事实上，立体相机可以通过对硬件的精确配置，使得所拍摄的图像对都具有正则化图像的性质。多视点几何理论的成熟与技术的发展，使得硬件配置的刚性要求，逐渐为数字校正的方法代替。双视图正则化处理以后，就可以方便地进行稠密重构了。这里需要提及的是，立体相机的基线是标准配置，由于基线长度是已知的，因此从立体相机中可以重构深度的绝对长度。相对而言，多视角几何理论只能进行度量重构，基线的长度及物体的尺寸都与真实值相差一个尺度系数。

6.4.3　稠密点重建

稠密点重建是要从双视图或多视图中，以像素为单位对物体表面进行重建。基于立体视觉的稠密点重建通过逐像素计算视差来实现。多视图的稠密点重建一般在重构了相机的位姿与场景中的稀疏点的 3D 坐标的基础上进行，它将各视图映射为标准立体视觉的视差估计问题。

稠密点重建的基本思想是根据颜色或灰度相似度来寻找匹配点。双视图像正则化使寻找匹配点的搜索空间限定在一维，实现起来更为便利。一般说来，单纯地对一个像素点进行匹配计算，往往带来很大的误差，因此一般采用以该点为中心的一个子窗口图案来代表该点。最简单的如最小平方距离(smallest square distance，SSD)方法，该方法在一个窗口中寻找具有最小距离的子图像作为其匹配点。尽管稠密匹配是在正则化平面上进行的，但为了简化陈述，一般称左/右视图在正则化平面上的投影为左/右视图。设点(x,y)在左/右视图的亮度为$I(x,y)$与$I'(x',y')$。对左视图上一点$\boldsymbol{x}(x,y)$，算法的目标是要搜索这个匹配点的位置。

由于其匹配点一般就在原位置附近变动，并且应该具有相同的纵坐标，因此，在原位置设置增量δx，计算每一种可能的增量在子窗口W中的亮度平方差，使得该平方差最小的δx记为$\delta\hat{x}$，即为窗口的平移量，因此点(x,y)的匹配点，应该在$(x+\delta\hat{x},y)$处。其中，

$$\delta\hat{x}=\underset{\delta x}{\operatorname{argmin}}\sum_{x,y\in W}(I(x,y)-I'(x+\delta x,y))^2 \tag{6.35}$$

但是，由于图像中每点均要进行上述计算，因此，计算量仍然很大。在深度差很大的场景中，匹配点的搜索范围也随之扩大。如果深度变化范围未知，则其搜索范围就更难以界定。为此，人们提出采用图像金字塔的方法，以便搜索更为高效。图像金字塔是将图像逐级缩小一半的尺度，使得图像区域为上一级图像的1/4，直到图像收缩为点。这一系列的图像由大到小排列起来，可以构成一个金字塔，故名曰图像金字塔。一般而言，图像匹配不是从塔顶开始，而是从具有一定分辨率的图像开始。设此时一个像素代表了原视图上的$2^i\times2^i$个像素，因此，SSD搜索每移动一步，就相当于在左视图上移动2^i像素，即便该点处的视差较大，也能够很快找到匹配点。但是，由于这个匹配点的精度较低，因此需要移到较高一级分辨率的视图上继续进行匹配，这时，由于其位移已经大致确定，因而可以在这个值附近进行搜索，直到在原视图上获得精确的匹配值。

如果双视图上的特征明显且具有独特性，则算法能够获得比较准确的结构。倘若图像中存在很多弱纹理或无纹理的区域，如白色的墙面、灰色的路面、圆柱形的杯子等，则难以形成明确的对应关系，导致误匹配。导致误匹配的另一个重要因素是遮挡关系的变化。如图6.20(a)所示的情况下，从不同视点O和O'观察点A、B、C，都是可见的且相对顺序没有变化；如图6.20(b)所示的情况下，由于前方出现了一个小球产生遮挡，导致在视点O能观察到的点A，在视点O'消失了。如果一个点的匹配点被其他物体遮挡，那么原则上应该无法找到匹配点。但是，根据相似性原则，总会寻找到一个跟它最为相似的点作为匹配点，从而导致错误的发生。误匹配使算法所获得的深度图产生大量噪声，甚至很难区分物体的形状。围绕稠密深度估计，人们提出了大量的算法来提高深度估计的精度和效率，目前已经可以获得较为精确的结果。

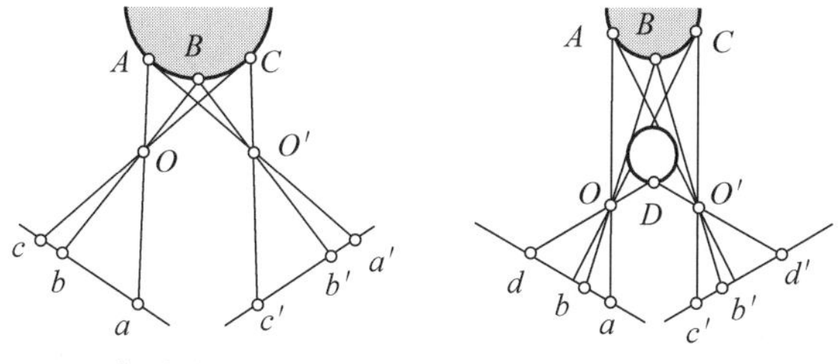

(a) 相对关系保持　　(b) 相对关系发生变化

图6.20 不同观察角度导致深度不同的点出现顺序变化

6.4.4 3D表面模型

3D稠密点重建获得了双视图的深度图，这与深度视频传感器捕获的深度图类似，通常

是 2.5 维的数据，即场景表面的点云。从一对双视图中重构的点云通常是局部曲面。如果有这样的视频序列，就可以从多个双视图中重构出多个点云，再根据定标结果或 ICP 算法自动拼合这些 3D 点云，形成更完整的 3D 模型。但是，3D 点云只是一些离散点集合，只是枚举了所有 3D 点的空间位置，点与点之间的关联关系并不明确，在一些特殊情况下会导致局部的几何关系错误。因此，尽管点云也是曲面的常用表达方式，但点云仍需转化为 3D 网格模型，以获得对相应表面更为明确的 3D 描述。

3D 模型的表达形式有很多，比较常用的有点云、网格等，有时也会采用体素、水平集等比较复杂的表示方式。其中网格通过一系列顶点来定义表面上的多边形，构成物体的表面几何。网格的表达相对明确自由，且具有很高的精度，但处理规则比较复杂。体素的表示方式是将空间划分为规则的体素单元，位于物体内部的体素设置为 1，位于物体外部的体素设置为 −1，位于表面上的体素设置为 0，这样通过简单的标识就可以表达任意形状的几何形体。但是，这种几何表示精度取决于体素的大小，当需对物体进行放大显示时，很容易暴露精度不足的问题。基于距离场的表示是体素表示的推广，每个体素存储的值为该体素中心到表面的距离。水平集表示则更充分地体现距离场的概念。

当将点云转化为网格曲面时，常需要一些复杂的算法来实现，包括噪声去除、几何重构、网格化处理等环节。3D 点云重构为网格曲面以后，通常还需要进行重网格化和简化处理。3D 模型的处理是计算机图形学的重要内容，有兴趣的读者可以参考曲面的表示方法等内容，并借助几何处理工具来实现。

扩展阅读

一个自然场景中，在无须配置任何跟踪注册设备的环境下，视觉方法是空间跟踪注册的最佳方式。随着多年的发展，以多视角几何为基础的 SLAM 技术已成为智能手机增强现实开发平台的标配。多视角几何是计算机视觉的核心内容，理论成熟的标志是 Richard Hartley 与 Andrew Zisserman 合写的书 *Multiple View Geometry in Computer Vision* 于 2000 年出版，并于 2004 年出版了第二版。该书有完整详细的理论阐述和证明，是一本权威的、有关多视角几何的专著。双视角几何是其中最常用的几何关系，多视角几何可以认为是由多个双视角视图构成的几何关系。若要了解更多的相关理论、基础矩阵的一般性推导和求解可见 Zhengyou Zhang 的综述“Determining the Epipolar Geometry and its Uncertainty：A Review”，关于自定标的理论和方法可见 Cyril Zeller 与 Olivier Faugeras 合作撰写的研究报告“Camera Self-Calibration from Video Sequences：the Kruppa Equations Revisited”。尽管在 20 世纪末，多视角几何在理论上就已趋于成熟，但面向增强现实与机器人的视觉定位及重建技术仍然不够精确和鲁棒，尤其是视频定位技术，在计算精度、速度和鲁棒性上，仍需要进行充分的研究。这方面比较重要的参考文献有 Marc Pollefeys 的课程讲稿“Visual 3D Modeling from Images”，该讲稿系统而简洁地介绍了视频序列定标和重建的主要方法，尤其是相机内部参数矩阵没有预先标定的相机自定标方法。从 SfM 走向视觉 SLAM 的开创性工作由 A. J. Davison 于 2002 年做出的，后来逐渐成为增强现实中的核心算法。有关视觉 SLAM 技术，《SLAM 十四讲》是一个很好的入门教材。SLAM 技术仍然在发展中，有关 SLAM 在增强现实技术中最近的进展可参阅 J. Li 等 2019 年撰写的综述“Survey and evaluation of monocular visual-inertial SLAM algorithms for augmented reality”。随着深度学习的发展，SLAM 技术也逐渐引入深度网络来提高算法的准确性。

场景的 3D 重建是数字化技术的重要组成。在增强现实技术中，基于体元的重建允许用户通过交互方式，来简单确定场景的 3D 几何。基于结构光与激光扫描仪的重建方法，属于主动视觉的方法，算法相对简便，精度很高。多视角几何的稠密点重建算法则相对复杂，一般需要建立在稀疏重建的基础之上，可通过正则化处理转化为立体视觉问题。有关立体视觉的稠密点重建可参考 D. Scharstein 和 R. Szeliski 于 2002 年撰写的综述“A Taxonomy and Evaluation of Dense Two-Frame Stereo Correspondence Algorithms”。视觉重建算法近年来迅速发展，重构的精度提升很快。但是，由于在稳定性上受图像分辨率和视觉特征的限制，因此与激光扫描、结构光重构等方法的结果相比，在精度上相差一个数量级。但是，多视角几何的算法所需的设备非常简便，价格低廉，因此被广泛应用。前面提到的 Marc Polleyfeys 的课程讲稿也是多视角几何重建的入门教材，而近期的进展可以参考 Xian-Feng Han 等于 2021 年的综述论文“Image-based 3D Object Reconstruction: State-of-the-Art and Trends in the Deep Learning Era”。在算法上，Kinect、RealSense 等设备都是采用结构光来实时捕获场景的深度视频工具，这些工具不仅用于人体骨骼的提取，R. A. Newcombe 等于 2011 年还通过点云融合将其用于 3D 场景的重建，后来 T. Whelan 等于 2016 年、J. Zhang 等于 2021 年进一步发展了这个方法。由于有深度信息的支持，其重建的精度较高，并且可用于实时在线的应用。

习题

1. 给出基础矩阵的一般性的推导。

2. $\boldsymbol{p}^{\perp}$是投影矩阵 $\boldsymbol{P}$ 的零子空间，即 $\boldsymbol{P}\boldsymbol{p}^{\perp}=0$。试证明 $\boldsymbol{p}^{\perp}$是相机的光心。

3. 在视频序列中，要获得高度精确的定标参数，需要采用什么样的优化策略？

4. 基于单目视频的视觉方法重构的 3D 场景，为什么不能确定场景的尺度？给定什么样的条件可以确定？

5. 3D 重建有哪些方法和手段？这些方法的优点和缺点各是什么？

6. 如果场景中有一个方形盒子需要重构其 3D 形状，叙述如何采用视觉的方法重建？

7. 检测任务在增强现实中的作用是什么？

8. 目前有哪些设备可以捕获场景的静态 3D 信息？哪些可以捕获动态的 3D 信息？这些设备可以如何应用于增强现实环境？

9. 本章所讲述的基于视觉的跟踪注册方法，与第 4 章中所讲述的基于 3D 点的跟踪注册方法相比，其主要区别是什么？各有什么优势和劣势？

第7章
CHAPTER 7

虚实融合中的一致性

空间配准确定了虚拟物体与现实场景之间的空间关系，确定了绘制虚拟物体的视域。尽管据此可以生成一些简单的增强现实应用，但对于产品设计、景观评价、电子商务等注重外观的应用来说，还远远不能满足要求。因为对于观察者而言，虚实融合画面中的虚拟物体还需要呈现与现实场景光照相一致的、逼真的外观，与周围物体之间产生正确的几何遮挡，并能进行合理的交互。简而言之，虚拟物体只有与所融入的现实场景共享几何空间和光照空间，并且产生正确的交互，才能实现虚实交融的效果。

7.1 虚实融合中的一致性概述

本节通过对虚实融合中的一致性条件、框架和流程的介绍，简要讲解与虚实融合一致性绘制相关的基本概念。

7.1.1 一致性的条件

在增强现实应用中，为了将虚拟物体正确、协调地加入真实场景，在绘制虚拟物体时必须同时满足空间一致性、光照一致性与交互一致性的要求。本节将详细讨论上述3种一致性。

空间一致性指虚拟物体与真实场景必须具有一致的透视关系，绘制虚拟物体时所使用的视点、虚拟物体尺寸、深度等信息要与观察真实场景中的情形相匹配。本书第3～6章中介绍的注册与跟踪等技术旨在解决虚实场景融合的空间一致性问题。其中，虚拟物体注册技术确定了虚拟世界与真实世界的映射关系，使绘制的虚拟物体能准确地嵌入真实场景中；跟踪技术确定了真实相机的运动轨迹，可以在观察者位置移动时使虚拟物体在视频画面中同周围真实环境始终保持一致。空间一致性的涵盖范围还不止于此，在真实世界中位于前端的物体会遮挡其后的物体。如图7.1所示，虚拟佛像应当位于真实桌子后方。当未考虑虚实景物间的遮挡关系时将生成如图7.1(b)所示的错误融合结果，而正确的融合结果应如图7.1(c)所示。显然，正确处理虚实物体间的遮挡关系也是空间一致性需要解决的问题。

在增强现实画面中，为了使添加的虚拟物体同真实场景能够无缝融合，还需要保证虚拟物体与真实场景共享同一个光照环境，保证它们之间具有正确的阴影投射、镜面映射及透射关系等，即满足虚、实环境的光照一致性。光照一致性主要体现在3方面：首先，虚拟物体

(a) 原始图像　　(b) 忽略遮挡的虚实融合结果　　(c) 考虑遮挡的虚实融合结果

图 7.1　虚实融合遮挡处理示意(见彩插)

的外观，如亮度、颜色等应与它们置身于真实场景时一致；其次，需要正确模拟虚、实场景之间的阴影投射效果；最后，若虚、实场景中存在镜面或透明物体，还需在这些物体表面绘制出正确的镜面反射和透射效果。特别地，当真实场景的光照条件发生改变时，虚拟物体的光影要随之改变。从图 7.2(b)中可以看出，当采用和真实场景不一致的光照方向、色调、强度绘制虚拟物体时，会导致添加的虚拟植物外观同周围景物不协调，而考虑了光照一致性将能得到如图 7.2(c)所示的较为真实的虚实融合结果。显然，虚实场景融合光照一致性的关键在于准确重建真实场景的光照环境。本书将在第 8 章中介绍增强现实中的光照重建理论与方法，在第 9 章中介绍虚实场景阴影投射及镜面映射效果的模拟方法。

(a) 原始图像　　(b) 忽略在地面投射阴影　　(c) 在地面投射阴影

图 7.2　忽略与考虑在地面投射阴影的虚实融合结果(见彩插)

虚拟物体在加入真实场景后不可避免地会与真实场景中的人与物产生交互。这种交互必须符合客观规律，接受现实环境的约束，并需要在线、实时，即满足交互一致性。如 1.1 节所述，交互一致性主要分为符合基本物理规律和符合社会与心理规范两类。符合基本物理规律指嵌入到真实场景中的虚拟物体需要满足物理定律的约束。例如，虚拟物体不能穿墙而过，当虚拟物体受真实力的作用时，运动状态会发生改变等。为满足物理约束，需要对真实场景的物理属性如几何形状、材料属性、运动状态等进行建模，同时还需要特定的交互设备传递用户与场景中虚拟物体的交互效果。符合社会与心理规范则要求虚拟物体能够按照特定社会准则或用户的预期在真实场景中进行运动、变化等。例如，虚拟汽车在马路上行驶要按照交通标志指示，虚拟人需要理解用户或场景中真实行人的行为并做出合理的反应。显然，这需要首先理解真实场景的高层语义信息，因此对系统的智能水平提出了更高的要求。本书将在第 11 章详细介绍交互一致性相关的方法与技术。

7.1.2　虚实融合的框架和流程

如图 7.3 所示，在增强现实中虚实融合的流程包括以下步骤。

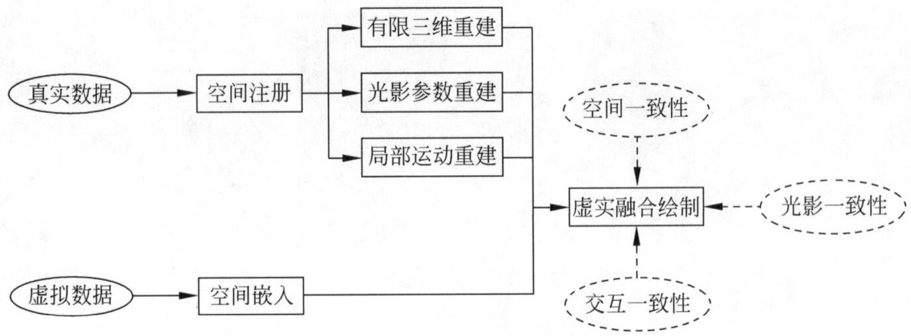

图 7.3 虚实场景融合流程

(1) 通过传感器(摄像机、激光雷达、惯导等)捕获真实场景信息,根据这些信息建立虚实融合过程中不同空间之间的变换关系,如虚拟空间与真实空间的关系、视点空间与真实空间的关系等,即进行空间注册。利用空间注册过程中获取的虚实空间变换关系将创建好的虚拟物体嵌入真实空间。

(2) 根据传感器捕获的真实数据对场景中的部分区域进行有限 3D 重建。重建的场景 3D 模型为计算机获取更多场景信息(光照、材质、语义信息等)提供基础,是虚拟物体与真实场景产生正确交互的关键。

(3) 重建拍摄时真实场景的光照环境。

(4) 判断场景中与虚拟物体邻近的真实物体的运动状态,并依此使虚拟物体的行为做出相应的响应。例如,在广场上的虚拟人需根据周围真实行人的运动状态对其下一步的行为进行建模,以避免与周围人发生碰撞。

(5) 对虚拟物体进行虚实融合绘制并显示。

上述流程中,步骤(1)和步骤(2)实现空间一致性所涉及的空间注册与场景重建的具体方法请参阅本书前 6 章;步骤(3)实现光照一致性,需要对视频的光影环境进行采集或计算,具体方法请参阅本书第 8 章和第 9 章;步骤(4)实现虚实场景的交互一致性,所涉及的具体技术参见本书第 11 章;步骤(5)则根据之前获取的虚实场景信息生成最终的虚实融合画面,这个过程中所涉及的虚拟场景绘制技术可参见本节之后的内容。实现虚实场景叠加的图像融合操作在第 10 章中进行介绍。

7.2 虚实融合一致性相关的绘制技术

计算机图形技术是生成虚拟场景的重要手段,其研究内容涉及真实场景光照与物体表面作用的效果模拟、景物遮挡关系计算、阴影效果模拟等。熟悉计算机绘制理论与技术的读者可略过此节。

7.2.1 真实感光照明模型

获取真实场景的光照信息,并依据该信息绘制虚拟物体是实现虚实融合光照一致性的关键。为实现上述目标,需要从真实场景的图像或视频中求解光照信息,而对真实场景光照的分析与求解则需要建立在一定的数学模型之上。计算机图形学中的真实感光照明模型近似描述了真实场景光照对物体表面的作用效果，可作为分析与求解真实场景光照参数的依据。

物体表面任意一点的外观与光源特性、观察点位置、物体形状、表面朝向及物体本身材质有关。光照明模型正是综合上述若干要素，依据光学物理定律，计算景物表面上任一点投向观察者眼中的光亮度大小和色彩组成的公式。光照明模型可分为局部光照明模型(local illumination model)和整体光照明模型(global illumination model)。局部光照明模型在计算物体表面效果时仅考虑光源直接照射物体时所产生的影响，可以形成光源照射在物体表面所形成的明暗变化和镜面高光等效果，可用来生成具有一定真实感的虚拟物体。而整体光照明模型除了考虑直接光源外，还考虑周围环境对物体表面的影响，可模拟对周围环境的镜面反射、折射及物体之间的相互辉映等光学效果。本节将从实用角度出发，分别介绍几个常用的局部光照明模型和一个整体光照明模型。

1. Lambert 漫反射模型

对于不透明物体来说，光源发出的光线入射到物体表面，一部分被物体吸收转化为热能，另一部分则被反射出去，反射光决定了物体最终呈现的颜色。物体表面的反射光可分为漫反射光和镜面反射光。漫反射光可认为是光穿过物体表面层被部分吸收后，重新发射出的光，因此，其向空间各个方向均匀反射，它的强度仅与入射光的亮度和入射方向有关，同观察方向无关。Lambert 漫反射模型是描述理想漫反射表面属性的一种光照明模型，这种表面仅可产生漫反射光。自然界中的大部分表面如地面、墙面、树木、花草等都可近似认为是理想漫反射表面。

Lambert 漫反射模型认为，一个理想漫反射表面反射出的漫反射光的强度同入射光与表面法向之间夹角的余弦值成正比。因此，漫反射的光亮度计算公式如下：

$$I_d(\lambda)=k_d(\lambda)\cdot L_1(\lambda)\cdot\cos\theta \tag{7.1}$$

其中，I_d 为表面漫反射光的光亮度；k_d 为物体表面漫反射率；L_1 为入射光亮度；θ 为光源入射角；λ 为红、绿、蓝 3 个颜色通道，表示对红、绿、蓝 3 个颜色通道分别进行计算，为了简化表示，本书在后续有关光照模型的描述中将省去 λ。

$\cos\theta$ 的计算如图 7.4 所示。设点 $\boldsymbol{X}$ 是物体表面一点，$\boldsymbol{N}$ 是点 $\boldsymbol{X}$ 的物体表面法向量，$\boldsymbol{L}$ 是光源的入射方向，则两个向量的内积公式为

$$(\boldsymbol{N}\cdot\boldsymbol{L})=\|\boldsymbol{N}\|\ \|\boldsymbol{L}\|\cos\theta \tag{7.2}$$

其中 $\|\boldsymbol{N}\|$ 和 $\|\boldsymbol{L}\|$ 是向量的长度，因此：

$$\cos\theta=\frac{(\boldsymbol{N}\cdot\boldsymbol{L})}{\|\boldsymbol{N}\|\ \|\boldsymbol{L}\|} \tag{7.3}$$

由式(7.1)可以看出，当入射光垂直入射时，$\cos\theta=1$，此时漫反射的光亮度达到最大值。当入射角逐渐变大时，$\cos\theta$ 的值将不断减小，漫反射的光亮度也逐渐变小。当 $\theta=90°$时，$\cos\theta=0$，漫反射的光亮度也变为 0。当光源入射角大于 90°时，$\cos\theta$ 变为负值，这时光线从物体背面入射，需要人为将漫反射的光亮度置为 0。实际场景中的物体还会接收到来自周围环境投射来的光，如房屋的墙壁、天空等，在图形学中称这部分光为环境光或泛

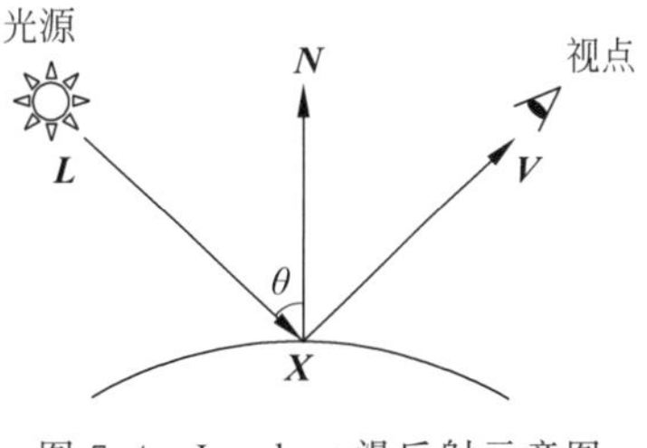

图 7.4 Lambert 漫反射示意图

光。要精确模拟环境光较为困难，在局部光照明模型中，一般假定环境光均匀入射至物体表面，并采用一个常量来表示。添加了泛光项的 Lambert 漫反射模型可表示为

$$I = k_a \cdot L_a + k_d \cdot L_1 \cdot \cos\theta \tag{7.4}$$

其中，k_a 为泛光反射系数（$0 \leqslant k_a \leqslant 1$），$L_a$ 为泛光强度。

当物体被多个光源照射时，这些光源对物体的亮度贡献应该逐个累加起来，因此多光源的 Lambert 漫反射模型为

$$I = k_a \cdot L_a + k_d \cdot \sum_{i=1}^{m} L_1^i \cdot \cos\theta_i \tag{7.5}$$

其中，m 为光源的数目；L_1^i 和 θ_i 分别为第 i 个光源的入射强度和入射角。

2. Phong 镜面反射模型

现实世界中有许多非常光滑的物体，如陶瓷茶杯、玻璃、汽车等。当从某些方向观察这些物体时，如图 7.5 所示，会发现在物体表面存在一些高亮区域，即所谓的“镜面高光”。实际上，入射光线经物体表面反射除了产生漫反射光以外，还会产生镜面反射光。与漫反射光不同，镜面反射光的空间分布具有一定的方向性，镜面高光出现的位置会随着观察位置的不同而发生变化。

图 7.5　镜面高光示意图

根据光的反射定律，镜面反射光与入射光对称分布在物体法向两侧，反射角等于入射角。对于理想镜面而言，入射至表面的光严格遵循反射定律，即沿着镜面反射方向射出，如图 7.6(a)所示，其单位镜面反射方向为

$$\boldsymbol{S} = 2\boldsymbol{N}(\boldsymbol{N} \cdot \boldsymbol{L}) - \boldsymbol{L} \tag{7.6}$$

其中，$\boldsymbol{N}$ 与 $\boldsymbol{L}$ 均为单位向量。对于一般物体而言，通常认为其表面由许多微小平面组成。它们的朝向沿宏观表面法向附近随机扰动，相应地，镜面反射光线分布在物体表面镜面的反射方向附近，如图 7.6(b)所示。

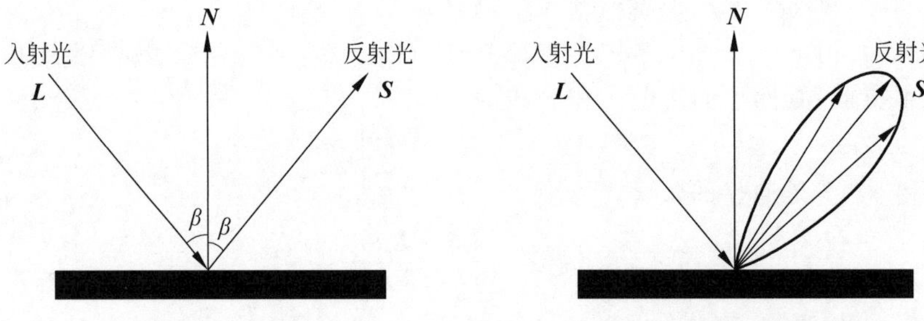

图 7.6　镜面反射示意图

针对镜面反射光的特点，B. T. Phong 于 1973 年提出了一个用以计算物体表面镜面反射的经验模型，采用余弦函数的幂次来模拟镜面反射光：

$$I_s = L_1 \cdot k_s \cdot \cos^n\alpha \tag{7.7}$$

其中，I_s 为表面镜面反射光的光亮度；L_1 为入射光亮度；α 为物体表面镜面反射方向同观察方向的夹角，如图 7.7 所示；k_s 为物体表面镜面反射率，对于一般物体表面而言，其镜面

反射光光谱组成和分布曲线同入射光非常相似，因此，在实际应用中，k_s 在红、绿、蓝 3 个通道一般取相同的值；n 为镜面高光指数，决定了镜面高光的汇聚程度，其对应的物理意义就是物体表面的光滑程度，物体表面越光滑，n 值越大，表面越粗糙，n 值越小。

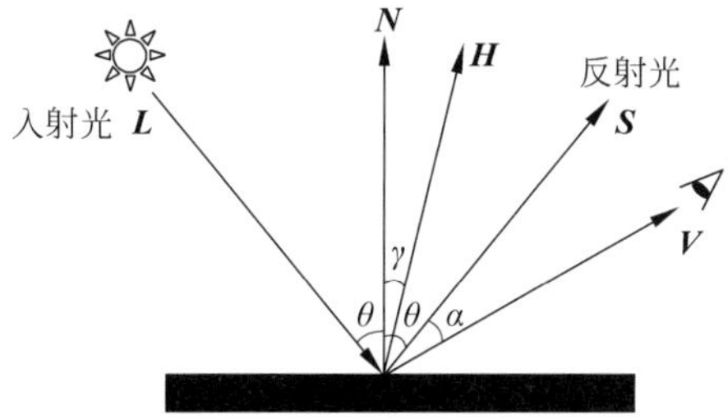

图 7.7 Phong 模型中涉及的各个方向

从式(7.7)中可以看出，镜面反射光的强度不仅与入射光的强度及物体的材质、形状相关，还会受到观察方向的影响。当沿着镜面反射方向观看物体时，镜面高光效果最为明显，当偏离这一方向时，镜面高光强度迅速衰减甚至消失。

式(7.7)中需要计算 $\cos\alpha$ 的值，即计算单位镜面反射方向向量 $\boldsymbol{S}$ 同单位视线方向向量 $\boldsymbol{V}$ 的内积，向量 $\boldsymbol{S}$ 的计算如式(7.6)所示。可以看到，计算过程涉及向量内积和加减乘除等一系列操作，较为复杂。在实际操作中，一般通过计算 $\cos\gamma$ 来替代 $\cos\alpha$，γ 为物体表面单位法向 $\boldsymbol{N}$ 同单位向量 $\boldsymbol{H}$ 的夹角，其中，$\boldsymbol{H}$ 为 $\boldsymbol{L}$ 与 $\boldsymbol{V}$ 的角平分单位向量，可通过计算$(\boldsymbol{L}+\boldsymbol{V})/2$ 对应的单位向量获得。上述符号定义如图 7.7 所示。

将 Phong 模型关于镜面反射的模型与 Lambert 模型关于漫反射的模型相结合，即为单一光源下的 Phong 光照明模型：

$$I = k_a \cdot L_a + k_d \cdot L_1 \cdot \cos\theta + k_s \cdot L_1 \cdot \cos^n\alpha \tag{7.8}$$

通过式(7.8)可以看出，k_d 决定了物体整体的颜色和亮度，k_s 决定了物体表面高光的亮度，n 决定了镜面高光的范围。

当物体被多个光源照射时，这些光源对物体的亮度贡献应该逐个累加起来，因此多光源的 Phong 模型为

$$I = k_a \cdot L_a + \sum_{i=1}^{m} L_1^i \cdot (k_d \cdot \cos\theta_i + k_s \cdot \cos^n\alpha_i) \tag{7.9}$$

其中，i 为光源数目。

Lambert 模型和 Phong 模型是两个非常简单的光照明模型。虽然使用它们进行绘制所获得的绘制结果真实感有待改进。但在增强现实的光照一致性研究中，这两个模型被广泛采用。一方面，实际场景中大部分物体的材质接近漫反射材质，因此使用 Lambert 模型能较好地拟合真实场景的光照效果。当然，若使用 Phong 模型将会进一步提高光照求解的准确性。另一方面，场景的光照求解是一个非常复杂的过程，使用较为简单的 Lambert 模型和 Phong 模型可有效地简化光照求解的过程。

3. 较为完善的局部光照明模型简介

Lambert 模型和 Phong 模型分别是关于漫反射光和镜面反射光的经验模型。这两个模型形式简单，计算方便，在计算机图形学和计算机视觉研究中被广泛应用。但是，真实场景中的物体表面结构非常复杂，上述两个模型无法准确描述真实物体的表面材质属性，严重

影响了生成图形的真实感。为获得更为逼真的物体材质效果，S. H. Westin 等人在 2004 年提出使用双向反射率函数(bi-direction reflection distribution function，BRDF)来表示物体的材质属性，其定义为

$$R_{bd}=\frac{I_r(\theta_e,\varphi_e)}{E_l(\theta_i,\varphi_i)} \tag{7.10}$$

即物体表面朝指定方向的反射光亮度与入射光照度的比值，其中，$E_l(\theta_i,\varphi_i)$为沿方向(θ_i,φ_i)入射到物体表面一点 $\boldsymbol{X}$ 的入射光照度；θ_i 为天顶角；φ_i 为方位角；$I_r(\theta_e,\varphi_e)$为经 $\boldsymbol{X}$ 点反射后在(θ_e,φ_e)方向的反射光亮度。可见 R_{bd} 是一个关于入射方向(θ_i,φ_i)和反射方向(θ_e,φ_e)的四维函数，从其定义不难看出，BRDF 理论上可表示任意非透明物体的材质属性，并且其材质属性同视点方向相关。对于真实场景中的物体表面而言，其双向反射率函数一般是一个非常复杂的函数。根据式(7.10)的定义，反射光亮度 $I_r(\theta_e,\varphi_e)$表示为

$$I_r(\theta_e,\varphi_e)=R_{bd}E_l(\theta_i,\varphi_i) \tag{7.11}$$

J. F. Blinn 和 Cook-Torrance 基于 Torrance-Sparrow 表面模型，各自提出了物体镜面反射分量的计算模型。Torrance-Sparrow 模型认为双向镜面反射率与表面上的微平面分布有关，据此 Blinn 模型和 Cook-Torrance 模型分别设计了相应的双向反射率函数 R_{bd}，以获得更为真实的镜面反射效果。图 7.8 展示了使用 Cook-Torrance 模型的绘制效果。

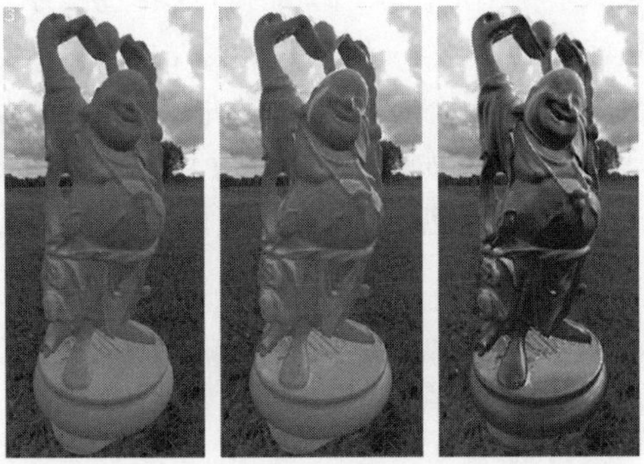

(a) 漫反射　　(b) 陶瓷质感　　(c) 金属质感

图 7.8　Cook-Torrance 模型的绘制效果(见彩插)

(参考来源见附录 E)

虽然使用双向反射率函数模型绘制的物体具有较高的真实感，但是双向反射率函数较为复杂，在光照求解过程中，复杂的光照明模型将会加大求解难度。

4. 整体光照明模型

局部光照明模型仅考虑光源直接照射对物体表面的影响。虽然使用 BRDF 可较为逼真地模拟不同材质物体的表面反射特性，但是这些模型均忽略了周围环境投射至物体表面的光。使用这些模型无法产生镜面物体的反射效果(镜面物体表面呈现的周围环境的镜像)和透明物体的透射效果(透过透明物体看到其后的场景)。因此，在进行光照分析时仅使用局部光照明模型还不足以准确模拟真实场景的光照效果。

与 Lambert 模型和 Phong 模型不同，Whitted 模型是一种整体光照明模型，它同时模拟光源和周围环境在表面上的光照效果。Whitted 模型假设沿视线 $\boldsymbol{V}$ 观察到的物体表面一点 $\boldsymbol{X}$ 的亮度由 3 部分光共同决定，如图 7.9 所示。第一部分为光源直接照射点 $\boldsymbol{X}$ 所产生的反射光 I_{local}；第二部分为沿视线 $\boldsymbol{V}$ 的镜面反射方向 $\boldsymbol{S}$ 逆向入射到 $\boldsymbol{X}$ 点的环境光 I_s 在表面产

生的镜面反射光；第三部分为沿视线 $\boldsymbol{V}$ 的规则透射方向 $\boldsymbol{Z}$ 逆向射向 $\boldsymbol{X}$ 点的环境光 I_z 在表面产生的规则透射光。

根据上述理论，Whitted 模型的数学定义为

$$I = I_{local} + k_s \cdot I_s + k_z \cdot I_z \tag{7.12}$$

其中，I_{local} 为光源直接照射在物体表面所产生的反射光，一般使用 Phong 模型计算；I_s 为沿视线 $\boldsymbol{V}$ 的镜面反射方向 $\boldsymbol{S}$ 逆向入射至物体表面的光强度；k_s 为物体表面的镜面反射率；I_z 为沿视线 $\boldsymbol{V}$ 的规则透射方向 $\boldsymbol{Z}$ 逆向入射至物体表面的光强度；k_z 为物体表面的规则透射率。

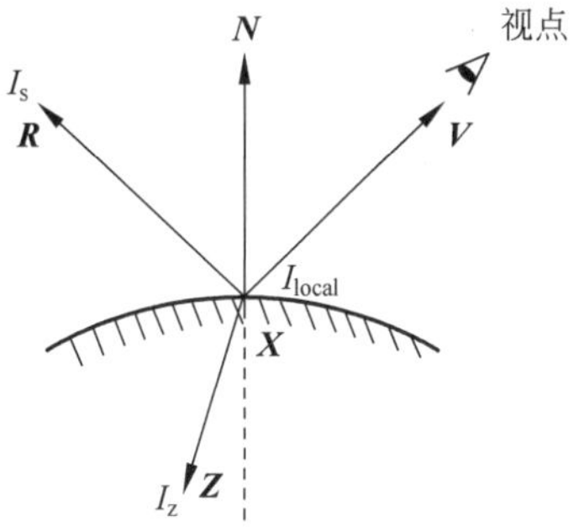

图 7.9　镜面反射和规则透射几何示意图

可以看到，Whitted 模型在计算物体表面上一点的光亮度时，除了使用 Phong 模型计算该点的局部光亮度外，还需计算来自镜面反射方向的光 I_s 和来自规则透射方向的光 I_z。递归跟踪镜面反射光和规则透射光的方法称为光线跟踪算法。光线跟踪算法的思路大致如下：首先，从视点出发向图像中的某像素 $\boldsymbol{x}$ 发射一条光线 $\boldsymbol{L}$，求解该光线同场景中物体距视点最近的交点；其次，使用 Phong 模型计算交点处的局部光亮度 I_{local}，同时根据交点的法向信息计算 $\boldsymbol{L}$ 的镜面反射方向与规则透射方向，并沿这两个方向跟踪衍生出的两条新光线；再次，重复上述两步，获得 I_s 和 I_z 的值；最后，根据式(7.12)即可求得像素 $\boldsymbol{x}$ 处的光高度值。

阴影是自然场景中常见的现象。场景中未被或仅被部分光源照射到的区域即会形成阴影。在使用 Whitted 模型绘制场景时为了产生阴影效果，只需在计算场景中一点 $\boldsymbol{X}$ 的局部光亮度 I_{local} 时，检测光源是否被遮挡即可。具体方法如下：从 $\boldsymbol{X}$ 向光源发射一条测试光线，若该光线与场景中的不透明物体有交点，则光源被遮挡，在计算 I_{local} 时应忽略该光源；否则，在计算 I_{local} 时应该添加该光源对物体的影响。图 7.10 展示了 Whitted 模型绘制的场景效果。

Whitted 模型虽然模拟了物体之间的镜面反射和透射效果，但是现实世界中漫反射表面间也存在相互的光能传递，距离很近的两个漫反射表面会产生颜色辉映的效果。为了模拟漫反射表面间的这种相互辉映效果，C. Goral 和 T. Nishita 等分别在 1984 年和 1985 年提出了计算场景中光能分布的辐射度模型。该模型引入热辐射工程中的辐射度方法，假设场景中的所有景物向周围环境各个方向均匀地辐射能量，并基于能量传递和守恒理论构造场景辐射度方程，通过求解该方程获取场景中各物体向外辐射的能量值，实现对场景的绘制。辐射度方法能够获得较为真实的绘制效果，图 7.11 展示了 J. W. Henrik 等于 2002 年提出的基于辐射度绘制算法的绘制结果。

图 7.10　Whitted 模型绘制的场景效果

图 7.11　基于辐射度绘制算法的绘制结果

7.2.2 绘制方程

7.2.1节中所介绍的光照明模型可通过绘制方程统一表示。绘制方程从理论上较为完善地描述了虚拟物体的绘制过程。本节将从绘制方程出发，分析与虚拟场景绘制相关的重要因素，阐明虚实融合过程中需要获得的虚拟场景与真实场景的相关信息。

如图7.12所示，真实场景中某一点 $\boldsymbol{X}$ 接收到来自以其为中心的球面上各方向入射的光线，记该球面为 $\Omega(\boldsymbol{X})$。$\boldsymbol{N}$ 为 $\boldsymbol{X}$ 处法向，$\mathrm{d}A$ 为其上的一个微小面片，$\mathrm{d}A$ 的天顶角和方位角分别为 θ_i 和 ϕ_i，对应于方向向量 $\boldsymbol{\omega}_i$。设 $\boldsymbol{L}(\boldsymbol{X},\boldsymbol{\omega}_i)$ 为从 $\boldsymbol{\omega}_i$ 方向射向 $\boldsymbol{X}$ 点的光亮度，则 $\mathrm{d}A$ 在点 $\boldsymbol{X}$ 产生的照度为 $L(\boldsymbol{X},\boldsymbol{\omega}_i)\max\langle\cos\theta_i,0\rangle\mathrm{d}\boldsymbol{\omega}_i$，其中 $\mathrm{d}\boldsymbol{\omega}_i$ 为 $\mathrm{d}A$ 对点 $\boldsymbol{X}$ 所张成的立体角，定义为面元的面积除以其所在球面半径的平方。方便起见，令 $H(\boldsymbol{X},\boldsymbol{\omega}_i)=\max\langle\cos\theta_i,0\rangle$。若考虑场景中物体对光线的遮挡，则来自 $\Omega(\boldsymbol{X})$ 各方向的入射光线在 $\boldsymbol{X}$ 处产生的照度可表示为

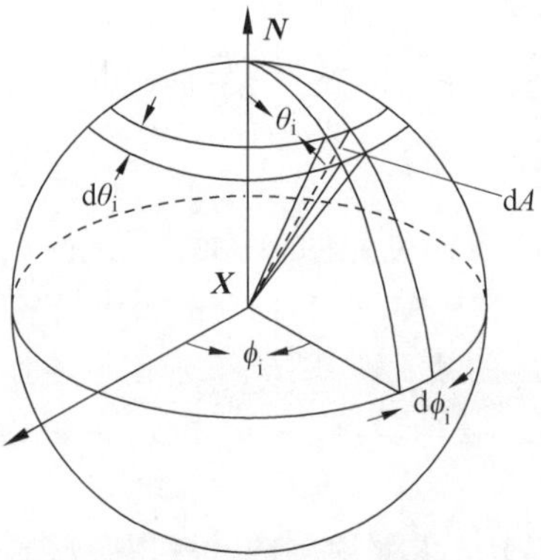

图7.12 绘制方程符号示意图

$$E(\boldsymbol{X})=\int_{\Omega(\boldsymbol{X})}L(\boldsymbol{X},\boldsymbol{\omega}_i)S(\boldsymbol{X},\boldsymbol{\omega}_i)H(\boldsymbol{X},\boldsymbol{\omega}_i)\mathrm{d}\boldsymbol{\omega}_i \tag{7.13}$$

其中，$S(\boldsymbol{X},\boldsymbol{\omega}_i)$ 记录了来自 $\boldsymbol{\omega}_i$ 方向的光线关于点 $\boldsymbol{X}$ 的遮挡状态，若 $\boldsymbol{X}$ 处被遮挡，则 $S(\boldsymbol{X},\boldsymbol{\omega}_i)=0$，否则 $S(\boldsymbol{X},\boldsymbol{\omega}_i)=1$；$\mathrm{d}\theta_i$ 和 $\mathrm{d}\phi_i$ 的定义如图7.12所示。由于 $\mathrm{d}A$ 的面积为 $r^2\sin\theta_i\mathrm{d}\theta_i\mathrm{d}\phi_i$，故 $\mathrm{d}\boldsymbol{\omega}_i=\sin\theta_i\mathrm{d}\theta_i\mathrm{d}\phi_i$。

入射到 $\boldsymbol{X}$ 处的光线一部分被物体表面吸收，其余部分被反射出去，其中一部分朝视线方向 $\boldsymbol{\omega}_v$ 反射。设 $\boldsymbol{X}$ 处的材质由双向反射率 $f(\boldsymbol{X},\boldsymbol{\omega}_i,\boldsymbol{\omega}_v)$ 表示，则在 $\Omega(\boldsymbol{X})$ 上进行积分可得到 $\boldsymbol{X}$ 处朝视点方向的辐射亮度为

$$I(\boldsymbol{X},\boldsymbol{\omega}_v)=\int_{\Omega(\boldsymbol{X})}f(\boldsymbol{X},\boldsymbol{\omega}_i,\boldsymbol{\omega}_v)L(\boldsymbol{X},\boldsymbol{\omega}_i)S(\boldsymbol{X},\boldsymbol{\omega}_i)H(\boldsymbol{X},\boldsymbol{\omega}_i)\mathrm{d}\boldsymbol{\omega}_i \tag{7.14}$$

式(7.14)即为绘制方程。

通过绘制方程不难发现，在增强现实中，为了生成虚实融合场景，首先需要设定虚拟物体的几何、材质及虚拟物体在真实场景中的位姿；其次还需设定用于绘制虚拟物体的光照条件，一般说来，为了获得真实的虚实融合效果，通常需要估计出真实场景的光照条件，并用其绘制虚拟物体；最后还需设置观察虚拟物体的视点位置、朝向、焦距等信息，即确定虚拟相机的外部参数和内部参数，使虚拟相机与真实相机保持一致。另外，根据视点和场景几何确定虚实物体间的遮挡关系也是增强现实中需要解决的问题。

7.2.3 虚拟景物的实时绘制技术

增强现实中的绘制包括两方面的内容：一方面，需要根据拍摄的场景画面反向求解场景的光照分布；另一方面，需要对虚拟物体进行实时绘制，实现虚实场景的在线融合。因此，本节将简单介绍一些实时绘制技术，以帮助读者更好地理解后续章节中的关于光照估计和虚实融合方面的内容。

1. 预计算辐射传递算法(precomputed radiance transfer，PRT)

预计算辐射传递算法是一种实时绘制算法，能够在线生成高质量的虚实融合画面。绘

制方程是预计算辐射传递算法的理论模型，在实际应用中一般使用环境贴图来定义预计算辐射传递算法所使用的光照环境。环境贴图是表示真实场景光照的一种有效手段，它记录了来自周围环境各个方向的光照信息，这其中既包含来自光源的直接光照，也包含来自周围景物的间接光照。环境贴图的一种表示形式是经纬图(latitude/longitude map)。图 7.13(a)展示了一张用经纬图形式记录的环境贴图，其中像素的位置对应于光线的入射方向。立方体图(cube map)是另一种环境贴图的常用表示方法。该方法假设场景位于一巨大的立方体内，使用立方体记录 6 个面上的光照信息。图 7.13(b)为环境贴图的立方体图表示方法。除了上述表示方式外，环境贴图还有镜面球(mirror ball)、角度图(angular map)等常用的表示方法。由于这些表示方式不如经纬图和立方体图直观，因此，本书不做详细介绍。

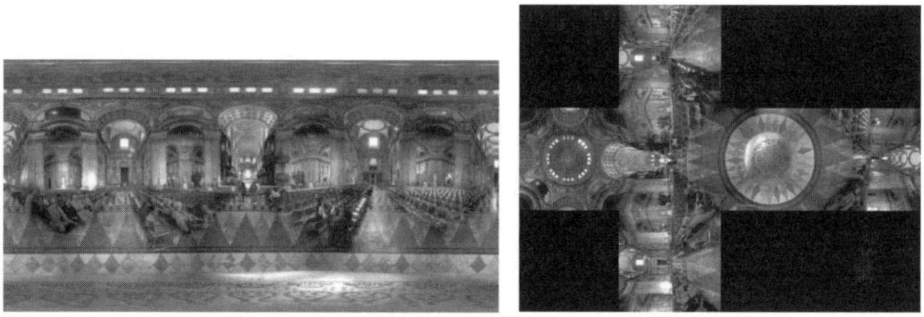

(a) 经纬图　　(b) 立方体图

图 7.13　环境贴图示例

需要说明的是，环境贴图一般采用高动态范围(high dynamic range，HDR)图像来记录场景光照。在真实世界中，光照亮度值具有非常宽的范围，其高亮区域的亮度值可以是黑暗区域的数万倍。然而，受感光元件的性能限制，现有大部分成像设备一次仅能捕获到有限范围的光照信息，对于超出该范围的光照亮度则进行截断处理。由于当前的常用图像大多使用 8 位数据来记录像素值，故过暗区域被赋为 0，而高亮区域则被设为 255。以这种方式记录的图像被称为低动态范围(low dynamic range，LDR)图像。日常生活使用的图像大部分为低动态范围图像。相比于低动态范围图像，高动态范围图像记录了较宽范围的光照信息，可更加准确地表示场景光照。环境贴图由于需要记录场景各个方向射向某点的光照，而使用低动态范围图像将会丢失大量的光照信息，因此大多使用高动态范围图像。高动态范围图像可基于若干具有不同曝光度的低动态范围图像生成。由于多幅不同低动态范围图像捕获了不同范围的亮度，因此，将其组合即可获得范围较广的高动态范围图像，具体方法可参考 E. Reinhard 等在 2005 年出版的 *High dynamic range imaging：Acquisition，display and image-based lighting* 一书。为了准确地记录光照信息，高动态范围图像一般使用浮点数记录像素值。

由于绘制方程涉及积分运算，较为耗时。因此，为了简化计算，预计算辐射传递算法引入了球面调和函数 Y_{lm}，其中 $l>0$，$-l\leqslant m\leqslant l$。该函数是一组定义在球面上的正交函数。任意一个定义在球面上的函数 $f(\boldsymbol{\omega})$都可通过球面调和函数的线性组合表示：

$$f(\boldsymbol{\omega})=\sum_{l,m}c_{lm}Y_{lm}(\boldsymbol{\omega}) \tag{7.15}$$

其中：

$$c_{lm}=\int_{\Omega}f(\boldsymbol{\omega})Y_{lm}(\boldsymbol{\omega})\mathrm{d}\boldsymbol{\omega} \tag{7.16}$$

为了便于理解算法思想，这里将主要介绍针对凸朗伯物体的预计算辐射传递算法。

假设 L 为场景的光照分布函数，根据 7.2.1 节内容，对于朗伯物体表面一点 $\boldsymbol{X}$，其反射出的光亮度可通过下式计算：

$$I(\boldsymbol{X})=\rho(\boldsymbol{X})\int_{\Omega(\boldsymbol{X})}L(\boldsymbol{X},\boldsymbol{\omega}_{\mathrm{i}})S(\boldsymbol{X},\boldsymbol{\omega}_{\mathrm{i}})H(\boldsymbol{X},\boldsymbol{\omega}_{\mathrm{i}})\mathrm{d}\boldsymbol{\omega}_{\mathrm{i}} \tag{7.17}$$

由于 L 为定义在球面上的函数，故有：

$$L(\boldsymbol{X},\boldsymbol{\omega}_{\mathrm{i}})=\sum_{l,m}L_{lm}(\boldsymbol{X})Y_{lm}(\boldsymbol{\omega}_{\mathrm{i}}) \tag{7.18}$$

将其代入式(7.17)中得：

$$I(\boldsymbol{X})=\rho(\boldsymbol{X})\sum_{l,m}L_{lm}(\boldsymbol{X})\int_{\Omega(\boldsymbol{X})}Y_{lm}(\boldsymbol{\omega}_{\mathrm{i}})S(\boldsymbol{X},\boldsymbol{\omega}_{\mathrm{i}})H(\boldsymbol{X},\boldsymbol{\omega}_{\mathrm{i}})\mathrm{d}\boldsymbol{\omega}_{\mathrm{i}} \tag{7.19}$$

其中，$\int_{\Omega(\boldsymbol{X})}Y_{lm}(\boldsymbol{\omega}_{\mathrm{i}})S(\boldsymbol{X},\boldsymbol{\omega}_{\mathrm{i}})H(\boldsymbol{X},\boldsymbol{\omega}_{\mathrm{i}})\mathrm{d}\boldsymbol{\omega}_{\mathrm{i}}$ 仅与模型的几何形状以及遮挡状态相关。

对于几何状态不发生改变的虚拟物体来说，可预计算上述积分的值，绘制时仅需根据光照分布计算出其关于球面调和函数的线性组合系数 $L_{lm}(\boldsymbol{X})$，即可快速获得虚拟物体表面各点的光照亮度，实现实时绘制。在实际应用中，一般仅需使用式(7.19)中的前 9 个球面调和基函数即可较好地逼近绘制结果。

2. 细节层次技术

细节层次技术(level of detail，LOD)是一种实时绘制技术，在大规模场景绘制、计算机游戏等方面有着广泛应用。对于大规模场景来说，由于其包含大量的复杂物体，需要绘制的面片数量巨大，因此，要实现实时绘制几乎不可能。然而，在实际应用中，人们能够观察到的丰富细节只是靠近视点的一小部分场景，而对于远离视点的场景景物来说，大部分都无法辨识。细节层次技术的基本思想是根据景物的视觉重要性选择相应的细节层次对模型进行绘制，对于视觉重要性较高的部分场景来说，选取较为细致的模型，而对于不太重要的场景来说，则选取较为粗糙的模型。采取这种策略可大大降低场景中需要绘制的面片数量，提高绘制效率，实现实时绘制。

细节层次技术实现的关键是如何自动生成物体的细节层次表示，即对同一物体生成一系列不同精细程度的 3D 模型，以供实时绘制时选择。物体的细节层次表示可通过网格简化来实现。网格简化的实现方法大致有两类：第一类方法的基本思想是通过删除模型的顶点/边/三角形等元素或合并顶点/平面等简单操作，去除复杂几何体中对外观影响较小的几何要素；第二类方法则通过对物体进行较低精度的重采样实现简化。图 7.14 展示了模型的 4 个层次细节。可以看到，在不同层次中模型的精细程度有着较大的变化，但是不同层次的模型都保持了物体的基本外观特征。

3. 实时光线跟踪技术

光线跟踪算法利用光的可逆性质反向跟踪从眼睛发出的光线，并根据 Whitted 模型依次计算光线同场景的交点，模拟表面的镜面反射与折射效果，生成高质量的画面。电影制作过程往往使用这种绘制技术。在光线跟踪算法中，每条光线都要与场景进行多次求交，计算量非常庞大。然而，随着计算机计算速度的飞速提升，图形硬件技术和网络技术的快速发展，实现实时光线跟踪已成为现实。

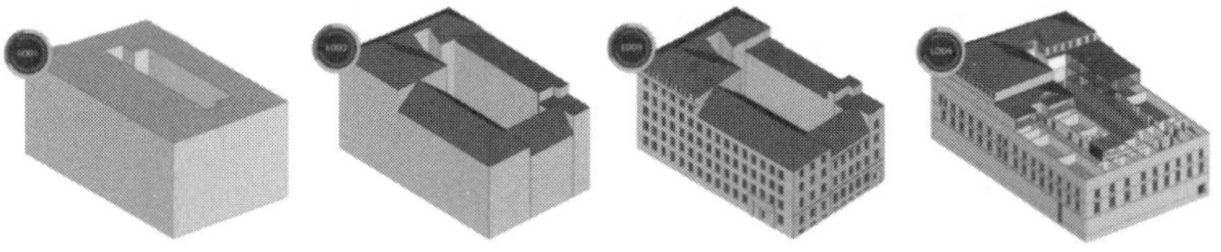

(a) LOD 1　(b) LOD 2　(c) LOD 3　(d) LOD 4

图 7.14　一个模型的 4 个不同细节层次

（参考来源见附录 E）

为实现实时光线跟踪，除了对传统的加速技术进行继续改进外，还需结合计算机图形技术的新发展，基于新的计算机图形硬件(graphics processing unit，GPU)实现高效并行计算。NVIDIA 于 2019 年推出拥有专门处理光线跟踪的 RT Core 的 Turing 游戏显卡，从硬件层面支持实时光线跟踪，使得实时光线跟踪可广泛应用于对图形绘制有较高要求的领域。图 7.15 展示了使用 NVIDIA RTX 系列显卡进行实时光线跟踪的绘制结果，其中 7.15(a)和 7.15(b)分别为关闭和开启实时光线跟踪功能的绘制结果。可以看到，开启实时光线跟踪功能后，房间整体光影效果更加逼真。

(a) 关闭实时光线跟踪的绘制结果　(b) 开启实时光线跟踪的绘制结果

图 7.15　使用 NVIDIA RTX 系列显卡进行实时光线跟踪的绘制结果(见彩插)

（参考来源见附录 E）

7.2.4　阴影生成技术

阴影是自然界中常见的现象。将虚拟物体加入真实场景时，虚拟物体的阴影将投向真实场景。同时，真实场景的阴影也可能投射到虚拟物体之上。当前常用的阴影生成技术主要包括光线跟踪(ray tracing)、投影法(projection)、阴影贴图(shadow mapping)和阴影体技术(shadow volume)。

光线跟踪是整体光照的经典算法，可以生成高质量的阴影，其阴影生成方法已在 7.2.1 节进行详细介绍。

投影法主要是沿着光源方向将物体投影到地面或相关景物的表面并生成阴影，具体方法可参考 J. Blinn 于 1988 年发表的 *Me and my(fake) shadow* 一文。投影法只有知道被绘制物体的 3D 几何信息，才能快速生成阴影。

阴影贴图使用深度纹理进行阴影绘制。如图 7.16 所示，它将视点(相当于摄像机位置)置于光源的位置，从光源出发看场景中的物体，未被遮挡的物体都将受到光源的直接照射。所以，阴影贴图技术是从光源的角度生成深度图，进而生成最后的阴影贴图。截至目前，人们已经提出了很多算法对阴影贴图进行改进。阴影贴图可以近似地模拟现实中的阴影且算法效率较高。但是当物体处于运动状态时,生成其阴影贴图的开销会变大。

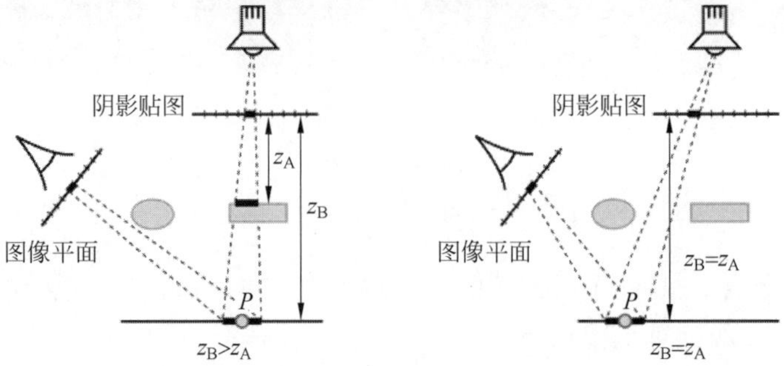

(a)点P在阴影里　(b)点P被光源照射

图 7.16　阴影贴图算法原理示意

阴影体技术由 F. Crow 于 1977 年提出,如图 7.17 所示,其基本原理是从光源出发沿着遮挡体的轮廓发射射线,从而形成一个放射状的几何体,位于遮挡体之后的区域就是该遮挡体投射的阴影区域。因此,通过判断场景中的对象是否在阴影体内,就可以确定它是否受遮挡体阴影的影响。阴影体方法可以很好地绘制动态物体的阴影。

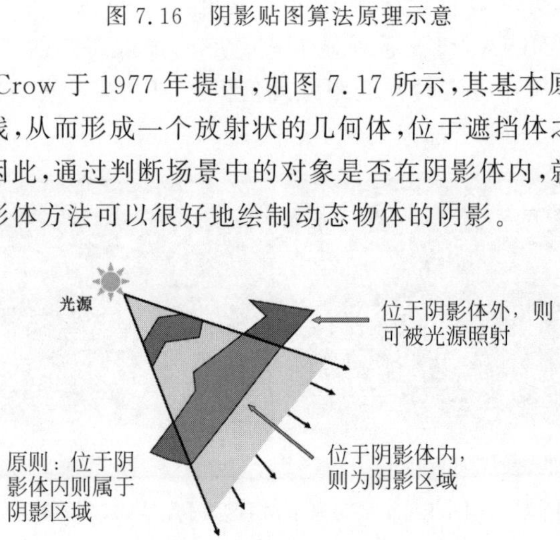

图 7.17　阴影体原理

7.2.5　可见性检测

众所周知,在真实场景中,靠近视点的物体会遮挡位于其后的物体。因此,将虚拟物体加入真实场景时,若虚拟物体位于真实物体或其他虚拟物体之后,则也应受到遮挡。只有正确模拟这种效果才能保证虚实融合的几何一致性。

在计算机绘制技术中,Z 缓冲器算法(Z-buffer)是处理物体遮挡的一种经典方法。假设图像平面位于 XOY 平面,视点位于 z 轴正向,则 z 值越大物体离视点越近。为了正确处理物体的遮挡关系,Z 缓冲器算法需分配两个缓冲器:帧缓冲器和 Z 缓冲器。这两个缓冲器分辨率相同,其中帧缓冲器用于存储画面上每个像素的颜色值,Z 缓冲器则存储每个像素可见点的 z 值(即深度值)。Z 缓冲器算法流程需要如下步骤。

(1) 将帧缓冲器中的颜色置为背景色。

(2) 将 Z 缓冲器中的 z 值置为最小值(距离视点最远)。

(3) 以任意顺序扫描各多边形:①对于多边形中的每一像素采样点(x,y)来说,计算其

深度值 $z(x,y)$。②比较 $z(x,y)$ 与 Z 缓冲器中已有的值 $z_{\text{buffer}}(x,y)$，如果 $z(x,y)>z_{\text{buffer}}(x,y)$，则采样点$(x,y)$在当前像素处可见。计算点$(x,y)$的光亮值属性并写入帧缓冲器，更新 Z 缓冲器 $z_{\text{buffer}}(x,y)=z(x,y)$。

7.3　遮挡处理

遮挡处理是增强现实中的关键问题之一。在空间配准的前提下，最简单的虚实融合方式是直接绘制视域中的虚拟物体，并将虚拟物体作为一个独立的图层与背景图像合成。但这种处理方式只能生成虚拟物体位于真实物体前面的视觉效果。当虚拟物体位于真实场景中某个物体的后方时，虚拟物体的某些局部可能不可见，如图 7.18(f)、图 7.19(b)所示。

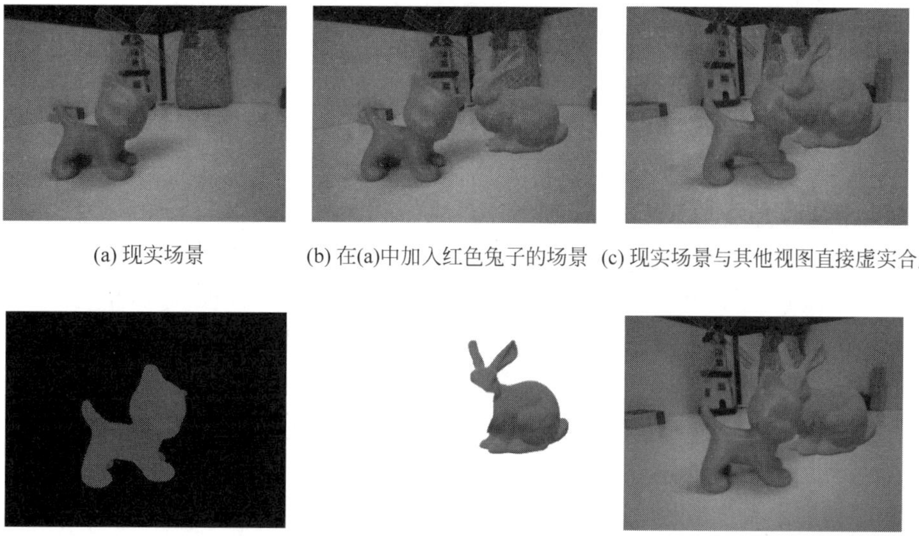

(a) 现实场景　(b) 在(a)中加入红色兔子的场景　(c) 现实场景与其他视图直接虚实合成

(d) (c)中猫的深度图　(e) 去掉兔子被遮挡的部分　(f) 用(e)与原图像合成

图 7.18　采用深度视频图像生成的遮挡关系(见彩插)

视频演示

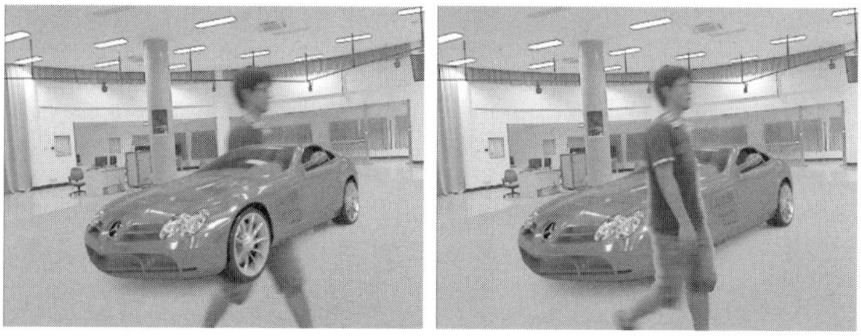

(a) 对遮挡关系未加处理　(b) 正确的遮挡关系

图 7.19　采用视频前、背景分割生成的遮挡关系

遮挡处理的本质是虚拟物体的可见性计算，现在主要有以下 3 类方法：几何模型重建法、深度图重建法以及轮廓跟踪法。在动态场景中，几何模型重建法和深度图重建法都存在精度和速度的问题，而轮廓跟踪方法则往往需要大量用户交互，并且容易出现错误。在计算

机视觉领域，景物最大侧影轮廓线提取可视为图像前景与背景的分离问题。基于图的视频分割方法对图像视频进行二元分割，但这些方法也需要大量的交互。根据前景物体类型的不同，遮挡处理一般分为静态前景方法与动态前景方法，二者在处理方式上有较大不同。

7.3.1 静态前景遮挡处理

静态前景的遮挡处理方法比较简单。注意到增强现实环境中的观察者视点是不断运动变化的，场景中真实物体的相对位置也可能运动变化，在这种情况下，真实物体与虚拟物体是否会互相遮蔽以及哪些部分会被遮蔽也是在变化的，并且需要实时在线地处理。这是遮挡处理困难的重要原因。遮挡虚拟物体的真实物体一般称为前景物体。

由于静态前景物体在现实场景中的位姿保持恒定，而增强现实又实时注册了观察者视点与现实场景之间的位姿关系，因此，前景物体与观察者之间的空间关系是确定的。算法先对虚拟物体附近的前景物体进行有限 3D 重建（重建方法参见 6.4 节），并按当前的观察者视域将真实场景中的前景物体写入 Z-buffer。在绘制虚拟物体时，被遮蔽的虚拟物体采样点因位于较远处而不能写入 Z-buffer，因而不可见。最后进行着色处理，这样生成的虚实融合图像就不会出现被遮挡的虚拟物体了。无论从哪一视点观察，静态的前景物体都可以对虚拟物体（包括运动的虚拟物体）形成正确的遮挡关系。

如图 7.18(a)所示，场景中有一只黄色的猫，并有数字化的精确 3D 模型。现拟制作一个增强现实的应用，在场景中猫的旁边放置一只红色兔子，如图 7.18(b)所示，兔子的绘制图像可直接与原图像合成。当观看场景的视角发生变化时，如果还直接合成的话，红色兔子与场景中真实存在的猫将可能发生不正确的遮挡，如图 7.18(c)所示。由于通过基于视觉的 3D 实时跟踪技术可以得到相机与猫的空间变换矩阵，因而在绘制虚拟物体的时候，可将图 7.18(d)所示的真实猫的深度信息写入 Z-buffer，从而消除兔子被遮挡的部分，产生如图 7.18(e)所示的结果并将其与背景图像合成，最终获得图 7.18(f)中所示的具有正确遮挡效果的画面。

静态场景的遮挡处理有很多解决方案。随着 Kinect、立体相机等深度视频捕获能力的提高，通过深度视频获得场景的深度图像，并将深度图与观察者相机对齐，然后将深度图映射到观察者相机的 Z-buffer 中获得 Z 值，也可以产生正确处理遮挡的效果。这种方法是比较通用的方法，对静态场景和动态场景都适用。遗憾的是，目前深度视频的精度往往不够高，在遮挡物体的轮廓线附近有比较严重的空洞，这导致遮挡处理的精度不足。

7.3.2 动态前景遮挡处理

相对而言，动态前景的遮挡处理是比较困难的。由于前景物体是随机出现的，不能预先处理，因此必须在线实时地进行判断。一般说来，如果能够实时地构造动态前景的 3D 模型或深度图，那么其处理方法与静态前景就是类似的。不过，实时重构动态物体通常非常困难，而通过深度视频来处理动态遮挡精度不够，因此需要一些折中的方法。

注意，在视频场景中，在真实景物与虚拟景物相对位置关系已经明确的情况下，它们之间的相互遮挡关系可以转化为其最大侧影轮廓在每帧画面上的 2D 遮挡。因此，可通过抽取视频场景中所有位于虚拟景物前的真实景物的最大侧影轮廓，来实现虚拟景物可见性的精确计算，这时仅需对真实景物进行粗略重建。当场景中同一区域有多个动态物体交叠时，由于场景已有限重建,所以可以利用大致的3D重建信息及已有的分割结果,建立不同个体的先验模型和一定的分层约束,从而正确处理不同个体间的运动和遮挡关系。

图7.19是从增强现实实例中截屏的图像,其中图7.19(a)是未进行遮挡处理的图像,行人的存在极大地破坏了虚实融合的效果。事实上,行人通常会跟虚拟轿车保持较大的距离。因此,如果通过视频图像前、背景分割的方法,获得行人前景物体的侧影轮廓线,也就确定了相应的前景区域。由于行人只能在地面上行走,因此根据行人的最低位置和地面的平面方程可以推算行人的大体深度值,从而判断行人是否在轿车的前面。若是,算法只需要在绘制生成的轿车图像中抠除行人区域即可,然后将已被局部遮蔽的图像与原图像合成,合成效果如图7.19(b)所示,如此就获得了良好的融合图像。

这里最为核心的是从视频序列中实时分割前景与背景。现有的视频处理方法可以实现实时分层,但算法的稳定性不高。另外,还需要确定相对于虚拟物体,哪些物体是前景。如果采用的是双目视频,则可以确定场景中可见景物的大致深度,进而估计其与虚拟物体间的前后关系。但依据单目视频却无法估计景物的深度。如果在画面中能够确定前景物体,则可以通过前、背景分层来确定前景物体与其所在表面的接触点。例如,位于地面上的人与地面的接触点、位于桌面之上的物体与桌面的接触点等,这个点与视点的连线决定了一根光线,该光线与前景物体所在表面的交点可以决定该物体放置的大致位置,从而判断与虚拟物体之间的前后关系。关于前、背景分割和图层的详细方法的介绍可以参见10.2节的内容。

视频分层一般需要借助比较复杂的前、背景颜色模型,通常会占据大量计算资源,因此在实时性上会遇到较大困难。比较简单的方法是仅跟踪前景的轮廓线,因为一旦确定了前、背景之间的关系,只需要前景的轮廓区域即可。对于增强现实系统来说,轮廓跟踪的代价相对较小。但是,轮廓跟踪的稳定性及轮廓的自动初始化仍然是困难的问题。

总之,遮挡处理仍然是增强现实中的重要问题。当空间配准的精度满足要求以后,在增强现实的实际应用中,遮挡问题必然会成为一个突出的问题。目前,这个问题尚未找到完美的解决办法。

7.4 空间增强现实介绍

空间增强现实技术旨在营造一种特殊的虚实融合体验,使用户不需要佩戴特殊的头盔等设备,即可观察到虚实融合的场景,因此特别适合在博览会、博物馆等场所进行展示。空间增强现实通过专用的成像设备如投影仪等呈现现实物体的更多视觉信息,是增强现实呈现的一种重要形式。

空间增强现实的一种简便实现模式是通过投影仪将光线投射在实体模型上,直接与实体物体的光线叠加,从而构成虚实融合的景象。实现无缝的虚实融合景象的重要前提是空间注册与配准。本节介绍两种简单的采用投影仪营造虚实融合的技术。

7.4.1 投影系统与3D实体的几何校准

投影仪将光线直接投射到现实场景的物体表面,以营造一种特殊的视觉效果。投影仪投射的每根光线都必须到达预定的位置,这就要求投影仪与被投射物体的几何关系是精密校准的。将投影仪与被投射物体配准实现 3D 注册，是虚实融合空间一致性的基本要求。

投影仪仅仅发射光线，无法进行 3D 注册，如图 7.20 所示，一般配备一个或多个相机，构成投影仪与相机的组合，实现增强现实所需的空间配准与融合任务。同时，需要预先重建被投射物体的 3D 表面几何，为 3D 注册提供便利。

如果被投影物体表面为平面，那么投影仪投射的图像与在物体表面上的影像之间的映射可由一个单应性矩阵来表达，这个矩阵其实就是 3.2.1 节的式(3.3)。这种情况下，可以将坐标系建立在平面上，此时所有平面点的坐标都有 $Z=0$，因此矩阵可以写为单应性矩阵 $\boldsymbol{K}'(\boldsymbol{r}_1' \quad \boldsymbol{r}_2' \quad \boldsymbol{t}')$，其中 $\boldsymbol{r}_1'$ 和 $\boldsymbol{r}_2'$ 分别是旋转矩阵 $\boldsymbol{R}'$ 的第 1、2 列。

如果被投影物体是花瓶等复杂模型，则不能通过单应性映射来实现。实际上，如图 7.21 所示，投影仪与相机构成了双视图的关系。预先校准相机和投影仪的内外部参数，通过投影仪对物体投射结构光，由相机捕获物体影像，建立投影仪所投射图像上的关键点与相机拍摄的被投影物体影像关键点之间的映射关系，从而重构物体表面点云，构建物体的 3D 模型。通过 3D 跟踪的方法，可以估计相机与 3D 物体的位姿关系及投影仪与 3D 物体的空间关系。

图 7.20 在实体模型上用多投影仪营造增强现实效果

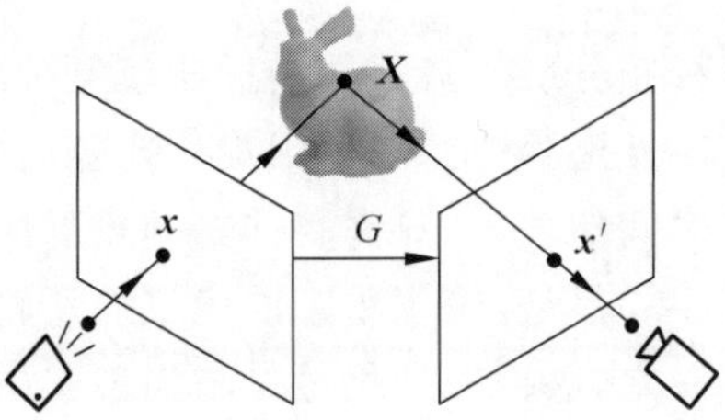

图 7.21 投影仪-相机的匹配点对重构 3D 点

空间增强现实为了营造新的景象，需要投影仪的光线覆盖被投射物体的所有区域。如果真实场景中被投射物体仅仅是一个较小的平面区域，那么通常采用一个投影仪就足够了。但若被投射物体表面形状比较复杂，对投影光线可能出现自遮挡，这时，一个投影仪的光线将不能覆盖所有的物体表面，需要至少 3 个投影仪相互合作，才能营造一个完整的增强现实环境。一些大型的增强现实应用，甚至要求更多的投影仪协同拓展投影仪的覆盖区域。在使用多个投影仪的情况下，不仅要考虑投影仪与被投射物体的关系，还要考虑多个投影仪之间的协调。

7.4.2 投影系统与 3D 实体的颜色校准

在几何校准完成以后，从投影仪发出的光线将穿过投射影像上的每一点，并入射到真实场景表面的相应点，如图 7.22(a)中所示 3D 实体表面的几何形状和反射属性，通过在其表面投影影像生成如图 7.22(b)和图 7.22(c)所示的效果。

那么，投影仪投射的影像是如何决定的呢？从逆向来思考这个问题。不失一般性，假定

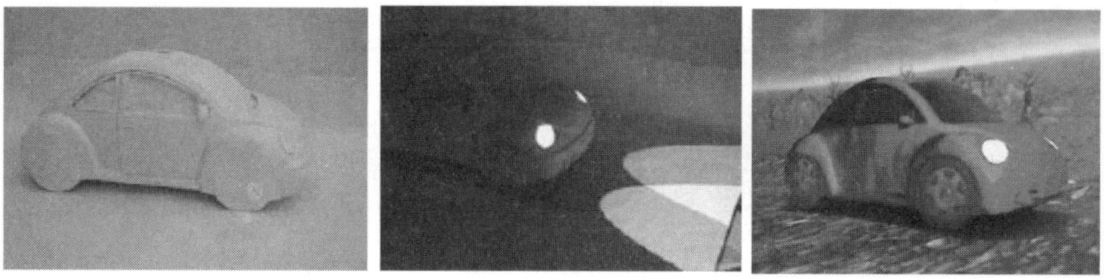

(a) 白色的3D实体模型　(b) 增强现实效果一　(c) 增强现实效果二

图 7.22　基于 3D 模型的空间增强现实(见彩插)

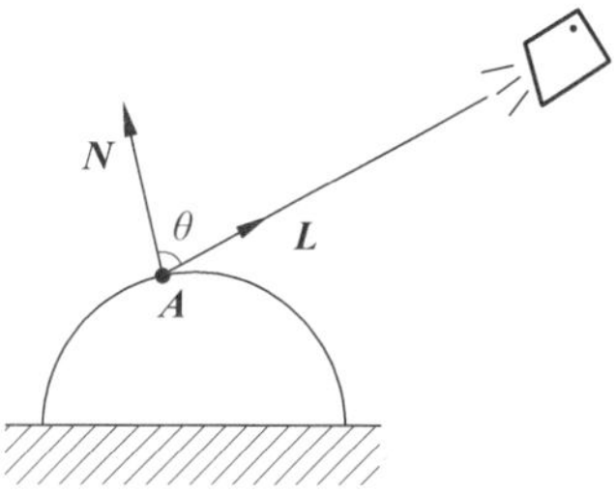

图 7.23　投影仪投射光线在物体上形成的亮度与法向相关

被投影仪投射光所覆盖的物体表面为漫反射面，表面某一点应显示的亮度为 B，如图 7.23 所示，从投影仪入射到该点的光线入射角为 θ，表面在该点处的漫反射系数为 k_d，则入射光的亮度应为 $B/(k_d \cdot \cos\theta)$。如果是多个投影仪共同投射，且入射到表面的光存在重叠区域，则在投射重叠区域需要分配好各投射光的亮度比例，使得物体表面的显示亮度为预定值。

传统的投影仪常常只能聚焦于一个平面。当光线投射到一个非平面物体上时，物体表面显示的图像会出现模糊。因此，空间增强现实需要使用激光投影仪，因为其能在任意距离上投射清晰的图像。这种空间增强现实的模式通过投影仪的投射光，整体重构场景中显示区域的光照环境，从而保证光照一致性。

7.4.3 在任意表面上的图像投射

空间增强现实的另一种方式是通过投影仪与相机的组合在任意场景表面上播放视频或电影。这里的任意场景表面是指其几何形状并非平面，表面各处颜色也不均匀。但是，通过精密计算可以校准空间关系，同时补偿颜色信息，实现画面平滑无缝的播放效果。这里的空间关系校准不需要显式地重构场景表面的 3D 形状。不过，当视点明显偏离预设视点时，观察者看到的景象将会产生较大形变。

在图 7.24 中，相机放置在观察者视点附近，可以用相机拍摄的图像来代表观察者所观察到的影像。预先校准投影仪与相机的位姿关系。由于投影仪发出的光线投射到任意场景表面上，为了使相机拍摄到的画面与电影画面接近或一致，需要对投影仪投射的画面进行几何形变和亮度调整。一般说来，在观看电影的时候，视点基本固定不动，投影仪的几何形变和亮度调整一次就足够了。

几何校准的关键是建立相机拍摄图像上的点与投影仪投射图像上的点之间的映射关系。基本原理如图 7.25 所示，从投影仪发射一根光线，这根光线的图像坐标是已知的。如果这根光线投射到场景表面上，就可以在相机拍摄的图像中发现该点的坐标，由此建立投影仪图像坐标与相机拍摄的图像坐标之间的对应关系 G。上述过程称为校准。不过，对这两幅图像上的点逐一进行校准效率很低，一般采用网格线的方法，仅在网格点处校准，其他点采用插值的方式建立映射关系。获得投影仪投影图像与相机拍摄图像之间的映射关系后，计算该变换的逆变换 G^{-1}，对将在任意场景表面上播放的画面施加此变换，即为投影仪所需投射的图像。这个方法要求场景表面具有较好的连续性，当场景表面有明显的几何间断时，则无论如何都不能产生连续的画面。

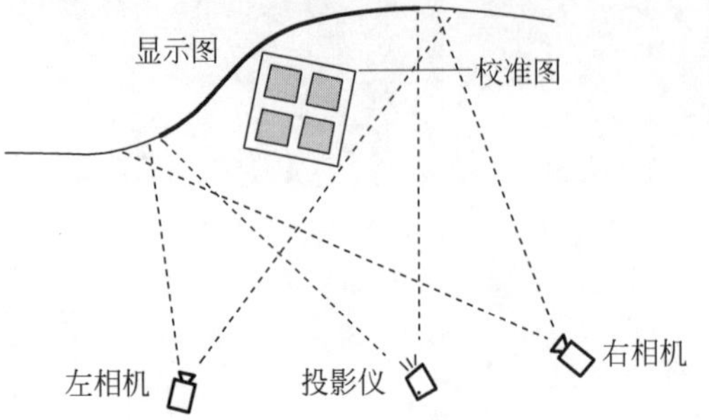

图 7.24 采用双相机建立投影仪与 3D 物体的关系

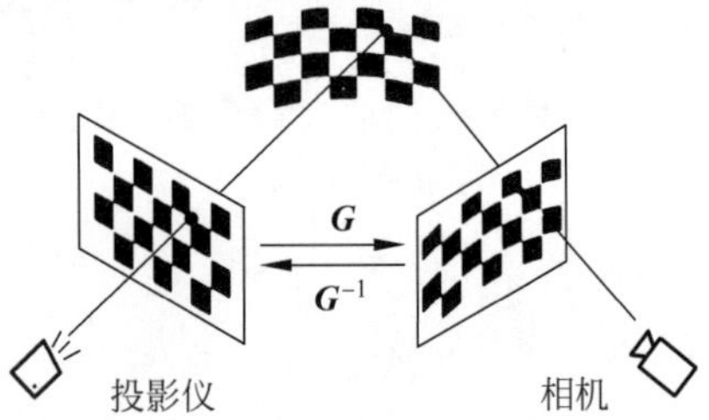

图 7.25 几何校正需要建立的几何映射关系

任意场景表面上的各点通常具有不同的颜色和纹理，因此在几何校准以后，还需要进行颜色校准。颜色校准仍然以相机拍摄的图像为准。当投影仪投射的图像为某指定亮度时，可调整投影仪的光亮度，对场景中较暗的表面投射更强的光线进行补偿，使相机拍摄图像中的该处像素的亮度和颜色达到目标值。这种方式的缺点是，如果场景表面的颜色差异太大，需要牺牲更多的亮度进行补偿，从而导致观察点图像的对比度降低。

扩展阅读

目前，计算机图形学技术的发展已经较为成熟，使用计算机已经可以绘制出具有极高真实感的画面。当前，已涌现出的 unity、unreal 等非常便于开发的绘制引擎，极大地提高了开发效率。关于计算机图形学的绘制算法可参考彭群生等于 1999 年出版的《计算机真实感图形的算法基础》一书。

空间增强现实有各种各样的形式，广泛应用于博物馆、博览会等大型场馆中，其光照效果主要取决于真实感绘制与空间配准。Oliver Bimber 等于 2005 年在 *Spatial augmented reality: Merging real and virtual worlds* 一书中介绍了空间增强现实的各种原型，有的基于光学系统，有的基于视觉算法。基于光学系统的方法后来逐渐发展到基于计算的显示(computational display)，这是一种比较有代表性的 3D 显示器。本章讲述的算法主要基于视觉进行空间配准，算法依赖于 3D 模型。其 3D 模型可以显式重建，也可以不显式重建。在增强现实中，尽管遮挡问题非常重要，但并未形成系统而成熟的解决方案，尤其是动态前景的遮挡处理。相关综述可参考徐维鹏等于 2013 年发表的《基于深度相机的空间增强现实动态投影标定》一文。

习题

1. 请简述虚实融合过程中的一致性条件，并说明制作具有高度真实感虚实融合画面的流程。

2. 分别叙述如何才能使虚实融合画面满足几何一致性、光照一致性和交互一致性。

3. 请给出光照明模型的定义，并比较局部光照明模型和整体光照明模型的区别和联系。

4. 简述漫反射光与镜面反射光的特点。

5. 某场景仅有一点光源，光源位置为(5,10,10)，光源颜色为(120,110,100)，环境光强为(50,50,50)；$P(0,0,0)$为场景中物体上一点，其法向为(0,0,1)，视点位于(−2,−1,2)。忽略光照衰减，试根据下述条件用简单局部光照明模型求 P 点颜色。

(1) P 为漫反射材质，其漫反射系数为(0.3,0.6,0.6)，环境光反射系数为(0.5,0.5,0.5)；

(2) P 为镜面反射材质，其镜面反射系数为(0.3,0.3,0.3)，镜面高光指数为 2，其余材质属性同(1)。

6. 什么是高动态范围(HDR)图像？HDR 图像在增强现实中有什么用途？

7. 请根据真实感阴影绘制技术设计一种将真实场景中的阴影投射至虚拟物体表面的技术方案。

8. 简述如何根据 Z 缓冲器算法模拟虚实融合过程中虚、实景物间的相互遮挡效果。

9. 根据课本中描述的光线跟踪算法写出光线跟踪算法伪代码。

10. 简述采用标志物制作一个可以产生正确动态遮挡的增强现实应用的方法。

11. 采用手机屏幕和塑料薄板制作一个简单的增强现实盒子。

12. 构建一个投影仪和相机组合，校准投影仪参数，并使得无论投影仪如何倾斜，都会在平面上产生正投影的效果。

第 8 章 真实场景的光照重建

CHAPTER 8

光影是影响物体外观的重要因素。当在真实场景中加入虚拟物体时，就需要计算虚拟物体表面受场景光照后进入人眼中的光亮度，并获得显示画面上相关像素对应的虚拟物体可见点的颜色。为获得视觉上的高度真实感，虚实景物在满足几何一致性的同时也要满足光照一致性。为此，需要重建真实场景的光照条件。

8.1 真实场景光照重建特点

根据绘制方程可知物体表面亮度值由物体几何、表面材质反射属性和场景光照三者共同决定。从给定的图像或视频中重建光照环境本质上是一个逆向问题，从中解耦光照时不仅需要关注光照本身的特点，还需要受到场景几何及景物材质的制约和影响。下面将从光照特点、场景几何、景物材质 3 个方面分析室外与室内场景光照重建的特点。

8.1.1 室外场景

白天，室外场景中唯一的直射光源是太阳光；夜晚，则更多的为灯光照明，与室内光照更为相似。本节首先分析室外白天的光照明特点。

1. 光影特点

太阳光在穿过大气时被大气层中各种粒子散射和吸收，并在地球上空形成天空光。直射日光和天空光经地面反射及地面和天空之间多次反射使地面照度和天空亮度有所增加，一般将这部分光称为地面反射光，有时也称为环境光。

1）太阳光

太阳光是太阳上的核反应"燃烧"释放的巨大能量。太阳光是最重要的自然光源，对场景照明起着决定性作用。它普照大地，使整个世界姹紫嫣红、五彩缤纷。当太阳光线随时间的推移及天气发生变化时，将直接影响物体的视觉外观。

由于地球与太阳相距甚远，对于地面上任一点而言，太阳光是一个具有微小立体角的面光源。因此，涉及光照的室外场景分析算法一般都将太阳光模拟为平行光源。太阳光的入射方向由太阳的位置决定。太阳位置一般采用高度角和方位角表示。实际上，任一地理位置在任一时刻下的太阳高度角和方位角可根据所在地的经纬度、时刻使用公式计算出来。

太阳光在进入大气层以后由于粒子的散射会衰减掉一部分能量，因此真正决定局部场景照明的是衰减以后进入到地球表面的太阳光亮度。当重建室外场景光照时，要恢复的是穿过大气层后入射到地面的太阳光强度。

2）天空光

由于地球表面被大气包围，因此，当太阳光进入大气后，空气分子和尘埃、水蒸气等微粒会将太阳光向四周散射。英国物理学家瑞利提出了著名的瑞利散射定律：如果混浊介质的悬浮微粒线度为波长的 1/10，则散射光强度与光波长的四次方成反比。根据这个理论，蓝光（400nm）比红光（700nm）散射能力强达 10 倍之多，这解释了我们看到的天空是蓝色的现象。

太阳光经粒子散射后在地球上空形成天空光，因此天空光是一个面光源。虽然一般来说天空光的整个色调是偏蓝色的，但是由于不同粒子散射不同波长的光波，因此，实际上，天空光的色调非常丰富。由于气溶胶粒子对光波有强烈的前向散射作用，因此天空上各点的天空光亮度与其和太阳的远近有关，最亮处在太阳附近，离太阳越远，亮度越低。

在室外场景绘制中，一个关键的问题是室外光照的模拟。与太阳光的模拟相比，天空光的模拟和绘制要困难得多。迄今为止，物理学家与图形学研究者已经在天空光的建模和绘制方面做出了大量的努力。为了简单而有效地模拟天空光，人们提出了天空光的解析模型。早在 1929 年，I. G. Pokrowski 就根据理论和实际测量结果提出了一个计算天空光亮度的公式；1994 年，国际照明委员会进一步改进了这个公式，并将其作为标准天空光模型。但是，这些模型模拟的都是纯净天空的亮度和颜色。在现实世界中，由于受到云层、雾霭及空气污染的影响，因此天空光的分布非常复杂，对其准确建模难度巨大。

3）阴影特点

阴影是十分常见的自然现象，一般可将其分为两类：自遮挡阴影与投射阴影。自遮挡阴影是物体某些表面由于背对光源而产生的阴影；而投射阴影则是由于光源被某些物体遮挡而在位于其后的物体表面产生的阴影。

对于室外场景而言，阴影主要是因为太阳光被遮挡而产生的。由于太阳光具有较强的方向性，因此，室外场景的阴影十分接近平行光产生的阴影。不过，太阳本身具有很小的立体角，这造成了部分阴影区域仍会受到一部分太阳光的照射，形成软影。一般来说，软影的宽度由遮挡点 $\boldsymbol{X}$ 同阴影平面的距离决定。如图 8.1 所示，$\boldsymbol{X}$ 点的高度 h 决定了其软影宽度 l，l 的值将随 $\boldsymbol{X}$ 点的增高而变大，这解释了现实生活中大楼比汽车具有更宽的软影的现象。太阳光完全被遮挡的区域称为本影。

室外场景含有大量的自然景物，如树木、石头等。这些自然景物形状复杂，所产生的阴影也是斑驳陆离、奇形怪状的，给室外阴影的处理带来了很大的难度。因此，室外阴影的特点可总结为接近平行光产生的阴影、具有软边缘及复杂的形状。

根据上述太阳光、天空光和阴影的特点，重建室外场景光照将可能面临以下难点。

（1）室外场景的光照受局部天气条件影响较大，在不同的时刻，太阳光和天空光的亮度和色度会有很大的变化。此外，由于受空气云层，以及空气污染的影响，天空光的分布非常复杂，目前仍缺乏实用的天空光模型。

（2）在室外场景中，光线的传播路径复杂，直接使用整体光照明模型从图像中估计光照难以实时进行。

（3）室外场景的光照不能人为控制。一些室内场景可以使用的光源估计方法不能直接推广到室外场景。

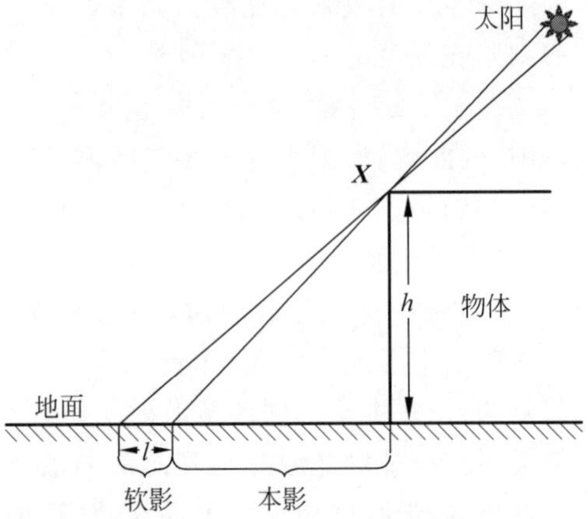

图 8.1　室外阴影形成示意图

(4) 室外场景阴影形状复杂，且含有大量软影。

2. 场景几何

对真实世界中的物体建立可在计算机中显示和操作的 3D 模型称为 3D 重建。3D 重建在城市规划、文物保护、地形勘测、数字娱乐等领域都有重要作用，一直以来都是计算机图形学、计算机视觉等领域的热门研究领域。在过去的几十年中，人们开展了大量有关 3D 重建的研究，具体方法在本书第 6 章中已做介绍。本节将从 3D 重建的角度出发，介绍室外场景的几何特点。

目前，在室外的大规模场景 3D 重建方面，最为先进的技术是使用功能强大的车载激光扫描仪对场景进行扫描。由于能够获得丰富的信息，因此可以建立精确的几何模型。但是这种技术目前亦存在若干问题。第一，所用设备昂贵，采集过程繁琐，每次扫描获取到的 3D 点的数量可能达到百万级，数据存储量大。第二，使用激光扫描仪扫描室外场景时经常会捕捉过多的场景细节，不能实时处理，而这些细节往往是不必要的。第三，由于室外场景既包含大规模的轮廓信息，又包含许多的细节信息，因此扫描系统中的扫描视点及扫描仪分辨率的优化选取需要更多的研究。第四，为了得到完整的场景几何，一般需要使用多个视点，不同视点下获得的深度数据之间的统一、融合和网格划分等问题尚未解决。第五，在将 GPS 数据、GIS 数据及扫描数据等多种数据进行结合时，如何对这些数据进行综合利用仍需要进一步的研究。

综合室外场景 3D 重建的相关工作，可以发现最新的重建技术和商业软件仍不能满足复杂形体和大规模场景的重建需要。现有的室外场景 3D 重建工作仍面临以下技术挑战。

(1) 现有的室外场景建模工作大多集中在建筑和其他具有规则形状的物体。对于室外场景中的自然景物如树木、花草等形态多变、遮挡关系复杂的物体来说，仍缺乏高效统一的重建算法。

(2) 室外场景中的物体材质非常丰富，现有的扫描技术仍难以准确地对具有高镜面反射率的复杂材质物体进行重建。

(3) 无论是基于立体匹配，还是基于扫描的重建方法都受到室外场景中复杂多变的光照条件的影响。变化的光照环境降低了许多算法如特征检测等的性能，进一步加大了模型重建的难度。

(4) 现有的重建方法特别是大规模场景扫描重建技术,在重建过程中,其重要信息的选取及后期的处理往往离不开用户的参与和交互。全自动的室外场景重建仍面临诸多挑战。

(5) 增强现实需要实时、在线重建虚拟物体所处的场景,但目前重建大规模室外场景的实时性和在线方式仍面临一些挑战。

综上所述,室外场景的模型获取是一件十分困难的事情,复杂环境下的3D重建技术仍需要更多的关注和更深入的研究。

3. 景物材质

自然场景中的景物丰富、种类繁多,如路面、花草树木、建筑物侧面等。由于室外场景的规模大、光源远,因此,大多数室外场景的光照分布估计均采用漫反射或镜面反射近似模拟室外景物的材质。随着计算机图形学中景物材质建模技术的发展,有望采用更为精确的材质模型实现室外场景景物材质的建模,从而获得更为真实的虚实融合呈现效果。

8.1.2 室内场景

与室外光源相比,室内光源的情况较为复杂。下面将从光影、几何、材质3方面分析室内场景的特点。

1. 光影特点

室内场景的光影主要具有如下特点:首先,室内光源一般多为人造光源,光源种类繁多,如聚光灯、面光源等;其次,室内光源通常个数较多,光源之间的互相影响不能忽略;再次,室内场景景物密度较大,景物之间的遮挡较多;最后,景物间的遮挡导致室内场景不同区域的光照情况差异较大。上述因素造成室内场景的光路传播较为复杂,给室内场景的光源分布估计造成困难。在进行室内光源分布估计时,可利用人造光源的频谱范围作为先验,以缩小光源频谱的求解空间。

2. 场景几何

相较于室外场景,室内场景规模较小,大部分为人造物体,且光照可人为控制,因此其重建难度低于室外场景。室内场景的3D重建结果为室内场景的光影分布估计提供了重要的几何信息支撑,具体重建方法可参考6.3节。

3. 景物材质

室内场景人造物体较多,如墙壁、桌椅等。另外,由于室内场景空间有限,因此光源能量衰减较小,相应的光源对景物表面的亮度影响较大。在这种情况下,场景景物表面材质模拟的精确程度对逆向求解场景的光源分布十分重要。

材质建模技术是计算机图形学的重要研究内容之一。目前,随着人工智能技术的深入发展,基于深度学习的材质建模技术取得了良好的进展。随着材质建模技术和计算摄影学(computational photography)的日益发展,高质量的景物表面材质重建技术将毫无疑问地推进室内场景光源分布估计的研究,进一步提高虚实融合中光照一致性的质量。

8.2 基于采集的光照重建方法

基于采集的光照重建方法一般采用特殊的设备采集场景真实的光照信息,并将采集到的光照信息记录在一张高动态范围(high dynamic range image,HDRI)的环境贴图上。具有代表性的工作是 P. Debevec 在 1998 年提出的用镜面球采集光照信息的方法。如图 8.2 所示，此方法用相机对放置在场景中的镜面球从不同角度、以不同曝光度进行拍摄，将采集得到的照片序列合成为一张高动态范围的环境映照图，以记录该镜面球位置处周围 360°的光照环境。此方法采集的环境光照信息可以生成图 8.3 中高度真实感的绘制效果。另外，采用环境贴图也可提高绘制速度，因此该方法被广泛使用。但是，对于室外场景而言，由于太阳亮度极高，因此，普通相机即使采用极小的曝光度仍难以正确记录太阳的亮度。

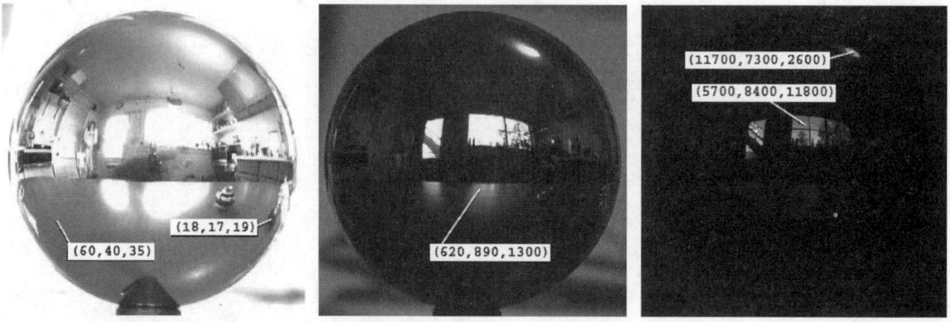

(a) (b) (c)

图 8.2 使用不同曝光度采集到的镜面球

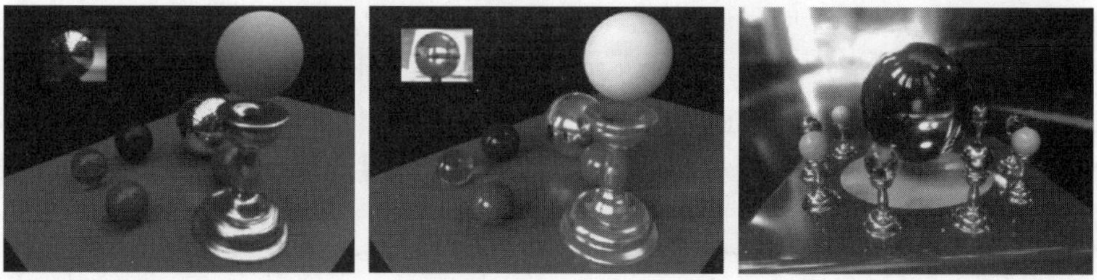

(a) (b) (c)

图 8.3 基于镜面球采集光照绘制的具有极高真实感的绘制结果

针对室外场景的光照采集，为了防止太阳光过亮而无法准确拍摄（太阳处像素可能一直饱和），J. Stumpfel 等在 2004 年提出在鱼眼镜头前加装滤镜，对采集得到的照片进行数值矫正以获取其真实的亮度。该方法可以自适应地选择曝光程度，以最少的拍摄次数获取高质量的 HDRI 合成结果。图 8.4 显示了该方法拍摄不同曝光度的天空图像，其中粉色区域为饱和像素。可以看到，只有在很低的曝光度下，太阳才可被正常显示。

(a) f/4,1s (b) f/4,1/32s (c) f/16,1/125s (d) f/16,1/8000s

图 8.4 不同曝光度下的天空照片

基于采集的光照重建方法较为直接，能够获取真实的光照环境，具有很强的实用价值，但其缺点也是显而易见的。首先，特殊的采集设备限制了该方法的应用范围；其次，要求场景完全静止，这是由于 HDRI 的合成仅针对静态场景，当场景中存在运动的物体或是光照变化时，将会导致采集到的光照贴图具有较大误差；再次，需要多次曝光，一般的相机无法达到在线运行的要求，同时也给设备带来较大的损耗；最后，仅能采集镜面球放置处的光照，当虚拟物体移至别处时则需重新采集。从这些缺点不难看出，基于采集的方法更适用于光照可控、范围较小的场景，因此不太适合室外大规模场景的光照重建。

8.3　基于参数求解的光照重建方法

基于参数求解的光照重建方法根据一定的光照模型对场景光照进行参数化表达，并从输入的图像中逆向求解光照参数。本节首先介绍光照参数求解所涉及的场景光照建模理论，之后分别基于简化的光照模型和较为完善的光照模型给出两种具体的光照参数求解方法。

8.3.1　真实场景光照建模

如 7.2.1 节中所述，真实场景中一点 $\boldsymbol{X}$ 所接收到的光主要分为两类：由光源射向 $\boldsymbol{X}$ 的直接光照和经周围物体反射后射向 $\boldsymbol{X}$ 的间接光照。将这两部分光分别记为 $I_{\text{direct}}(\boldsymbol{X})$ 和 $I_{\text{indirect}}(\boldsymbol{X})$，则 $\boldsymbol{X}$ 点的亮度 $I(\boldsymbol{X})$ 可表示为

$$I(\boldsymbol{X}) = I_{\text{direct}}(\boldsymbol{X}) + I_{\text{indirect}}(\boldsymbol{X}) \tag{8.1}$$

下面将介绍 $I_{\text{direct}}(\boldsymbol{X})$ 和 $I_{\text{indirect}}(\boldsymbol{X})$ 的具体建模方法。

1. 直接光照建模

直接光照是由光源直接照射所产生的光照效果，因此，直接光照的建模离不开对光源特性的分析。在增强现实中，主要使用点光源、平行光源及面光源对场景光源进行模拟。下面将分别介绍这三类光源的模拟方法。

1）点光源

点光源是指由一点向空间各方向均匀发射光线的光源。真实世界中的灯泡就非常接近点光源的照射效果，可通过光源颜色 $L(\lambda)$ 与光源位置 $\boldsymbol{X}_{\text{p}}(X_{\text{p}}, Y_{\text{p}}, Z_{\text{p}})$ 对该类光源进行描述，方便起见，后续有关光源颜色的描述将省去 λ。

以 Lambert 模型为例，在场景中仅有一个点光源时，物体表面点 $\boldsymbol{X}$ 的直接光照亮度可由式(8.2)计算：

$$I_{\text{direct}}(\boldsymbol{X}) = L \cdot k_{\text{d}}(\boldsymbol{X})\cos\theta \tag{8.2}$$

式中，k_{d} 表示表面漫反射系数；θ 为 $\boldsymbol{X}$ 点处法向量与光源入射方向(由点 $\boldsymbol{X}$ 指向光源位置 $\boldsymbol{X}_{\text{p}}$ 的向量)间的夹角；R、G、B 三通道的值可分别计算。当场景中存在多个点光源时，只需使用相同的方法分别设置光源强度与入射方向即可。

2）平行光源

平行光是一种由位于“无穷远”处的发光体发出的沿固定方向入射的光。在真实世界中，太阳发出的光即为典型的平行光，可通过光照颜色 L 与光照入射方向对该类光源进行描述。由于平行光源仅有唯一的入射方向，因此，其计算方法更为简单。以 Phong 模型为

例，当场景中仅存唯一平行光源时，点 $\boldsymbol{X}$ 的直接光照亮度可由式(8.3)计算：

$$I_{\text{direct}}(\boldsymbol{X})=L\cdot k_{\text{d}}(\boldsymbol{X})\cos\theta+L\cdot k_{\text{s}}(\boldsymbol{X})\cos^{n}\alpha \tag{8.3}$$

式(8.3)中，k_{d}、k_{s} 分别为漫反射与镜面反射系数；n 为镜面高光指数；θ 为 $\boldsymbol{X}$ 点处法向量与光源入射方向的夹角；α 的定义与 Phong 模型一致。

3）面光源

面光源指具有一定面积的发光体表面所形成的光源。准确来说，真实场景中的大部分光源均为面光源。面光源表面各点都向外发射光线，其描述方法与光源表面的光照强度分布、光源形状等因素有关，模拟难度较大。

为模拟面光源，一个最简单的方法是使用多个点光源近似描述面光源的光照效果。但是，在模拟过程中，若使用的点光源过少，则会引起较大的误差。将环境贴图中光源以外的区域设为 0，采用 7.2.3 节介绍的预计算辐射传递算法也可实现对于面光源的建模，由于涉及较多的公式推导，这里不再做详细讨论，感兴趣的读者请参考扩展阅读。

同样，若场景中存在多个光源，则只需将这若干光源的光照效果叠加即可模拟最终的直接光照效果，即

$$I_{\text{direct}}(\boldsymbol{X})=\sum_{i=1}^{n}I_{\text{direct}}^{i}(\boldsymbol{X}) \tag{8.4}$$

其中 I_{direct}^{i} 为第 i 个光源的直接光照效果。

2. 间接光照建模

间接光照来自周围环境的反射，一种最简单的建模方式可参照 Lambert 模型与 Phong 模型，即使用泛光模拟间接光照，这意味着假设场景中各点接收到的间接光照强度相同。显然这一假设同真实世界存在较大的偏差，因此求得的光照参数也存在较大误差。

为了较为准确地模拟间接光照，可借鉴环境贴图技术将间接光照看成是一个分布在无穷大球面上的光源，根据式(7.13)即可实现建模。

8.3.2 基于简化光照模型的光照参数求解算法

为了方便读者理解光照参数求解的流程，本节通过选择较为简单的光源、限制光源数量和场景材质属性等手段，简化场景光照模型，并基于该模型介绍一种较为简单的光照参数求解算法。

1. 简化的真实场景光照模型

本节假设场景中仅存一个点光源或平行光源，且光源位置/入射方向已知，场景已进行过局部 3D 重建且各点为漫反射材质。为进一步简化计算，本节使用泛光表示间接光照。根据 8.3.1 节中的光源建模理论，场景中点 $\boldsymbol{X}$ 的亮度为

$$I(\boldsymbol{X})=L_{\text{s}}\cdot S(\boldsymbol{X})\cdot k_{\text{d}}(\boldsymbol{X})\cdot\cos\theta+k_{\text{d}}(\boldsymbol{X})\cdot L_{\text{a}} \tag{8.5}$$

其中 L_{s} 为直射的点光源或平行光源的强度；L_{a} 为泛光强度；$S(\boldsymbol{X})$为光源入射 $\boldsymbol{X}$ 点的遮挡因子。当光源由于遮挡无法照射到 $\boldsymbol{X}$ 点时，其值为 0，否则为 1。一般说来，L_{s} 和 L_{a} 由红、绿、蓝 3 种不同波长的光组成，k_{d} 是景物表面材料对红、绿、蓝三色光的漫反射率，因此式(8.5)中 I、L_{s}、L_{a}、k_{d} 均包含红、绿、蓝三分量。根据现实场景的图像 I，需要求解出光照参数 L_{s}、L_{a}，共 6 个未知量。求出这 6 个参数后，按照绘制方程，根据相机定标获得的相机位姿，以及光源的位置或入射方向即可对虚拟物体进行绘制。

2. 光照参数求解方法

为求解光照参数即式(8.5)中 L_s 和 L_a 的值，首先需要获取 $k_d(\boldsymbol{X})$、$S(\boldsymbol{X})$和 $\cos\theta$ 的值。注意到同一光源入射到场景中所有点的光照强度相同，在求解时可选择场景中部分具有特殊性质的像素进行光照计算，以简化求解过程。

对于 $\cos\theta$ 而言，需要知道光源入射方向 $\boldsymbol{L}(\boldsymbol{X})$和 $\boldsymbol{X}$ 点处的法向 $\boldsymbol{N}(\boldsymbol{X})$，其中，$\boldsymbol{L}(\boldsymbol{X})$可以通过光源的位置(点光源)或入射方向(平行光源)来进行计算，$\boldsymbol{N}(\boldsymbol{X})$则可通过重建场景 3D 几何获取。对于光源遮挡因子 $S(\boldsymbol{X})$来说，可在图像中手动选取一些像素，并根据其是否受到光源直接照射或位于阴影区域而予以设置。受光源直接照射的点，其对应 $S(\boldsymbol{X})$值为 1，阴影点为 0。至此，只需获得点 $\boldsymbol{X}$ 的漫反射系数 $k_d(\boldsymbol{X})$即可求解线性方程组，并可获得光照参数。然而，获取场景精确材质系数是一个非常复杂的问题，这里给出一个获取 $k_d(\boldsymbol{X})$近似值的简单方案。

若点 $\boldsymbol{X}$ 位于阴影中，且光源对其贡献值为 0，则有：

$$I(\boldsymbol{X}) = L_a \cdot k_d(\boldsymbol{X}) \tag{8.6}$$

假定环境泛光颜色为白色，其颜色值为 μ，则有：

$$\mu \cdot k_d(\boldsymbol{X}) = I(\boldsymbol{X}) \tag{8.7}$$

可以看到，$I(\boldsymbol{X})$同 $\boldsymbol{X}$ 点处的漫反射系数 $k_d(\boldsymbol{X})$仅差一个尺度因子 μ，故在光照计算时可将 $I(\boldsymbol{X})$作为 $\boldsymbol{X}$ 点处表面的漫反射系数使用。不过，尺度因子 μ 会使最终求得的光照参数同真实的光源光照值之间相差一个尺度因子 $1/\mu$。因此，这一方法得到的是点光源或平行光源入射光的相对亮度。在实际应用中，相对亮度即可满足将绘制生成的虚拟物体和谐融入视频序列的需求。对于单张图像的光照估计而言，只要各光源间保持相同的尺度因子即可得到正确的光影对比效果，虚拟物体的具体亮度可通过变化虚拟物体的材质系数进行调整；对于视频序列而言，只要保证所有帧求出的光照参数具有相同的尺度差异，即可准确地模拟出虚拟物体表面的光照变化效果。

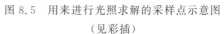

图 8.5　用来进行光照求解的采样点示意图（见彩插）

视频演示

使用上述策略仅可获取阴影区域中点的漫反射系数。为了获得非阴影区域表面点的材质属性，可选择材质系数相同、但光照状态不同的像素进行光照计算，如图 8.5 所示，绿色点为交互选择的非阴影点，红色点为具有和绿色点相同材质属性的阴影点。对于任意非阴影采样点来说，可使用由阴影点计算得到的漫反射系数近似值(所有阴影点对应材质系数的平均值)作为该点的漫反射系数。根据获取的 $k_d(\boldsymbol{X})$、$S(\boldsymbol{X})$和 $\cos\theta$ 的值，利用选取的采样点即可构建线性方程组，并对光照参数进行求解。考虑到环境泛光初值被设为白色，可能使求解得到的光照参数存在误差。为减少误差，可使用求解出的光源光照值根据式(8.5)更新表面漫反射系数，并基于新的表面材质参数重新计算光照。

综上所述，室外场景光照求解算法具体步骤如下。

(1) 手动选择场景中材质相同、光照状态不同的若干采样点。

(2) 设置间接光照，使各通道初值为 1。

(3) 根据光源位置/入射方向、采样点法向、采样点光照状态计算 $S(\boldsymbol{X})$和 $\cos\theta$ 的值。

(4) 根据间接光照亮度，使用采样点中的阴影点估计采样点漫反射系数 $k_d(\boldsymbol{X})$。

(5) 根据式(8.5)构建线性方程组。

(6) 求解构建方程组的最小二乘解，获取场景光照参数。

(7) 根据光照参数重新计算采样点漫反射系数。

(8) 更新光照参数。

即使如此，受限于间接光照初值为白色的假设，当间接光照颜色与白光相差较大时，该方法求得的光照参数仍会出现较大误差。

3. 实现细节讨论

注意，上述方法假设场景中仅存在一个平行光源或点光源，光源位置/入射方向已知，场景已进行过局部3D重建且各点为漫反射材质。

在实际中，对于室外场景来说，其主要光源太阳光可以使用平行光源进行模拟，其余光可归结为间接光。太阳入射方向可根据图像拍摄地的经纬度与时间信息或场景中竖直物体与其阴影的几何关系进行计算。在没有进行场景重建的情况下，可选择水平地面上法向垂直向上的点进行求解。

对于室内场景而言，其光源多用点光源进行模拟。由于在计算光源入射方向时需要用到场景点与光源位置的信息，因此必须在场景重建后才可进行光照参数的求解。

在材质方面，可以选择具有漫反射属性的采样点进行光照参数求解，以满足方法中关于场景材质的假设。

上述方法仅能处理场景中只包含一个光源的情形，当场景中存在多个光源时，将很难判断场景中各点关于光源的遮挡状态，即难以确定表面采样点对来自各光源入射光的遮挡因子。若已知场景几何及各光源的准确位置信息，则可计算各光源的遮挡因子，求解各光源的光照参数。

8.3.3 较为完善的光照参数求解算法

在真实场景中，光照的分布较为复杂，若想较为准确地求解，则必须采用更加复杂的模型。按照7.2.3节中介绍的预计算辐射传递算法可较好地模拟真实场景的光照分布。为了降低问题的病态性，可先通过6.3节中提出的重建方法获取场景的粗略几何信息，再根据几何信息计算式(7.19)中积分$\int_{\Omega(\boldsymbol{X})} Y_{lm}(\boldsymbol{\omega}_i)S(\boldsymbol{X},\boldsymbol{\omega}_i)H(\boldsymbol{X},\boldsymbol{\omega}_i)\mathrm{d}\boldsymbol{\omega}_i$的值，记计算结果为$G_{lm}$，则$\boldsymbol{X}$点亮度为

$$I(\boldsymbol{X})=\rho(\boldsymbol{X})\sum_{l,m} L_{lm}(\boldsymbol{X})G_{lm} \tag{8.8}$$

若材质参数$\rho(\boldsymbol{X})$已知，则式(8.8)为一组关于$L_{lm}(\boldsymbol{X})$的线性方程。由于在实际计算过程中仅需使用前9个球面调和函数，故采样9个以上的场景点即可实现对$L_{lm}(\boldsymbol{X})$的求解，场景在$\boldsymbol{X}$处的光照分布则根据$L_{lm}(\boldsymbol{X})$进行计算。然而，在实际应用中，材质参数$\rho(\boldsymbol{X})$往往难以获取，交替求解材质参数与光照参数是解决这一问题的一种有效手段。首先，在光照参数已知的假设下，采用本征图像分解等优化方法来实现对材质参数$\rho(\boldsymbol{X})$的计算；其次，将求得的$\rho(\boldsymbol{X})$值代入式(8.8)中，通过在场景中采样若干点来构建关于光照参数的线性方程组，进而实现对$L_{lm}(\boldsymbol{X})$的求解；最后，上述两步交替进行，直至收敛。

若能够获得更多的场景先验信息，如光源位置、光源形状以及光源分布特点等，则可利

用场景先验信息进一步推导 L_{lm}，从而获得更为精确的光照估计结果。

8.3.4 其他光照参数求解方法

根据求解光照参数时是否显式地要求已知场景几何，可将基于场景图像求解光照参数的方法分为场景几何已知的光照参数求解方法和场景几何未知的光照参数求解方法。下面具体介绍这些方法。

1. 场景几何已知的光照参数求解方法

根据绘制方程可知，物体的外观是由物体本身的材质、几何及入射光共同决定的。对于一幅图像来说，在景物几何或材质已知的条件下，可以求解入射光的强度，这种求解光照的方法又称为基于物理的光照重建方法。

I. Sato 等于 1999—2003 年提出了一系列方法，这些方法尝试从图像中的阴影区域计算场景光照。该类方法将场景中的空间光照建模为若干点光源或平行光源。在景物几何和表面材质已知的情况下，根据朗伯或其他更复杂的光照模型列出方程组。由于阴影的存在，图像中不同区域所受到的光照条件不同，因此所得到的方程组有解。通过求解方程组便可获取场景中各光源的光照亮度。基于景物表面的材质为朗伯属性的假设，可进一步在只知道景物几何的情况下求解场景光照。

在场景几何已知的前提下，也可以利用物体上的一些特殊点求解光照分布。例如，针对朗伯物体的特殊点如边缘点来判断光照信息，利用特殊点和光源的特殊空间关系求解光源的位置和亮度等。W. Yang 等在已知场景中某物体几何的条件下，在图像中寻找同光源入射方向垂直的表面点(称为关键点)，利用图像中的关键点信息进行光照求解，但是该方法对图像质量要求较高，对于噪声较大的图像而言，关键点检测的稳定性还有待提高。

由于需要已知场景几何，因此上述大部分工作都是在室内甚至是特殊的实验环境内进行的。对于室外场景而言，由于其规模庞大，包含大量自然景物，几何重建十分困难，因此这类方法难以很好地推广。

2. 场景几何未知的光照参数求解方法

由于这类方法以场景的图像或视频作为输入，在场景几何和材质未知的情况下从图像中求解光照参数，因而更便于应用。其基本方法是从图像或视频中选取场景中几何易于获取的区域(如平面区域)，恢复或估计其简单的几何信息，然后使用估计的几何信息求解光照参数。下面介绍一种典型的室外场景光照参数求解方法。

对于室外场景而言，当拍摄视点固定、场景静止、场景材质不变、太阳光入射角相同或接近时，光照强度却可能是随天气变化的。该方法无须预先求解场景材质、几何及光照位置，而是将这几项信息打包，将太阳光与天空光对场景的光照效果分别记为太阳光基图像 $B_{sun}(\boldsymbol{x})$ 与天空光基图像 $B_{sky}(\boldsymbol{x})$，则有：

$$I(\boldsymbol{x}) = L_{sun} \cdot B_{sun}(\boldsymbol{x}) + L_{sky} \cdot B_{sky}(\boldsymbol{x}) \tag{8.9}$$

式中 $\boldsymbol{x}$ 为场景采样点 $\boldsymbol{X}$ 所对应的像素。从式(8.9)可以看出，图像 I 即为太阳光基图像和天空光基图像的线性组合。如图 8.6 所示，其中基图像是由场景材质、场景几何及太阳方位所决定的，而组合系数就是要求解的光照参数。

在离线阶段，对给定场景，采集两张具有相同太阳位置的图像，并使用 8.3.2 节中基于简单光照模型的光照参数估计方法迭代求解基图像。在在线求解阶段，基于基图像采用最

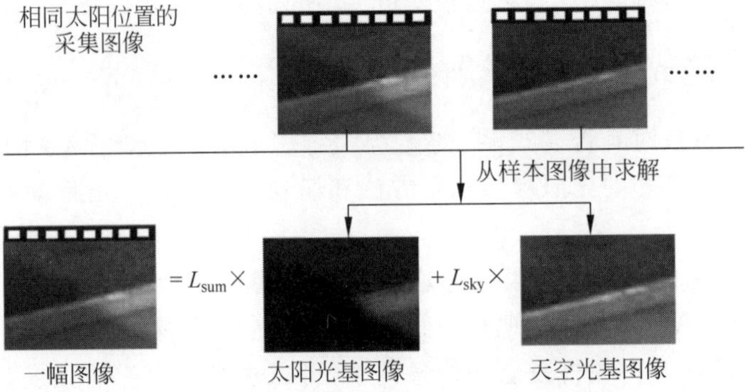

图 8.6　室外场景图像的基图像分解示意

小二乘法求取光照参数 L_{sun} 和 L_{sky}。值得注意的是，这种求解方法只适用于与基图像具有相同太阳位置的同一场景的视频帧。当太阳位置不同时，需要通过太阳入射角校正基图像之后再求解光照参数，具体方法可参考 Y. Liu 等于 2009 年发表的“Light source estimation of outdoor scenes for mixed reality”一文。

注意到图像中的场景在外观上的变化仅与光照变化有关，基于所有图像均为拍摄自相同太阳位置下的同一场景的假设，Y. Liu 等于 2010 年针对室外场景进一步推导出了图像统计参数和场景光照参数之间的关系解析表达式。该方法通过交互的方式学习这些统计参数，再利用解析表达式计算出光照参数。值得注意的是，本节所介绍的基于基图像和基于统计参数的室外场景光照求解方法计算速度快，可实现对在线视频的光照求解。但是基图像和统计参数均和太阳位置相关，为实现在线运行，需要预先采集太阳位于天空中不同位置、同一场景的采样图像，这在一定程度上限制了该方法的应用范围。

针对当前场景中可能不存在大面积阴影的情况，G. Xing 等于 2013 年提出了一种在线室外视频光照估计方法。该方法将天空光分布信息融入室外光照模型，能够计算并处理天空光分布变化对图像的影响。算法假定场景中存在若干竖直或水平的漫反射平面，首先恢复它们的材质及法向，然后利用恢复的材质和法向，通过求解带约束的线性最小二乘问题获取光照。该方法无须场景中含阴影区域，并考虑了天空光亮度分布变化的影响，因此具有更广的应用范围和更高的求解准确度。

现有的室外场景光照估计工作大都局限于固定视点下的视频。然而，虚实融合系统需要允许用户多角度、全方位地观察虚拟物体的全貌或评测虚拟物体与周围环境的融合程度。随着移动增强现实的飞速发展，以智能手机为代表的移动端增强现实要求能在用户任意选取的视点下实现虚实景物的实时融合。因此，移动视点下的室外光照估计具有更加重要的研究意义。

对于上述问题，Y. Liu 等于 2012 年提出了一种针对移动视点视频的光照估计方法，其主要思路是通过跟踪视频帧中的稀疏特征点来估计光照。采用稀疏特征点主要出于计算速度的考虑。但是，即使采用当前最先进的特征点跟踪算法仍会出现特征点的误匹配，在光照变化的情况下，误匹配更容易发生。针对这个问题，该方法提出遴选可靠的特征点来进行匹配。假设太阳光和天空光的入射强度对场景中的不同点是相同的，则光照本身可以作为一个约束用来判断可靠特征点。为了易于估计法向，该方法进一步使用可靠的平面特征点进行光照估计。为方便叙述，该方法将特征点对应的3D点法向、BRDF材质参数及3D点所处的阴影情况统称为特征点的属性。其算法流程图具体如图8.7所示。

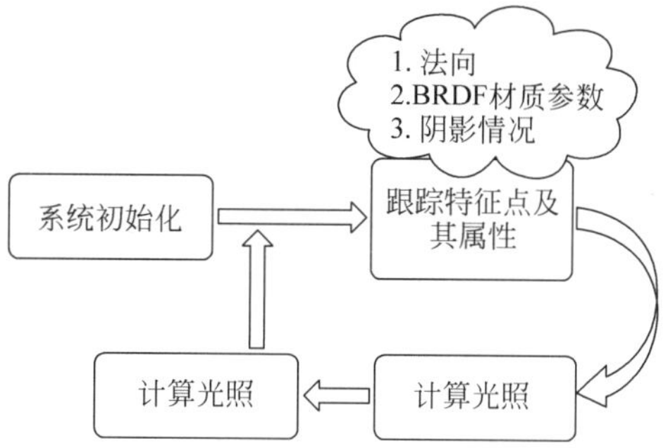

图8.7 移动视点视频的光照估计方法流程

3. 基于深度学习的光照估计

随着深度学习的发展，利用深度神经网络进行场景光照条件的分析已成为趋势。M. Gardner等于2017年提出利用深度学习网络进行室内场景光照估计的方法，该方法根据场景内拍摄的有限视角LDR图像，先训练一个能够感知图像范围以外光源位置的深度神经网络模型，再使用HDR图像来调整该网络对光源强度和色彩的估计，从而实现根据单张LDR图像生成HDR全景光照贴图的目的。D. Cheng等于2018年提出了一种端到端的深度学习网络，该网络能够利用移动设备的前置、后置摄像头分别拍摄当前场景作为网络输入，通过深度神经网络输出当前场景光照分布的低频球谐函数的参数。S. Song等于2019年提出一种集成不同功能子网络的串联网络，该网络首先通过深度估计网络计算LDR图像来对应场景深度信息，其次利用这些深度信息通过全景贴图重构网络、重建LDR全景光照贴图，最后将LDR全景光照贴图通过最后一个子网络转化成HDR全景光照贴图。Z. Li等于2020年使用单张LDR图像，利用编码器-解码器(encoder-decoder)网络实现对场景材质、表面法向(深度)、光照参数的求解，配合可微分绘制技术进一步提高光照估计的准确性。目前已涌现出很多基于深度神经网络的光照估计方法，相信深度学习技术将会有力推动光照估计研究的发展。

扩展阅读

由于室内场景光源种类繁多，数量和分布均为人为设置，没有特定规律可循，加之室内场景空间较小，场景内部物体间遮挡关系较为复杂，因此，很多情况下，对于室内场景的估计大多需要已知场景几何信息和光源形状、位置等信息。场景几何可通过第6章中介绍的重建方法或Kinect等深度相机获取。在几何重建过程中，可通过摄像头拍摄的LDR图像来为几何模型赋予场景纹理。光源形状和位置可利用LDR纹理中光源亮度远高于场景其他区域的特性来自动检测或者通过手工方式进行标记。受制于LDR图像的动态范围，光源的亮度和颜色未被准确记录，为此，求解光源颜色和亮度是需要重点解决的问题。具体求解方法可参考Kevin Karsch等于2011年发表的"Rendering Synthetic Objects into Legacy Photographs"，以及Guanyu Xing等于2020年发表的"Automatic spatially varying illumination recovery of indoor scenes based on a single RGB-D image"等论文。

室外场景的主要光源为太阳光与天空光,其中太阳光为平行光,天空光为分布在无穷大半球面上具有特定分布规律的面光源。利用这些特征可有效提高光照估计精度并降低求解难度,具体方法可参考 Guanyu Xing 等于 2013 年发表的"Lighting simulation of augmented outdoor scene based on a single image"一文。

基于深度学习进行场景光照估计是目前的研究热点,感兴趣的读者可参考相关文献了解更为详细的内容,例如,Shuran Song 等于 2019 年发表的"Neural illumination: Lighting prediction for indoor environments",Zhengqin Li 等于 2020 年发表的"Inverse rendering for complex indoor scenes: shape, spatially-varying lighting and SVBRDF from a single image"等。

习题

1. 简述室内场景和室外场景的光照分布特点。
2. 简述基于采集的光照重建方法的优点和缺点。
3. 请列举光照重建的基本步骤。
4. 移动视点下的室外光照重建与固定视点下的光照重建有哪些区别和联系?
5. 根据本章中介绍的场景光照估计方法对光照估计技术进行分类。
6. 对于室内场景而言,如何根据基图像理论对其进行建模?
7. 试在一张自然场景图像中加入一个虚拟茶壶,使茶壶表面的光照与周围的光照环境一致。
8. 尝试利用镜面球、曝光可控相机采集室内场景某点处的光照环境,可采用 HDR Shop 等软件生成高动态范围图像。

第 9 章

CHAPTER 9

虚实场景间的光影交互与融合

将计算机生成的虚拟景物无缝融入真实场景时，虚实物体间将会产生光影上的互相影响，包括虚实物体间相互投射阴影、相互镜面映射，以及虚实物体间的颜色辉映、透射等复杂光照效果。本章主要介绍在增强现实中如何模拟虚实场景间光影的交互效果。

9.1 虚实景物间阴影的交互与融合

阴影是自然界中常见的现象。在真实场景中加入虚拟物体后，虚实景物间将不可避免地出现阴影相互投射的现象。本节将在介绍阴影概念和作用的基础上重点介绍增强现实中涉及的阴影处理技术。

9.1.1 阴影的概念及作用

图 9.1 以室外阴影为例揭示了阴影是如何形成的。阴影是光源被遮挡体遮挡后所形成的区域。从图中可以看出，阴影根据接收对象的不同可分为自身阴影和投射阴影。进一步而言，还可将投射阴影分为本影和软影，其中光被全部遮挡后形成本影。因此，本影区域只受到环境光的照射，而软影区域除了受到环境光照射外，还接收部分来自光源的入射光线。

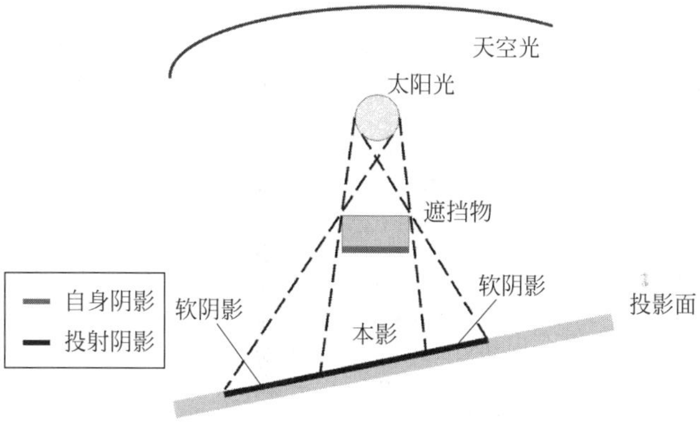

图 9.1 阴影生成原理(见彩插)

阴影在揭示景物的空间关系上具有重要作用。它可以为观察者提供场景的深度和物体的位置信息。如图 9.2(a)所示，如果在加入虚拟立方体的过程中没有考虑立方体的投射阴影，观察者将很难判断立方体在场景中的位置。虽然观察者可以根据图中立方体的大小确定场景的深度信息，但是首先需要确定图中的各个立方体具有一样的大小。相反，如图 9.2(b)所示，在加入虚拟立方体的过程中也生成立方体的投射阴影，观察者就可以根据虚拟投射阴影准确地判断出图中立方体的远近，以及某一立方体与其他立方体之间的相对位置关系等。同时，观察者通过虚拟投射阴影还能够清晰地判断出立方体是否与地面接触。此外，在虚实融合的过程中加入阴影还可以增加用户对虚拟物体的关注度，增强用户在人机交互过程中的感受。

(a) 虚拟物体不投射阴影　　(b) 虚拟物体投射阴影

图 9.2　阴影在增强现实中的重要性

增强现实中的虚实阴影相互投射(简称阴影交互)指真实场景中的阴影能投射到虚拟物体上，虚拟物体也能将其阴影投射到真实场景中。实现增强现实中的阴影交互可以让用户感觉到虚拟物体和真实场景属于同一空间。同时，阴影交互还能帮助用户理解场景的 3D 结构，如虚拟物体的远近、虚拟物体与周围物体的相对关系等。

图 9.3 进一步展示了阴影交互对于提高增强现实场景视觉真实感的重要性。图 9.3(b)示范了一个错误的例子。虚拟佛像投射的阴影和背景图像中树的真实阴影简单叠加在一起后形成了一块更暗的区域。经验表明，这并不符合生活中的真实情形，正确的结果应该如

(a) 原图　　(b) 无阴影交互　　(c) 有阴影交互

图 9.3　虚实阴影之间的交互模拟

图 9.3(c)所示。与图 9.3(b)相比,图 9.3(c)中的佛像不仅在地面上投射了阴影,场景中树的阴影也投射到了佛像上。显然,图 9.3(c)中的阴影交互有助于显示佛像与周围环境的相对方位,使得最后的合成结果更加真实。

9.1.2　真实阴影的检测

阴影检测对很多应用,如场景理解、图像分割和目标跟踪的性能都有重要影响。在增强现实中,阴影可以增强场景和虚拟物体之间的联系,使融合效果更加真实。同时阴影还可以在用户进行人机交互时为其提供准确的 3D 空间信息。随着科技的发展,增强现实的研究越来越偏向于移动设备。移动视点下的阴影区域在画面中的位置随之移动,对阴影的检测需求也随之产生。

1. 图像和视频的阴影检测

单幅图像的阴影检测一直是图像处理领域最活跃的研究方向之一。迄今为止,国内外研究人员已经提出了大量的阴影检测方法,取得了令人瞩目的成果。根据阴影检测算法所使用的技术不同,可将单幅图像的阴影检测方法大致分为基于物理模型的方法、基于经验模型的方法及基于学习(或深度学习)的方法。

基于物理模型和基于经验模型的两种方法的主要区别在于,物理模型是依据图像成像原理,利用场景空间、光照情况等物理原理建立模型;而非物理模型是根据人眼感官或经验对阴影进行建模和检测。前者可以利用的特征包括软影边界宽度与太阳高度角和投影体高度的关系、受太阳光和天空光光谱特性影响的 RGB 三通道衰减模型等;后者的工作包括软影边缘像素分布的 sigmoid 模型、阴影边缘分布的 Retinex 模型等。

随着机器学习的发展,研究人员开始从大型数据集中提取高维特征以补充信息。基于统计学习的阴影检测方法首先提取阴影的特征,然后放入分类器或者深度学习网络中训练,最后用训练好的网络对图像进行预测。这些方法中常用的阴影特征分类器包括 SVM 和 AdaBoost 等,所提取的特征包含(但不限于)阴影像素强度、边缘、直方图、材质、几何属性、亮度比率和边缘梯度等。随着深度学习技术的发展和人们对阴影特征理解的不断深入,目前单幅图像阴影检测不再局限于利用阴影的像素层或局部边缘特征,研究者们开始意识到阴影检测需要理解图像的全局上下文信息,即从当前区域不同方向的上下文特征来分析图像。为此,人们提出了一些基于全局特征分析的阴影检测网络,如 DSCNet 等。这些算法在复杂情况下的检测效果表现远优于传统基于局部特征的方法。

综上所述,现有基于单幅图像的阴影检测算法在一些背景复杂的场景中也能取得较好的阴影检测效果,但在一些情况下,如当阴影亮度较高(阴影比较淡)、背景纹理比较丰富(如斑驳阴影)、场景存在黑色物体时,检测效果较差。另外,虽然基于单幅图像的方法具有检测精度高的优点,但是该类算法普遍较为复杂,且时间复杂度高。因此,基于图像的阴影检测算法往往不能直接用于检测视频中的阴影。

目前,面向视频的阴影检测算法大多为检测固定视点下所拍摄视频中的动态阴影,例如,检测监控视频中高速公路上行驶汽车的阴影,一般作为智能监控视频的预处理。由于摄像头视点是固定的,因此可以预先获得场景在静止状态下的图像(称为背景图像或参考图像),然后使用背景差分法检测每帧的阴影区域。其基本步骤是:首先,通过将当前帧与背景图像差分来获得当前帧中的运动区域,该部分区域由运动的目标物体和其伴随的动态阴影组成；其次，利用阴影特征将目标物体和阴影分离，实现对阴影的检测；最后，更新背景图像以应对光照变化、图像噪声等。

2. 增强现实系统阴影检测的特点/要求

根据视频的视点是否变化，阴影处理技术还可以分为固定视点下的阴影处理技术和移动视点下的阴影处理技术。现有的研究工作主要集中于固定视点下的阴影处理技术。在移动视点视频中，场景阴影会随着视点的变化而变化，因而固定视点下的阴影处理技术很难应用于移动视点下的阴影处理中。

固定视点下的动态阴影检测算法一般可以通过用户交互、自适应学习等方法来获得视频中的背景图像，然后利用背景相减或背景建模的方法来构建参考图像，进而提取变化的前景，最后通过将前景目标和阴影相分离来进行阴影检测。对于移动视点下的静态阴影检测来说，由于视点移动，随时会有各种信息未知的场景增量进入视野且这些场景增量也含有阴影，因此在移动视点下很难构建背景图像或参考图像。因而动态视点下的静态阴影检测亟待提出新的解决思路。

概括起来，增强现实系统阴影检测的特点/要求如下。

（1）实时检测性。由于增强现实是实时呈现的，因此要求阴影检测必须实时进行。

（2）稳定性。增强现实以视频流形式呈现，阴影检测结果的不稳定必然造成真实场景中的景物向虚拟物体表面投射阴影的不稳定，从而引起虚拟物体表面的亮度闪烁，破坏融合的真实感。

（3）视点灵活性。增强现实系统特别是移动增强现实系统中的用户视点是自由移动的，与监控视频中固定视点下的阴影检测框架不同，需要开发支持移动视点下的视频检测技术框架。

9.1.3 虚实阴影交互与融合方法

若已知真实场景几何，则可通过阴影绘制技术模拟虚实场景的阴影交互效果。但是，在实际应用中，真实场景的几何重建难度较大，更复杂的是，部分阴影可能来自画面之外的物体对光源的遮挡，这增大了重建遮挡物体的难度；另外，真实场景包含花草等形状复杂的物体，其投射阴影斑驳陆离、形状奇特，对其进行几何重建同样极为困难，使用传统阴影贴图和阴影体技术难以处理。本节主要介绍在缺少真实场景几何信息的情况下，虚实物体阴影交互效果的模拟方法。根据增强现实中虚实阴影融合的需求，可将融合分为以下3个基本步骤：真实场景中的阴影向虚拟物体表面投射，虚拟物体阴影投向真实场景，虚实阴影图层融合。需要说明的是，在缺少真实场景几何信息的条件下，模拟面光源或多个光源产生的真实阴影同虚拟物体的交互具有较大难度，现有虚实场景阴影交互研究大多集中在场景中仅存一个点光源或平行光源时的虚实阴影交互方法，为此，本节内容也将忽略面光源和多光源的情形，重点介绍单一点光源或平行光源照射下的虚实场景之间的阴影交互技术。

1. 真实场景中的阴影向虚拟物体表面投射

阴影体是绘制阴影的常用手段，亦可用于模拟真实物体在虚拟物体上的投影。对于室外场景，在已知真实遮挡物体几何和太阳光入射方向的情况下，可根据遮挡物体的几何信息构建阴影体，然后在虚拟物体上绘制出真实阴影的部分。但是，当难以重建遮挡物体时，上述方法会失效，因此需要基于场景中的阴影区域信息来进行阴影体的构建。一个简便的方法是利用阴影边缘和太阳方向生成阴影体，具体方法是：将场景中的太阳方向表示为方向向量 $\boldsymbol{L}$，从阴影边缘上的一个点沿着入射方向 $\boldsymbol{L}$ 发射一条射线，在这条射线上，以阴影点为起点取一条长度很长的线段；对阴影边缘上的所有点进行上述操作；依次使用相邻的两条线段构造一个四边形面片，最后这些四边形面片将组成阴影体。

利用阴影体将真实阴影投射在虚拟物体，主要需要解决虚拟物体同阴影体的求交问题。一方面，在实际操作中，空间物体求交算法一般较为复杂，实现具有一定难度。另一方面，使用阴影体在虚拟物体表面难以产生软影效果，特别是树影等较为斑驳的阴影，阴影体方法难以得到令人满意的效果。为了克服上述问题，G. Xing 等于 2013 年提出了基于阴影纹理的投影方法，该方法将阴影体与虚拟物体的求交运算转换为真实阴影纹理沿阴影投射方向的有向映射。该方法从阴影区域出发，根据光线入射方向，建立真实阴影区域采样点与物体表面点的对应关系，进而进行纹理映射，实现真实阴影向虚拟物体表面的投射。该方法无须重建产生阴影的遮挡物的几何，也不受阴影形状及复杂程度的限制，只需知道阴影所投射表面的形状即可。由于在增强现实中人们一般将虚拟物体放置在水平地面上，因此该方法可以解决许多实际问题。

下面就场景中仅含唯一点光源或平行光源的情形，简述阴影纹理方法的基本原理和步骤，此时场景影响物体外观的光照因素主要包括点光源和环境光。首先，使用抠图技术抠取场景画面的阴影掩模图，图 9.4(a)对应的掩模图如图 9.4(b)所示，将该图记为 M_S^{img}，其中值为 1 的像素对应于非阴影区域，值为 0 的像素则对应于阴影像素，0～1 之间的值则对应于软影区域。

(a) 输入图像　　(b) 阴影掩模图

图 9.4　阴影掩模示意图

对于加入场景的虚拟物体来说，取其顶点 $\boldsymbol{X}$，从 $\boldsymbol{X}$ 出发，沿光线入射方向 $\boldsymbol{L}$ 发射一条射线。此时，若光源为点光源，则 $\boldsymbol{L}$ 为由光源指向 $\boldsymbol{X}$ 的向量；若为平行光源，则 $\boldsymbol{L}$ 为光源入射方向。记该射线同地面的交点为 $\boldsymbol{X}'$，如图 9.5 所示。如果点 $\boldsymbol{X}'$ 位于阴影区域，则意味着沿入射方向 $\boldsymbol{L}$，射向 $\boldsymbol{X}'$ 的光线在某处被遮挡；如果顶点 $\boldsymbol{X}$ 同交点 $\boldsymbol{X}'$ 之间不存在其他真实遮挡物，则点 $\boldsymbol{X}$ 也一定位于阴影之中，所以，点 $\boldsymbol{X}$ 是否位于阴影之中可通过点 $\boldsymbol{X}'$ 的状态来判断。接下来的问题便是如何将阴影效果绘制在虚拟物体之上。注意到虚拟物体表面上的每一点 $\boldsymbol{X}$ 都对应于地面上一点 $\boldsymbol{X}'$，而 $\boldsymbol{X}'$ 可通过相机参数变换为图像平面上的一点 u，因此点 $\boldsymbol{X}$ 同图像平面上的点便建立了一种映射关系，这正是计算机图形学中的纹理映射。

在算法中，将抠取的阴影掩模图 M_S^{img} 当作纹理图映射到虚拟物体之上，绘制之后便可生成一张虚拟物体的阴影掩模图 M_S^{obj}。为了生成被真实场景阴影所部分覆盖的虚拟物体，需要对虚拟物体绘制两次，一次只使用光源，另一次只使用环境光，将两次的绘制结果分别

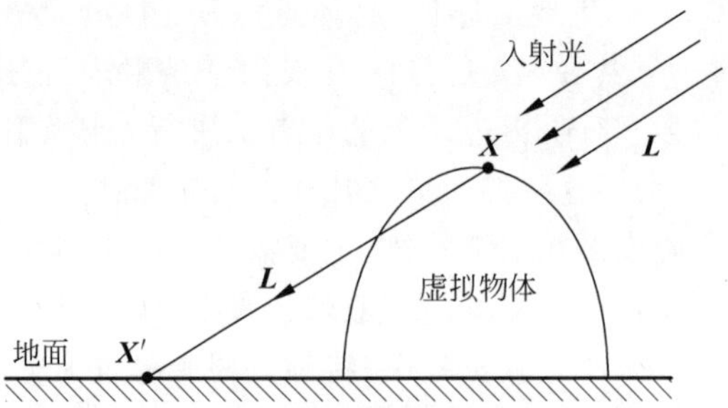

图 9.5 投影关系示意图

记为 I_{obj}^{light} 和 I_{obj}^{env}，则最终虚体物体的绘制结果可由下式表示：

$$I_{obj}=M_S^{obj}\odot I_{obj}^{light}+I_{obj}^{env} \tag{9.1}$$

其中，$\odot$表示 Hadamard 积（对应像素点的乘积），其结果为一张图像，该图像像素值为两幅参与运算的图像上对应像素点的乘积。式(9.1)中涉及的图像如图 9.6 所示。

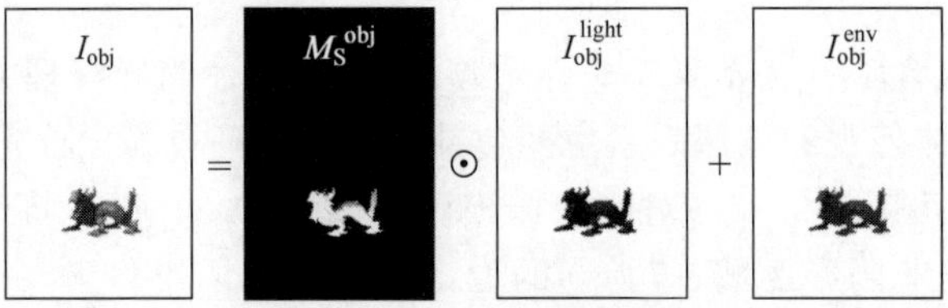

图 9.6 式(9.1)示意图

阴影纹理算法步骤如下。

(1) 标定相机，将虚拟物体放置在场景中，并确定可能投射在该物体表面的真实场景阴影区域的几何（多数为地面），抠取场景阴影掩模图 M_S^{img}。

(2) 从虚拟物体顶点出发，沿光线入射方向发射射线，求该射线同真实场景的交点，根据交点的 3D 坐标和相机参数计算该交点在图像平面上的投影，建立虚拟物体顶点同它们在图像平面上投影点的映射关系 f。

(3) 将阴影掩模图 M_S^{img} 当作纹理并根据 f 映射到虚拟物体之上，绘制一幅虚拟物体的阴影掩模图 M_S^{obj}。

(4) 仅使用光源绘制虚拟物体，得到 I_{obj}^{light}；仅使用天空光/环境光绘制虚拟物体，得到 I_{obj}^{env}。

(5) 根据式(9.1)得到被真实阴影覆盖的虚拟物体图像。

注意，上面的方法没有考虑虚拟表面顶点 $\boldsymbol{X}$ 与地面点 $\boldsymbol{X}'$ 间存在其他遮挡物 $\boldsymbol{O}$ 的情况。当 $\boldsymbol{X}$ 与 $\boldsymbol{X}'$ 间存在其他遮挡物 $\boldsymbol{O}$ 时，该方法会将 $\boldsymbol{O}$ 在地面生成的阴影错误地投射在 $\boldsymbol{X}$ 上。为了避免这种错误，在缺乏遮挡物 $\boldsymbol{O}$ 几何信息的情形下，需用户手工抹去明显不可能对虚拟物体产生影响的阴影。阴影纹理算法能够在光源遮挡体几何未知的情况下将真实场景阴影投影至虚拟物体表面，且不受阴影形状及复杂程度的限制，具有较高的实用性，处理效果如图 9.7 所示。但是，构建阴影纹理需要已知真实阴影区域的表面几何信息，因此该方法更适用于将真实环境中的形状简单表面，如地面、墙面上的阴影投射至虚拟物体表面。

(a) 虚拟轿车　　(b) 虚拟小鸭　　(c) 虚拟救生圈

图 9.7　虚实阴影交互效果，右上角为原图（见彩插）

视频演示

2. 虚拟物体阴影投向真实场景

融入真实场景中的虚拟物体会投射阴影到真实景物的表面。为了避免生成如图 9.3(b)所示的错误结果，需要正确处理虚实阴影重叠的区域。本节首先叙述这一处理方法，之后再根据方法中使用的图像组合公式对算法原理进行分析。

为了正确处理虚实阴影的重叠部分，需要绘制 4 幅图像，其中两幅是分别使用光源和环境光对重建的真实场景进行绘制的结果 $I_{\text{scene}}^{\text{light}}$ 和 $I_{\text{scene}}^{\text{env}}$；另外两幅则为将虚拟物体加入场景后，分别使用光源和环境光的绘制结果 $I_{\text{v-scene}}^{\text{light}}$ 和 $I_{\text{v-scene}}^{\text{env}}$。结合场景阴影掩模图 $M_{\text{S}}^{\text{img}}$，便可生成一张场景增强阴影掩模图 I_{S}，整个过程如图 9.8 所示。对于 I_{S} 上的像素点 $\boldsymbol{x}$ 来说，其像素值可通过下式计算：

$$I_{\text{S}}(\boldsymbol{x})=\frac{M_{\text{S}}^{\text{img}}(\boldsymbol{x})I_{\text{v-scene}}^{\text{light}}(\boldsymbol{x})+I_{\text{v-scene}}^{\text{env}}(\boldsymbol{x})}{M_{\text{S}}^{\text{img}}(\boldsymbol{x})I_{\text{scene}}^{\text{light}}(\boldsymbol{x})+I_{\text{scene}}^{\text{env}}(\boldsymbol{x})} \tag{9.2}$$

根据式(9.2)，虚拟物体关于光源的投射阴影仅会在 $M_{\text{S}}^{\text{img}}(\boldsymbol{x})\neq 0$ 时产生作用，这是因为如果 $\boldsymbol{x}$ 位于真实的阴影区域，由于 $M_{\text{S}}^{\text{img}}(\boldsymbol{x})=0$，所以无论虚拟物体是否会在 $\boldsymbol{x}$ 处产生投射阴影都不会影响 $I_{\text{S}}(\boldsymbol{x})$ 的值，此时 $I_{\text{S}}(\boldsymbol{x})$ 的值仅与虚拟物体的环境光阴影相关。

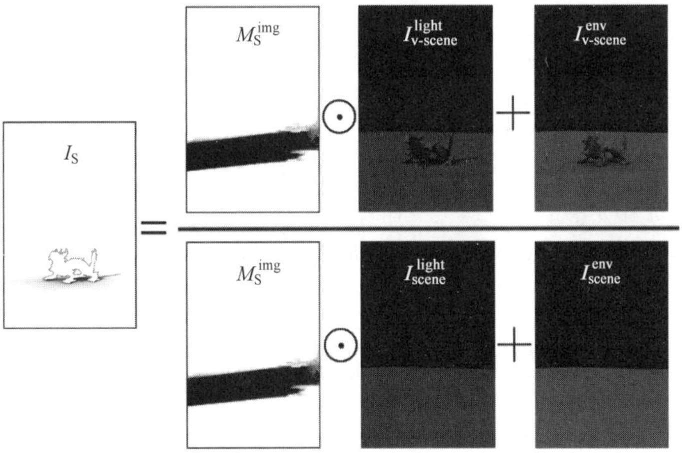

图 9.8　虚拟物体在真实场景上投射阴影的合成

需要说明的是，将虚拟物体的阴影投射到真实场景中时，为了产生正确的阴影合成效果，需要已知真实场景中阴影投射区域的几何信息。因此，当前大部分应用均是将虚拟物体的阴影投射至真实场景中形状较为简单的物体表面，如地面、墙面。Y. Chuang 等于 2003

年提出的方法利用了姿态不同的两根长杆在地面上的阴影，巧妙地确定了室外场景中复杂表面上的点同地平面点的对应关系，将虚拟物体在地面上的阴影映射至场景中形状复杂的物体上去，从而模拟投射阴影效果。但是，由于需要使用额外的辅助标志物，限制了该方法在实际AR场景中的应用。

3. 虚实阴影图层融合

在获取了虚拟物体的绘制结果 I_{obj} 及增强后的场景阴影掩模图 I_S 后，虚拟物体可按照下式加入到真实场景中：

$$I_{final} = M \odot I_{obj} + (1-M) \odot I_S \odot I \tag{9.3}$$

式(9.3)中，M 为虚拟物体的掩模图，其值在虚拟物体处为1，否则为[0,1)区间中一个实数。式(9.3)中使用到的图像如图9.9所示。

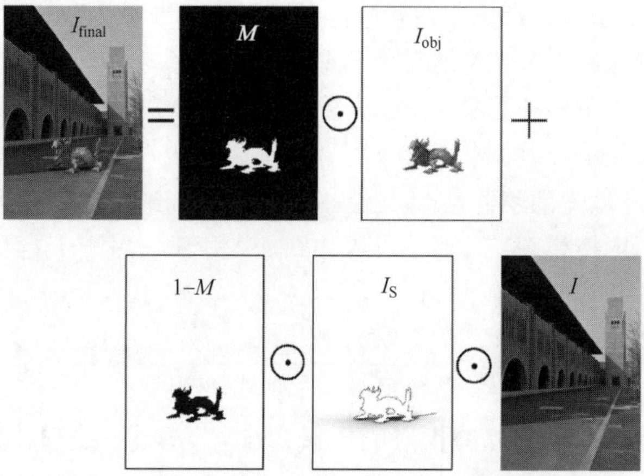

图9.9 真实场景与虚拟物体相互投射阴影的合成

9.2 虚实场景镜面映射效果交互与融合

现实生活中存在着大量镜面反射的物体，如镜子、水面、汽车表面、磨光的金属表面等，镜面映像使得这些物体表面呈现绚丽多彩的视觉效果。为了使虚实融合的结果具有较高的真实感，在增强现实中也要对虚实场景间的镜面映射效果进行模拟。需要模拟的效果主要分为两类，第一类为真实场景在虚拟物体表面的镜面映射，第二类为虚拟物体在真实场景表面上的镜面映射。本节将重点讨论增强现实技术中镜面映射效果的模拟方法和相关技术。

9.2.1 真实场景在虚拟物体表面上的镜面映射

如果要添加的虚拟物体表面具有镜面反射属性，则其表面会呈现周围真实环境的映像。利用8.2节中介绍的光照采集方法可以准确模拟这一现象，但是该方法需要使用特殊设备预先采集环境信息，而许多增强现实应用并不具备这一条件。模拟镜面映射效果的另一个思路是准确重建真实环境(包括几何与纹理)，将虚拟物体放置在重建场景中，通过整体光照重新绘制整个场景，从而将真实环境映射至虚拟物体表面。一方面，在实际应用中，很多情况下无法获取完整的场景信息(如相机背后的信息、被遮挡的场景等)，想要快速准确地重建整个场景难度较大；另一方面，即使获得了准确的场景重建信息，使用整体光照绘制场景也需要耗费大量的系统资源，难以达到实时绘制的目的。因此，在增强现实中往往使用简化的模型对场景进行粗糙的几何重建，并将拍摄的场景图像作为纹理映射至几何模型表面。实验证明，在获得了较为准确的光源信息后，使用简化的场景模型并不会对虚实融合的真实感带来过大的影响。下面将对真实场景粗糙几何建模技术、真实场景表面的纹理建模技术做简单介绍。

1. 真实场景粗糙几何建模技术

本节将重点介绍几种在基于单张图像的光照估计方法中使用的场景几何重建策略，更多几何建模方法可参考第 6 章。

平面是真实场景中常见的几何表面，许多物体都是由平面构成的，因此利用平面近似表示场景的几何是光照估计方法中几何重建的常用思路，可以大大简化场景表示和光照计算。

在仅有单张图像的情况下，通过用户交互可较好地保证重建的准确性。K. Karsch 等在 2012 年提出了一种基于用户交互的室内环境粗糙重建方法，该方法假设整个场景位于一个长方体房间内，这一假设符合大部分室内房间的结构特点。将场景分为可见部分和不可见部分，分别对应位于相机视野内和相机视野外的场景。对于可见部分而言，可通过交互指定墙面、地面和天花板间的交线来确定房间在图像中的表面；对于不可见部分而言，则利用房间各面互相垂直的约束进行粗略估计，房间内的物体则采用柱体近似表示，重建结果如图 9.10(a)所示。G. Xing 等于 2013 年针对室外环境提出了一套有效的粗糙几何重建策略。由于室外场景相对开放，因此可假设整个场景是由水平地面和若干竖直平面构成，只需根据相机标定的情况估计出地面所在平面方程，再交互指定竖直平面同地面的交线即可实现对于场景可见部分的粗略重建，重建结果如图 9.10(b)所示。由于室外环境缺少对于场景范围的约束，因此，对于不可见部分而言，根据应用需求，可将地面和位于图像边缘的竖直平面作为重建的几何面，也可不进行几何重建。

(a) 基于交互的室内重建结果　　(b) 基于交互的室外重建结果

(c) 基于RGBD的自动室内重建结果

图 9.10　场景几何粗糙重建结果

当已知场景深度信息时，可实现对场景粗糙几何的自动重建。以 G. Xing 等于 2020 年提出的方法为例：可基于单张室内场景 RGBD 图像自动估计场景粗糙几何，对于可见部分而言，根据捕获的深度图计算各像素的法向值，然后对法向图进行聚类；对于属于同一类的点而言，使用其 3D 信息进行平面拟合，每类点都对应一个平面，用这些平面即可实现对可见部分场景的粗略重建，如图 9.10(c)所示；对于不可见部分而言，则假定场景位于一个六面体盒子内，且相对的面互相平行，根据可见部分的表面信息近似估计不可见区域中六面体盒子的表面，进而实现对场景不可见部分的几何建模。

总体来说，以光照估计为目的场景几何重建对重建精度要求较低，对于场景可见部分而言，需要根据图像内容进行粗略重建；对于不可见部分而言，可基于合理的假设构建几何。具体的重建策略可根据实际问题进行调整。

2. 真实场景表面的纹理建模技术

为了使添加的虚拟物体表面能够映射周围环境的信息，除了重建场景几何外，还需为重建的几何模型表面赋予对应的纹理。继续将场景分为可见部分(相机视野内)和不可见部分(相机视野外)。只需根据相机内、外参数和场景几何信息即可计算拍摄图像同场景几何模型间的映射关系，从而生成场景可见部分的表面纹理，因此该工作的难点在于如何为场景不可见部分添加纹理。

一种最简单的方法是直接选择拍摄图像中的某个区域，将其映射到不可见场景部分的表面上，例如，将图像靠上的区域映射至场景不可见部分的天花板，将图像的中间区域映射至相机后方的墙面等。这种方法虽然实现起来较为简单，但是存在环境信息不连续的问题，当添加的虚拟物体有较强的镜面反射时，反射的影像会呈现明显缺陷。

另一种思路是根据场景的可见部分信息估计地面、墙面和天花板区域的材质参数，然后将其材质参数赋予场景不可见部分的相应区域，并通过估计的光照参数绘制不可见区域，以生成完整的场景纹理。该方法生成的场景环境过渡不会过于突兀，但是依旧无法生成真实的镜面反射效果，该方法构造的虚实融合效果如图 9.11 所示。

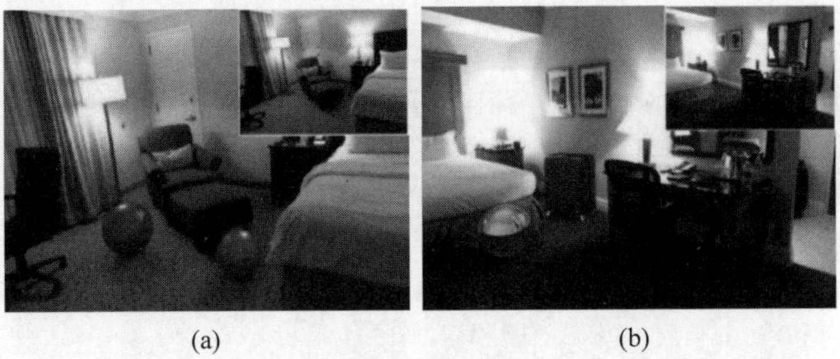

(a) (b)

图 9.11 虚实合成效果，右上角为原图

环境贴图记录了周围场景的信息，可准确模拟镜面映射的效果。因此，一种不同的想法是，首先根据场景可见区域计算场景环境贴图部分区域的值，再通过图像修补的方式补齐环境贴图中缺少的信息。对于仍无法补全的部分来说，若为室外场景，则可通过添加天空区域的方式进行处理。由于图像修补过程较为烦琐，所以，本书不再详细介绍，具体可参考 J. F. Lalonde 等于 2010 年的技术报告"Synthesizing environment maps from a single image"。这一方法模拟的镜面反射效果较好，所构造的虚实融合效果如图 9.12 所示。

9.2.2 虚拟物体在真实场景表面上的镜面映像

在现实生活中容易观察到，真实景物表面上的镜面反射与该表面的几何形状密切相关，因此为了模拟虚拟物体在真实景物镜面上的映射效果，首先需要重建真实镜面的几何，然后

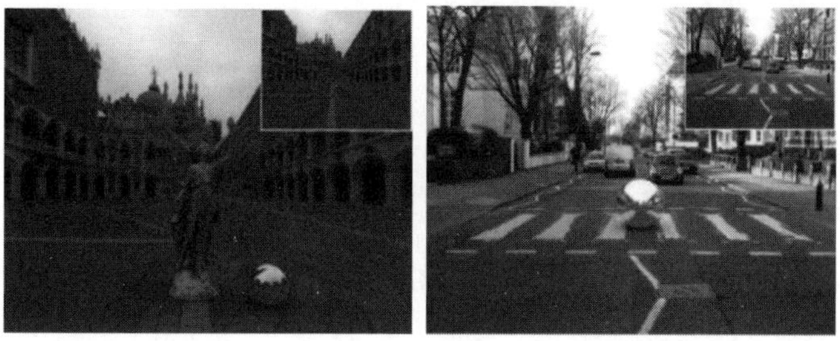

(a)　　(b)

图 9.12　虚实合成效果，右上角为原图

再将重建的镜面物体同嵌入真实场景的虚拟物体一起绘制，并按照 9.2.3 节中介绍的场景融合方法生成虚实融合画面，从而在真实场景表面上呈现虚拟物体的映像。真实场景几何的重建可采取第 6 章中介绍的 3D 重建方法。由于镜面映像仅发生在具有镜面反射属性的真实景物表面，因此在模拟这种镜面映射效果时，仅需重建真实场景中的镜面反射物体即可。对于距离虚拟物体较远的真实镜面物体，其表面产生的虚拟物体映像将非常不明显。在实际操作中，为了降低系统负担，可仅对虚拟物体附近的真实镜面反射物体进行几何重建。图 9.13 给出了一个虚拟物体映射在真实场景表面上的例子，其中机器人为添加的虚拟物体，图 9.13(a)展示了重建的场景，由于机器人只会在其附近的地面产生映像，故只需重建部分地面的几何即可，图 9.13(b)为绘制生成的虚拟机器人映射在虚拟地面上的结果，图 9.13(c)为最终合成结果。

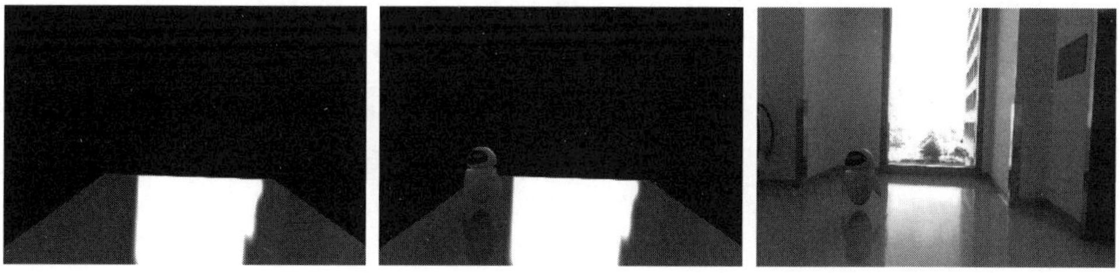

(a) 重建场景　　(b) 虚拟物体倒影生成　　(c) 合成结果

图 9.13　镜面映像生成所需的重建几何示意图

要在真实的镜面物体表面产生虚拟物体镜面映像，除了需知道镜面反射表面的几何形状外，还需获取该表面的反射材质属性。例如，光滑的镜面将产生非常清晰的映像，而瓷砖地面则会产生较为模糊的映像。因此，需要使用更为复杂的 BRDF 模型来估计真实物体镜面反射的相关属性参数。

P. Debevec 等尝试基于图像计算场景 BRDF。若已知场景光照信息和物体的表面几何、材质系数，则利用准确的 BRDF 模型绘制出的物体将同观察到的真实物体一致。基于该思想，在场景几何已知的假设下，计算场景材质属性的 BRDF 求解算法步骤如下。

(1) 为真实的场景景物选择一个合理的材质模型(漫反射、漫反射＋镜面反射或任意 BRDF)。

(2) 给选择的材质模型一个初始参数值。

(3) 根据初始的材质参数值，计算场景的光照信息。

(4) 使用得到的光照、材质信息绘制场景，将绘制结果同真实物体的外观进行比较。

(5) 若绘制的结果同物体的真实外观差异较大，则更新场景材质参数，并返回第(3)步继续优化；否则，求解过程结束。

使用P. Debevec等的方法获取的材质结果及虚实融合效果如图9.14所示，可以看到添加虚拟物体后，桌面上产生了虚拟物体的倒影。

(a) 原始场景　(b) 带有虚拟桌面的合成效果　(c) 去掉虚拟桌面的合成效果

图9.14　使用Debevec等的方法获取的场景材质及虚实融合结果

9.2.3　虚实场景镜面映射效果融合方法

将真实环境的映像呈现在虚拟物体表面的关键在于获取场景的整体光照信息(如环境贴图)。利用获取的场景整体光照绘制虚拟物体，使虚拟物体镜面映射出真实场景影像。因此只需重建高质量的整体光照就可在虚拟物体表面产生真实场景的倒影。

虚拟物体在真实场景中的映像可按下述方法产生。

(1) 首先重建虚拟物体放置处及其四周场景表面的几何、材质信息。

(2) 将虚拟物体和重建的局部场景一起绘制，记绘制结果为I_{scene}^{obj}。

(3) 仅绘制重建的局部场景，记绘制结果为I_{scene}。

(4) 获取虚拟物体的掩模图M_{obj}，该图中虚拟物体的像素值为1，非虚拟物体的像素值为0。

(5) 根据下式生成虚实融合结果：

$$I_{result}=M_{obj}\odot I_{scene}^{obj}+(1-M_{obj})\odot \frac{I_{scene}^{obj}}{I_{scene}}\odot I_{back} \tag{9.4}$$

其中，I_{back}为使用的真实图像；$\odot$表示两个图像对应像素的乘积；其余加、减、除等操作也均为图像对应像素间的加法、减法、除法操作。式(9.4)中的各图像如图9.15所示。

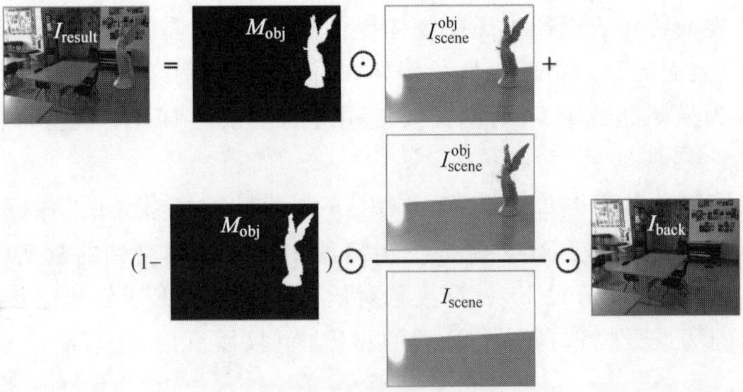

图9.15　镜面物体的虚实融合

虚实融合在设计、商品营销、景观评价等领域具有非常重要的意义。由于许多物体的设计对象造价太高或无法拥有实物，因此，高品质的虚实融合效果是非常重要的。图 9.16 是由日本(株)三英技研提供的对大桥的两个设计方案进行景观评价的实例。虚拟景物的绘制考虑了现场的光线、遮挡、水面倒影及水面对大桥的反射光线等要素，生成了非常逼真的效果。

(a) 原图像　　(b) 大桥方案A效果图　　(c) 大桥方案B效果图

图 9.16　镜面物体的虚实融合

扩展阅读

正确的阴影交互效果是保持虚实融合结果真实感的重要因素。本书中介绍的基于阴影体和阴影纹理的算法具体可参考 Housheng Wei 等于 2019 年发表的"Simulating shadow interactions for outdoor augmented reality with RGBD data"和 Guanyu Xing 等于 2013 年发表的"Lighting simulation of augmented outdoor scene based on a single image"。除了本章中介绍的方法外，Yungyu Chuang 等于 2003 年发表的"Shadow matting and compositing"，Kevin Karsch 等于 2011 年发表的"Rendering Synthetic Objects into Legacy Photographs"等论文也实现了虚实阴影的交互，感兴趣的读者可阅读上述文献。对于镜面映射效果的模拟可参考 Paul Debevec 等于 1998 年发表的"Rendering synthetic objects into read scenes: Bridging traditional and image-based graphics with global illumination and high dynamic range photography"一文。

在真实世界中，物体间除了投影、倒影等现象外，还存在更为复杂的光影交互效果。目前，在增强现实领域，对这些光影效果的模拟研究还比较少，亟须展开进一步的研究。例如，漫反射物体之间会产生颜色辉映，在真实感图形学中可以通过辐射度算法模拟这一现象，但是在虚实融合场景中如何生成这种效果仍是一个值得探索的问题；自然场景中存在透明的物体，在增强现实中，有时可能需要将虚拟物体放置在真实场景中一个透明物体之后，或者放置的虚拟物体本身就是一个透明物体，如何模拟虚实景物间的透射效果，目前还缺乏成熟的解决方案；向真实场景中添加自发光的虚拟物体，如何模拟该发光虚拟物体对真实场景光影的影响也是一个具有挑战的问题。当然，在实现了场景的几何、材质精确重建的情况下，模拟上述现象并非难题。但是，由于场景重建本身就是一项极具挑战的研究，因此上述问题将会成为未来光照一致性的重要研究内容。

习题

1. 简述阴影的形成原理及其在增强现实系统中的作用。

2. 简述虚实融合中的阴影检测与一般单幅图像阴影检测有什么区别和联系?

3. 9.1 节介绍的阴影纹理算法在实际使用时有哪些优势与不足?

4. 分别说明在虚拟物体表面产生真实场景镜面映像和在真实场景中镜面映射虚拟物体的关键技术。

5. 将虚拟物体加入真实场景,根据 9.1 节介绍的虚实阴影交互方法实现虚拟物体阴影向真实场景的投射和虚实阴影的正确交互效果。

6. 将虚拟物体加入真实场景,通过手工设定场景中镜面反射表面的材质属性来实现虚拟物体在真实场景表面产生的镜面映像。

7. 除了书中提出的虚实物体间的阴影、倒影等光影交互外,为了获得逼真的视觉融合效果,还需要模拟虚实物体之间的哪些光影现象?

8. 根据第 8 章、第 9 章介绍的内容,生成一张满足光照一致性的虚实融合图像。

第 10 章 增强现实中的图像融合

CHAPTER 10

增强现实的最终目标是实现虚实融合。在第 1～9 章中，都假设虚拟空间是由 3D 图形技术来表达和呈现的。尽管这是增强现实最普遍的形式，但在某些情况下，直接通过 2D 图像来表示虚拟物体会更为便捷高效。若虚拟物体由图像来表示，则虚实融合就等同于图像融合。本章将对相关的图像融合方法进行探讨。

10.1 图像融合与增强现实

视频演示

图像融合的目标是便捷地将来自不同图像的内容进行融合，并使得融合后的图像具有良好的视觉效果。该问题在图像处理和计算机图形学中都已经有很长的研究历史。图像融合中最具代表性的一个问题是背景替换，即保留输入图像中用户感兴趣的对象(前景)，并将背景替换为另一图像。如果将图像前景看作一个虚拟对象，则背景替换就是将该虚拟对象融合到新背景场景的过程，因此也可被看作一种特殊形式的虚实融合。显然，在融合的过程中也需要考虑前景和背景之间的几何关系、光照的一致性等问题，这和本书第 1～9 章讨论的问题非常类似。

由于在这种形式的虚实融合中，前景物体和新的场景都由 2D 图像表示，缺乏 3D 信息，因此在图像融合过程中，难以根据虚实空间关系对前景进行调整，需要在获取前、背景图像时预先确定，这在很大程度上限制了图像融合技术在增强现实中的应用。尽管如此，由于图像获取的便捷性及高真实度，图像融合仍是对虚实融合技术的有效补充。如果待融合的虚拟物体是一个平面，则虚实融合可以完全由图像融合来代替。图 10.1 显示了一个将现实场景中的警示牌替换为虚拟电影幕布的效果。由于警示牌和虚拟电影幕布都是平面，其在 3D 空间的变换可以通过单应性矩阵来精确表示，因此只要知道警示牌与其标准正视图模板的单应性变换 $\boldsymbol{H}$，就可以基于 $\boldsymbol{H}$ 将电影画面变换到与警示牌一致的位姿，进而通过图像合成进行融合。注意这里并不需要显示分解出警示牌的 3D 位姿参数 $\boldsymbol{R}$、$\boldsymbol{t}$，也不需要知道相机的内参矩阵 $\boldsymbol{K}$，这些信息都包含于 $\boldsymbol{H}$ 中(式(3.3))。显然，如要将虚拟的平面物体嵌入一真实场景的画面中，采用图像融合方法来实现，就要简单、高效得多。

与虚实融合一样，图像融合的结果也要求是“无缝”的，为此需要满足两个条件：一是不同图像对象之间的边界要自然融合，避免过度生硬、模糊，以及在运动画面中闪烁等；二是在融合后的图像中，不同来源的图像对象(前景和背景)要具有一致的表观属性(色调、亮度

(a) 原图像　　　　(b) 虚实融合效果

图 10.1　基于图像融合实现的增强现实效果

等)。边界的自然融合是图像融合最基本的要求,也是大部分图像融合方法致力于解决的问题。表观属性的一致性即第 7 章讨论的虚实融合一致性问题,但是由于缺乏 3D 信息,且图像融合更强调便捷性,因此一般都采用一些简化的方法进行处理。

10.2　基于抠像-合成的图像融合

图像抠像与合成是实现图像融合最常采用的方式,也是适用范围最广泛的一种方式。抠像的目标是将源图像中的前景和背景进行精确分离,因此在抠像的基础上,图像融合可以较容易地完成。

10.2.1　图像合成

如图 10.2 所示,进行图像合成需要输入 3 幅图像,即前景图像 F、前景图像中前景物体的掩码 α(以下称 α 图像),以及待合成的背景图像 B。如果前景图像和背景图像大小不同,则可通过缩放和裁剪,将前景置于背景图像中的合适位置。不失一般性,假设 F、α、B 具有相同的大小,则可采用如下公式计算合成图像:

$$C_i = \alpha_i F_i + (1 - \alpha_i) B_i \tag{10.1}$$

其中,i 为像素索引;C 为合成图像。式(10.1)称为合成公式,实际上是以 α 为权重,对前景和背景的像素值进行加权平均。注意这里假设 α 的取值范围是 0~1,但在实际图像中一般是 0~255,需要先进行归一化。

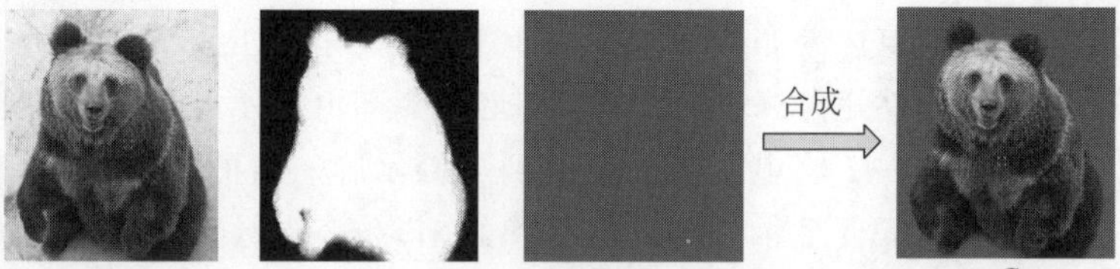

F (a)　　α (b)　　B (c)　　C (d)

图 10.2　图像合成

在增强现实应用中,前景图像和背景图像通常来自不同的环境,其亮度、颜色往往不一致,因此直接进行合成并不能得到自然的融合效果。这与第 7、8、9 章讨论的虚实融合一致性问题是类似的。不过在图像融合问题中，一般背景场景和前景物体的3D几何信息都未知，因此估计环境的光照信息和对前景进行一致性处理存在很大的困难。

一种简单的处理方法是调整前景的颜色，使其均值和方差与背景图像一致。E. Reinhard等于2001年将该方法用于颜色迁移。给定输入图像及另一张参考图像，颜色迁移的目标是调整输入图像，使其颜色、亮度等与参考图像尽量一致。如果把背景作为参考图像，则该方法也可以被用于图像合成的一致性处理。E. Reinhard等采用了一种很简单的方式进行颜色迁移：将图像转换到Lab颜色空间，并将源图(待调整图像)进行如下变换。

$$\left.\begin{aligned} L' &= \frac{\sigma_t^L}{\sigma_s^L}(L_s - \bar{L}_s) + \bar{L}_t \\ a' &= \frac{\sigma_t^a}{\sigma_s^a}(a_s - \bar{a}_s) + \bar{a}_t \\ b' &= \frac{\sigma_t^b}{\sigma_s^b}(b_s - \bar{b}_s) + \bar{b}_t \end{aligned}\right\} \tag{10.2}$$

其中，σ_s、σ_t 分别是源图和参考图像颜色的方差，$\bar{L}$、$\bar{a}$、$\bar{b}$ 分别表示3个通道颜色的均值。显然，经上述变换后，所得结果图像的均值和方差都将与参考图像相同。

图10.3为E. Reinhard等用上述方法进行图像合成一致化处理的效果。该方法实现简单、速度很快，但其局限性也非常明显。由于没有区分物体颜色与光照颜色，因此，如果背景图像中的物体颜色与光照颜色差异较大，则将导致调整后的前景颜色出现明显的失真。例如，如果背景是绿色的草地，前景是人物，那么上述方法会将人的皮肤也变成绿色，这显然是不正确的。直至目前，全自动的合成一致化处理仍面临很大的困难。

(a) 直接合成的结果　　(b) 一致化处理后的结果

图10.3 图像合成的一致化处理(见彩插)

10.2.2 蓝幕抠像

为了进行图像合成，首先需要获得前景图像所对应的 α 图，这个过程称为前景图像抠像。抠像的目标是将图像中的前景与背景分离，显然，前景和背景的颜色差异越大，抠像越容易。本小节将介绍一种针对特殊背景的抠像方法，即蓝幕抠像。对任意自然背景进行的图像抠像方法将在10.2.3节中进行介绍。

蓝幕抠像是影视制作中最主要的抠像技术。如图10.4所示，通过构建专门的拍摄环境，使得拍摄前景对象时其视频背景为蓝色，同时前景对象本身不包含蓝色，这样就可以通过所拍摄图像上相关像素的颜色中所包含蓝色的成分来计算前景对象的掩码值。根据实际拍摄环境的不同，蓝幕也经常用绿幕替代，这主要取决于前景可能包含的颜色。

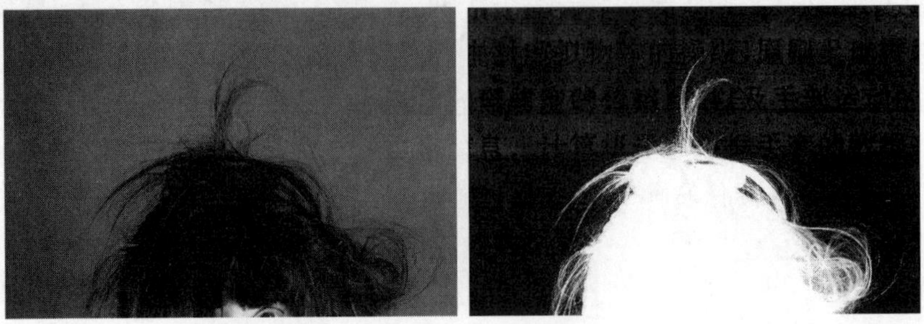

(a) 输入图像 (b) 抠像得到的α图

图 10.4 蓝幕抠像

一方面，需要注意的是，即使已知背景颜色为蓝色，抠像也并非很容易求解。在式(10.1)中，假设 C、F、B 都是像素的 RGB 颜色，则即使给定背景色 B，也仍然包含 4 个未知数（α 值与 F 的 RGB 值），但现只能建立 3 个方程，所以蓝幕抠像仍然是一个欠约束问题。另一方面，在实际环境中，背景的蓝幕仍存在不同程度的亮度变化，以及阴影等，因此背景色并不是一个常数，不能假设背景色 B 是已知的。此外，背景环境对前景光照的影响将不可避免地导致在蓝幕环境中拍摄的前景偏蓝，从而进一步增加了抠像的难度。

一种蓝幕抠像方法是色差法，其思想是利用 RGB 三通道之间的差异来计算像素的透明度值。假设输入像素值 C 的 RGB 三通道值分别为 C_r、C_g、C_b，如果背景为蓝色，则可以按下式计算色差：

$$d = C_b - \max(C_r, C_g) \tag{10.3}$$

如果像素值都归一化为 0～1，则易知 $d \in [-1,1]$。对于背景而言，可以认为 C_b 应该明显大于 C_r 和 C_g，因此 d 是较大的正值；而对于前景而言，d 的值较小或为负值。因此，可以根据 d 来计算像素的透明度。例如，可以设定两个阈值 T_0 和 T_1，然后计算 α 值为

$$\alpha = \begin{cases} 1 & d < T_0 \\ 0 & d > T_1 \\ (T_1 - d)/(T_1 - T_0) & \text{其他} \end{cases} \tag{10.4}$$

其中，T_0 和 T_1 可以调整 α 对 d 值变化的响应，使得前景的 α 接近 1，而背景的 α 接近 0。值得指出的是，T_0 和 T_1 对最终结果会有较大的影响，需要根据不同的环境调试设定。

色差法最早用于著名的商业抠像软件 Ultimate，并申请了专利保护。在 Ultimate 初始版本中采用如下方法计算像素的透明度：

$$\alpha = 1 - a_1(C_b - a_2 C_g) \tag{10.5}$$

其中，a_1 和 a_2 是两个用户设定的参数，与式(10.4)中的 T_0 和 T_1 作用相当。注意上述方法中只用了蓝色和绿色通道，Ultimate 在随后的版本中对色差法进行了不断的改进，并都申请了专利保护。

另一种蓝幕抠像方法是 3D 法。3D 法的基本思想是将像素的 RGB 颜色看作 3D 颜色空间的点，然后在颜色空间中用一组 3D 表面将背景颜色所在区域与其他区域进行分割，再根据像素颜色离分割表面的距离计算 α 值。最简单的方法是计算背景色的均值，然后用一

个球面进行分割，这相当于根据像素离背景色均值的距离，设定阈值来计算 α 值。更精确的方法是构建一个空间多面体并进行分割。3D 法被应用于另一个著名的抠像软件 Primatte。相比于色差法，3D 法可以更充分地利用 RGB 颜色的信息，但是困难之处在于如何方便精确地构造背景色的分割表面。

色差法和 3D 法都是在实际应用中被广泛采用的方法，但它们都较多地依赖于用户经验和参数调节。那么，是否存在一些特殊情况，用解析方法即可直接得出抠像结果呢？在文献[111]中讨论了 3 种这样的特殊情况。

(1) 前景不包含蓝色($F_b=0$)，而背景只有蓝色($B_r=B_g=0$)；

(2) 前景中的绿色或红色通道与蓝色通道值相等($F_g=F_b$ 或 $F_r=F_b$)，且背景只有蓝色($B_r=B_g=0$)。

(3) 对相同的前景色 F 和前景 α 值，知道两种不同的背景色 B^1 和 B^2。

上述情况很容易通过合成公式来理解。对于情况(1)和情况(2)来说，未知数的个数都减少为 3 个，因此可以通过 3 个通道的约束进行求解。对于情况(3)来说，通过两种不同的背景色可以建立 6 个约束方程(对于 B^1 和 B^2 来说，可能有两个通道值相等的情况，但这也至少有 4 个约束)，而未知数只有 4 个，因此也可以求解。不过，上述条件在实际情况中很难满足，因此只在实验室条件或理论上有意义。

10.2.3 自然图像抠像

与蓝幕抠像不同，由于自然图像抠像所处理的前景和背景都是任意的。因此，自然图像抠像更难以自动完成，一般都需要用户进行适当的交互。常见的交互方式有两种，一种是三分图，一种是自由笔刷，如图 10.5 所示。三分图用掩码将图像分为前景、背景与未知 3 种区域，其中前景区域像素的 α 值确定为 1，背景区域像素的 α 值确定为 0，而未知区域像素的 α 值需要通过抠像方法进行计算。三分图的构造需要较多的用户交互，对抠像而言是一种较为精确的交互方式，在实际软件系统中可以让用户勾勒出物体的内外边界来予以实现。相比而言，自由笔刷是一种更为便捷的交互方式，只需用户指定一些前景和背景的种子像素即可。自由笔刷也是交互式图像分割所采用的主要交互方式，在现有的图像编辑软件中被广泛采用。注意，自由笔刷实际上也是将画面像素分为前景、背景和未知 3 类，因此也可以认为是一种不太准确的三分图。显然，适用于自由笔刷的抠像方法也适用于三分图的交互方式。

(a) 原图　　(b) 三分图　　(c) 自由笔刷

图 10.5 自然图像抠像的交互方式

自然图像抠像在 2000 年后才得到学术界的关注，到目前为止已经发展出很多种方法，这些方法中的很多都基于相似的基本原理。近年来，深度学习技术也被用来解决抠像问题，在公开数据集上表现突出。关于最新抠像方法的相关文献和评测可以参考 www.alphamatting.com 这个网站。接下来将介绍经典抠像方法中最为广泛使用的两种基本模式，即采样法和传播法。

1. 采样法

采样法比较适用于三分图的交互方式。注意，在三分图中，未知区域一般是其 α 值难以交互指定的像素，如半透明区域、毛发或物体边界附近的像素等。因此，未知区域的宽度一般较窄。在未知像素 C 的周围，可以采集到一些前景颜色值$\{F_i\}$和一些背景颜色值$\{B_j\}$。图 10.6 显示了在一个未知像素周围进行采样的例子。对一个给定的未知像素(绿色)而言，可以找到离其最近的前景像素(红色)和背景像素(蓝色)。沿着前景和背景区域的边界进行采样。沿边界进行采样的目的是希望采集的前、背景颜色离未知像素尽量接近。在前景和背景区域的内部进行采样是不必要的。

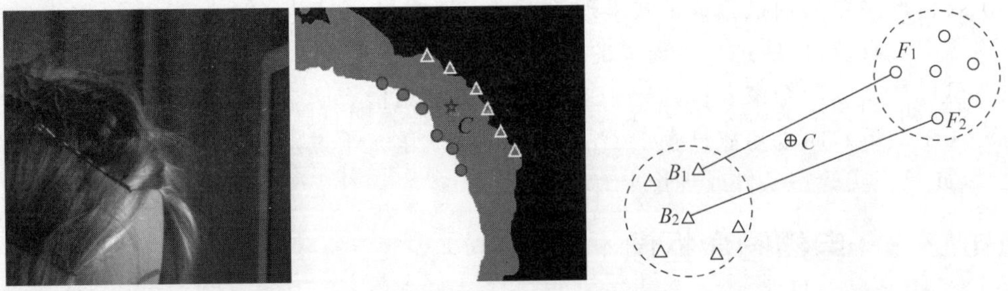

图 10.6　基于采样的抠像原理

采样法进行抠像的基本假设是，一个未知像素 C 的颜色，应该可以通过某一对前、背景像素采样颜色(F_i, B_j)，并根据合成公式插值得出。换言之，在 RGB 颜色空间，C 应该位于某一对采样颜色(F_i, B_j)的连线上。因此，给定一个前、背景颜色对，就可以用 C 离它们之间连线的距离来评估其好坏。如图 10.6 所示，由于 C 离 F_1B_1 的距离比 C 离 F_2B_2 的距离要小，因此可以认为(F_1, B_1)更可能是 C 对应的前景和背景色。要找出最优的颜色对，则需要对所有颜色对进行穷举，所以如果采样到的前景和背景颜色个数都是 n，则需要进行 n^2 次测试。

当获得最优采样对后，就相当于该像素的前景色和背景色已知，因此可以较容易地估计出 α 值。假设(F_i, B_j)是最优的颜色对，则较常采用的一个 α 值估计方法是：

$$\alpha = \frac{(C - B_j)(F_i - B_j)}{\| F_i - B_j \|^2} \tag{10.6}$$

即以 B_jC 在 B_jF_i 上的投影占 B_jF_i 长度的比例作为像素的 α 值。

采样法在早期的抠像方法中被普遍采用，其优点是可以跨越像素的邻接关系而进行远距离的信息传播，这对于处理稀疏毛发、网状物等前、背景交替出现的结构是非常有效的。同时，采样法可以同时获得像素的 α 值和前景色，而不必再单独进行前景色估计。不过，采样法也存在较明显的局限性。首先，其对每个未知像素都需要进行单独处理，因此难以保证抠像结果的空间连续性；其次，若在未知区域中不能找到合适的前、背景颜色像素(假设条件不满足)，则其结果往往会出现较大的偏差，因此对输入三分图的准确性要求较高，不适用于采用自由笔刷进行交互的情况；最后，由于需要进行大量测试才能找到最优前、背景颜色对，因此计算量往往较大。

2. 传播法

传播法的基本思想是将图像看成由邻近像素相互连接构成的一幅图。在图上根据像素的局部连接，基于前景像素和背景像素（种子像素）建立的约束条件，将其逐步传播到未知区域像素。传播法在解决很多实际问题时均可采用，其最初形式来源于物理学上的热传导过程，最终可通过建立线性方程组来求解。

为了便于理解传播法，首先介绍一种利用传播法进行图像分割的方法。假设输入图像有 n 个像素，并将每个像素看作图的一个节点，且相邻像素（4 连通或 8 连通）通过边相连。记第 i 个像素的透明度值为 α_i，首先建立邻近像素的一个局部约束。为此，假设像素 i 与其邻域像素之间满足以下关系：

$$\alpha_i = \frac{1}{d_i}\sum_{j \in \mathrm{N}(i)} \omega_{ij}\alpha_j, \quad d_i = \sum_{j \in \mathrm{N}(i)} \omega_{ij} \tag{10.7}$$

其中，$\mathrm{N}(i)$是与像素 i 相邻的像素集合；ω_{ij} 是像素 i、j 之间的权重系数，一般用于度量像素之间的相似性：

$$\omega_{ij} = \exp(-\beta \| I_i - I_j \|^2) \tag{10.8}$$

其中，I_i、I_j 表示像素的颜色；β 是一个常系数。因此，如果像素 i、j 之间的颜色差异越小，则 ω_{ij} 越大，相应地 α_j 对 α_i 的影响也越大。这使得求解出的像素的 α 值在跨越图像边缘时会发生较明显的变化，有助于获得与边缘对齐的分割结果。

根据式(10.7)，如果 α_j 已知，则可以直接计算出 α_i。为了对一般情况进行求解，可以将式(10.7)写成如下形式：

$$d_i\alpha_i - \sum_{j \in \mathrm{N}(i)} \omega_{ij}\alpha_j = 0 \tag{10.9}$$

这实际上是关于所有像素透明度值的一个线性方程组。记$\boldsymbol{\alpha} = (\alpha_1, \alpha_2, \cdots, \alpha_{n-1}, \alpha_n)^{\mathrm{T}}$ 是由所有像素透明度值组成的未知向量，则式(10.9)可以写为

$$\boldsymbol{L\alpha} = 0 \tag{10.10}$$

其中，$\boldsymbol{L}$ 是一个 $n \times n$ 的稀疏矩阵：

$$L_{ij} = \begin{cases} d_i & i = j \\ -\omega_{ij} & j \in \mathrm{N}(i) \\ 0 & \text{其他} \end{cases} \tag{10.11}$$

式(10.11)矩阵 $\boldsymbol{L}$ 被称为拉普拉斯矩阵，因为与图像的拉普拉斯算子一样，其作用也是计算中心像素(α_i)与其相邻像素(α_j)之间的差异值。

注意，式(10.10)仅表示了局部像素之间的关系，直接对其求解只能得到$\boldsymbol{\alpha} = 0$ 的平凡解。为了获得求解结果，还需要添加种子像素的约束。记 S^0、S^1 分别是背景和前景的种子像素的集合，需要求解如下带约束的线性方程组：

$$\begin{aligned} &\boldsymbol{L\alpha} = 0 \\ \text{s.t.}\ &\alpha_i = 0 \quad \forall i \in S^0 \\ &\alpha_i = 1 \quad \forall i \in S^1 \end{aligned} \tag{10.12}$$

对上述问题的求解可以转换为如下优化问题：

$$\boldsymbol{\alpha} = \arg\min_{\boldsymbol{\alpha}} \boldsymbol{\alpha}^{\mathrm{T}}\boldsymbol{L\alpha} + \lambda(\boldsymbol{\alpha} - \hat{\boldsymbol{\alpha}})^{\mathrm{T}}\boldsymbol{D}(\boldsymbol{\alpha} - \hat{\boldsymbol{\alpha}}) \tag{10.13}$$

其中$\hat{\boldsymbol{\alpha}}$是一个$n$维向量,$\boldsymbol{D}$是一个$n\times n$的对角矩阵,如果$i$是一个种子像素(即$\alpha_i$已知),则$\hat{\alpha}_i=\alpha_i$,$\boldsymbol{D}_{ii}=1$;否则$\hat{\alpha}_i=0$,$\boldsymbol{D}_{ii}=0$。$\lambda$是一个较大的常数。上述形式对$\boldsymbol{\alpha}$求偏导并置结果为0可得:

$$(\boldsymbol{L}+\lambda\boldsymbol{D})\boldsymbol{\alpha}=\lambda\hat{\boldsymbol{\alpha}} \tag{10.14}$$

可以通过线性方程组来进行求解。

上述方法是由L. Grady等于2006年提出的,在图像分割领域被称为随机游走方法,因为在L. Grady等的论文中,是通过随机游走过程得出上述方法的。注意,与普通图像分割不同,上述方法得到的α值是0~1的连续值,从结果上看更接近于抠像,在有的文献中也称之为软分割。不过,将上述方法用于抠像,其结果并不佳。这主要是因为在上述方法中,建立像素间局部约束的权重函数ω_{ij}是凭经验设置的,这并不符合图像合成的基本原理。

接下来,将介绍一种针对抠像的传播法,其与上述图像分割法的主要不同在于像素间的局部约束不同。这里,假设图像中任意一个小图像块k(如3×3或5×5大小),其内任意像素i的透明度值都可以通过该像素的颜色值I_i来线性表示:

$$\alpha_i=a_kI_i+b_k \tag{10.15}$$

其中a_k、b_k对每个局部图像块中的所有像素都是相同的。a_k表示与像素颜色I_i进行内积的系数,对于灰度图来说是标量,对于RGB图像来说是长度为3的向量。上述假设条件被称为图像的**线性颜色模型**,实际上是对像素透明度值的一种局部约束。注意,在式(10.15)中,a_k、b_k、α_i都是未知的,对单个图像块无法进行求解。不过,由于局部图像块之间是相互重叠的,所以每个像素都会被多个图像块覆盖,对整幅图像可以建立如下优化函数:

$$\boldsymbol{J}(\boldsymbol{\alpha},\boldsymbol{a},\boldsymbol{b})=\sum_{k\in I}\left(\sum_{i\in w_k}(\alpha_i-a_kI_i-b_k)^2+\varepsilon\|a_k\|^2\right) \tag{10.16}$$

其中,w_k表示第k个局部窗口;ε是一个常系数。式(10.16)中的正则化项用于改善结果的稳定性,例如,图像在某个窗口中的像素值如果为常数,则a_k和b_k不能唯一确定。此外,最小化范数会使解更偏向于平滑,这对图像而言是经常施加的一种约束。

由于并不关心a_k、b_k的具体值,因此可以先通过求解以下优化问题将其消除:

$$\boldsymbol{J}(\boldsymbol{\alpha})=\min_{\boldsymbol{a},\boldsymbol{b}}\boldsymbol{J}(\boldsymbol{\alpha},\boldsymbol{a},\boldsymbol{b}) \tag{10.17}$$

这样便得到以下形式的目标函数:

$$\boldsymbol{J}(\boldsymbol{\alpha})=\boldsymbol{\alpha}^{\mathrm{T}}\boldsymbol{L}\boldsymbol{\alpha} \tag{10.18}$$

其中,$\boldsymbol{L}$是$n\times n$的矩阵,如果图像I是单通道的灰度图,则$\boldsymbol{L}$的第(i,j)项:

$$L_{ij}=\sum_{k|(i,j)\in w_k}\left\{\delta_{ij}-\frac{1}{|w_k|}\left[1+\frac{1}{\frac{\varepsilon}{|w_k|}+\sigma_k^2}(I_i-\mu_k)(I_j-\mu_k)\right]\right\} \tag{10.19}$$

其中,δ_{ij}仅当$i=j$时取值为1,否则等于0。μ_k和σ_k^2是窗口w_k中像素的均值和方差,$|w_k|$为窗口中的像素数。注意,如果像素对(i,j)没有被包含于任意一个窗口,则$L_{ij}=0$。由于一般取3×3或5×5的窗口大小,且只有邻近的像素对才可能落到同一个窗口,因此$\boldsymbol{L}$依然是一个非常稀疏的矩阵。

对比式(10.18)与式(10.13),可以发现式(10.18)是式(10.13)中的第一项,只是矩阵$\boldsymbol{L}$的定义不同。显然,对$\boldsymbol{J}(\boldsymbol{\alpha})$进行最小化,也只能得到$\boldsymbol{\alpha}=0$的平凡解。这是因为还没有添加

种子像素的约束。因此，可以按照式(10.13)的形式添加种子像素的约束，进而求解抠像结果。

如果输入图像 I 是 RGB 的 3 通道图像，则可以通过最小化式(10.16)得到矩阵 $\boldsymbol{L}$：

$$L_{ij}=\sum_{k|(i,j)\in w_k}\left(\delta_{ij}-\frac{1}{|w_k|}\left(1+(I_i-u_k)\left(\boldsymbol{\Sigma}_k+\frac{\varepsilon}{|w_k|}I_3\right)^{-1}(I_j-u_k)\right)\right) \tag{10.20}$$

其中，$\boldsymbol{\Sigma}_k$ 是窗口 w_k 内像素的协方差矩阵。计算出 $\boldsymbol{L}$ 矩阵后，同样可以按照式(10.13)求解 $\boldsymbol{\alpha}$。通过上述过程得出的矩阵 $\boldsymbol{L}$ 被称为抠像拉普拉斯矩阵。

传播法与采样法在很大程度上具有互补性。一方面，由于传播法将图像作为一个整体进行优化求解，因此可以较好地保持结果的空间平滑性。另一方面，由于像素之间仅通过局部约束传递信息，因此在处理毛发、网状物等前、背景交替变化的区域时可能显得过于平滑。实际上，现有的很多抠像方法都结合了上述两种思想，即先通过采样获得初值，再利用传播法进行整体优化。

10.3 其他融合方法

基于抠像合成的图像融合方法虽然理论上具有较广泛的适应性，但是实现便捷的图像抠像至今仍是较为困难的问题。特别是在有些情况下，待融合的前景物体在原图像中，其区域边界不太明确，这时候就不太适合采用抠像合成的方法进行融合。本节将介绍一些其他的图像融合方法，包括多分辨率融合、基于图割的融合及泊松融合等。这些方法适用于各种不同的情况，是对抠像融合方法较为有效的补充。

10.3.1 多分辨率融合

多分辨率融合是图像融合的经典方法，其中最具代表性的是基于拉普拉斯金字塔的融合方法。图 10.7 是 OpenCV 官方文档中关于拉普拉斯金字塔图像融合的例子，采用拉普拉斯金字塔融合，可以消除直接拼接导致的明显接缝。

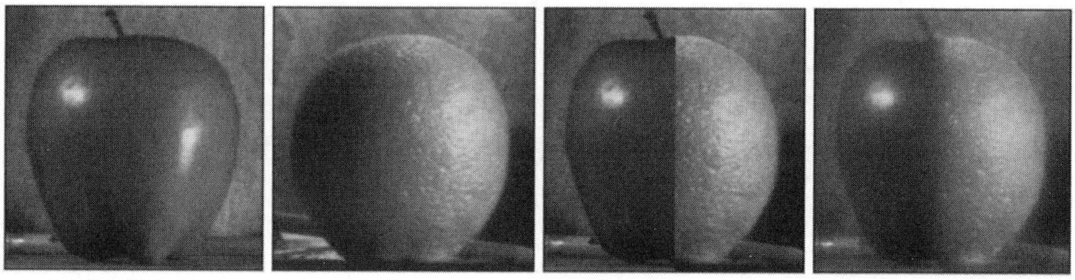

(a) 输入1　(b) 输入2　(c) 直接拼接　(d) 多分辨率融合结果

图 10.7　基于拉普拉斯金字塔的多分辨率图像融合

图像金字塔在数字图像处理和计算机视觉领域都有广泛的应用，其中最为常用的是高斯金字塔和拉普拉斯金字塔，在 5.3.1 节中已有所涉及。典型的高斯金字塔构造过程如图 10.8 所示。对于给定的图像 G_1(原图)来说，首先对 G_1 进行高斯模糊，然后下采样到原图大小的 1/2，得到 G_2；接着对 G_2 再次进行高斯模糊，再下采样得到 G_3；如此循环直至产生顶层图像 G_n。金字塔层数越高，图像的分辨率越低，同时图像所经过高斯模糊的次数越多，因此图像中包含的细节信息越少。

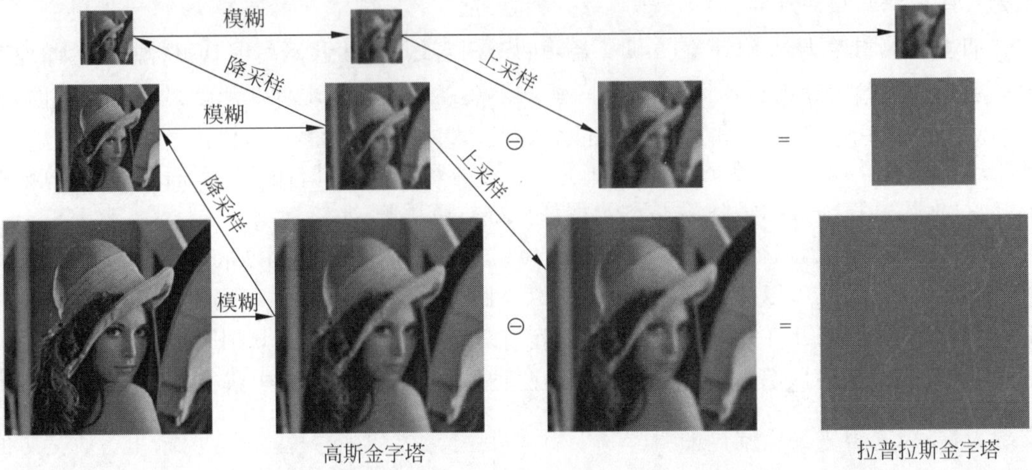

图 10.8　高斯金字塔与拉普拉斯金字塔的构造过程

在高斯金字塔的基础上，可以较容易地构造拉普拉斯金字塔。如图 10.8 所示，假设拉普拉斯金字塔一共有 n 层，则前 $n-1$ 层可由高斯金字塔按 $L_i=G_i-\text{expand}(G_{i+1})$ 的方式计算得来，而第 n 层（最顶层）则与 G_n 相同。其中，expand 操作表示把图像上采样到原始大小的 2 倍。因此，对前 $n-1$ 层来说，L_i 实际上是 G_i 和 G_{i+1} 的差。由于 G_{i+1} 是 G_i 高斯模糊后的结果，因此 L_i 实际上包含了图像中的一些细节信息。注意，这种构造方式是通过高斯金字塔中相邻两层的差来计算拉普拉斯响应，其原理如 5.1.2 节所述。采用高斯差分（DoG）可以对高斯拉普拉斯（LoG）进行近似计算。

拉普拉斯金字塔的一个重要特点是，基于其分解表示，可以对原图进行重建。重建的过程很简单，首先对拉普拉斯金字塔最顶层图像 L_n 上采样为原始大小的 2 倍，然后再与 L_{n-1} 相加，得到的结果再上采样 2 倍后与 L_{n-2} 相加，重复这个过程直至到达金字塔的最底层，所得结果即是重建所得的图像。

基于拉普拉斯金字塔的图像融合方法正是利用了拉普拉斯金字塔对图像的分解和重建能力，其基本过程如下。

（1）分别计算出待融合的两幅图像的拉普拉斯金字塔。

（2）将两个金字塔的最顶层图像根据融合的掩码简单地拼接在一起。

（3）把两个拉普拉斯金字塔的其他层也根据掩码进行拼接。

（4）用拼接后的新金字塔重建图像，所得结果即是融合后的图像。

如图 10.7 所示为采用上述方法进行图像融合的效果，可以看到，不仅拼接图像之间原来的明显接缝被消除了，而且图像的细节也较完整地保留了下来。之所以能够实现这样的效果，主要是因为拉普拉斯金字塔融合过程对不同频率的图像信息进行了分层表示和处理。注意，待拼接的两幅图像的差异主要是低频信息（整体的颜色和亮度）的差异，而高频信息（纹理等）的差异则较小。一方面，在拉普拉斯金字塔的融合过程中，低频信息的拼接是在较低分辨率的图像上完成的，其拼接的接缝随后被逐层插值到原始分辨率，相当于对接缝进行了插值和模糊，因此可以产生平滑渐变的效果。这与图像缩放过程中的基于插值可以消除马赛克现象的原理相同。另一方面，越高频的信息受这种插值效应的影响越小，因此也可以较好地保留原始图像的细节。

实际上,拉普拉斯金字塔只是图像分解的一种表示方式。显然,任意能够将图像分解为不同频率的信息进行表示和重建的方法都可以如同上述方法一样用于图像融合,如小波变换等。进一步地,由于拉普拉斯金字塔主要基于高斯金字塔进行构造,其中高斯滤波显然也可以被其他低通滤波操作所替代,因此常见的图像滤波方法,如双边滤边、导向滤波等,也都可以被用于图像融合。

10.3.2 基于图割的融合

图割(graphcut)是在计算机视觉中广泛采用的一种能量优化方法。图割理论主要基于图论中的最小割/最大流算法,对如图 10.9 所示的网络而言,从源节点到目标节点,均由一系列有向边连通。图的一个切割是一个边的子集,切断这些边可以完全切断由源节点到目标节点的网络流。显然,给定一个网络,通常可以找到多个切割。设每条边$\langle i,j\rangle$能通过的最大流量为 e_{ij},则在网络流的所有切割中,所切断的边的流量之和最小的那个被称为网络的最小割,相应的边所能通过的最大流量即网络的最大流。

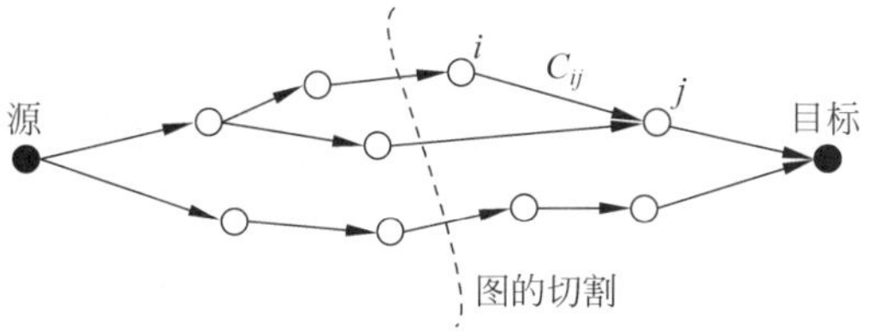

图 10.9 最大流/最小割问题

图割实际上求解了一个优化问题,即使得切割所经过的边的容量之和最小。V. Kwatra 等于 2003 年提出了基于图割的图像融合方法。如图 10.10(左)所示,给定待融合的两幅图像 A 和 B,且 A、B 之间有一个重叠区域,算法的目标是要在图像的重叠区域内找到一个切割,使得 A、B 沿该切割线进行拼接时,其间的接缝最不明显。该问题可以转换为如图 10.10(右)所示的最小割问题,边的能量可以计算为

$$e(s,t) = \| A(s) - B(s) \| + \| A(t) - B(t) \| \tag{10.21}$$

其中,s 和 t 表示重叠区域中两个相邻像素的位置,$e(s,t)$对应于最小割中边$\langle s,t\rangle$的容量。$\| A(s)-B(s) \|$ 为像素 s 处图像 A 和图像 B 的颜色差,$\| A(t)-B(t) \|$ 为 t 处的颜色差,因此 $e(s,t)$表示相应位置上图像 A、B 的差异。通过最小割找到的接缝来对图像 A、B 进行拼接,可以获得一个总体差异最小的接缝。

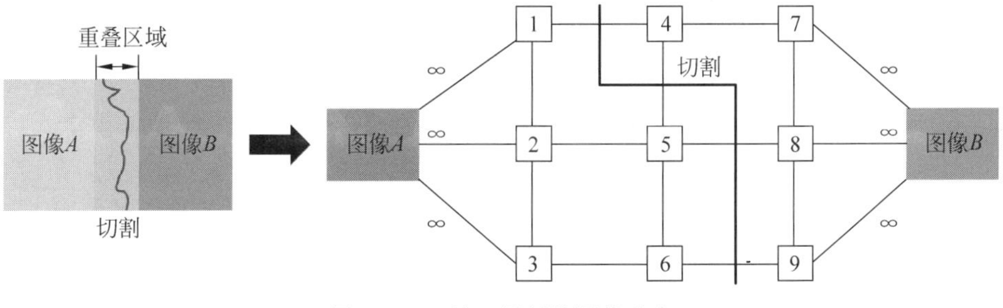

图 10.10 基于图割的图像融合

需要说明的是，虽然基于图割可以找到最优的拼接，但最优的拼接不一定就能在视觉效果上满足要求，具体还取决于图像本身的属性。因此，基于图割的融合方法主要适合图像边缘和纹理较为丰富的一类图像。

10.3.3 泊松融合

P. Pérez 等于 2003 年提出的泊松融合是经典的图像融合方法，其基本过程如图 10.11 所示。其中 g 表示待合成的前景图像，v 在一般情况下为 g 的梯度，S 是待合成的背景图像，Ω 是背景图像上被前景覆盖的区域，$\partial\Omega$ 表示区域的边界。若给定上述条件，则泊松融合可以理解为已知前景区域的内部梯度场 v，以及合成区域边界 $\partial\Omega$ 上的背景像素颜色，对前景内部像素颜色的重建过程，可以表示为如下优化问题：

$$\min_f \iint_\Omega \|\nabla f - v\|^2 \quad \text{满足条件：} f|_{\partial\Omega} = f^*|_{\partial\Omega} \tag{10.22}$$

其中，f 是待求解的合成图像在 Ω 内的像素值；v 为 f 对应的梯度场；f^* 表示合成图像在区域 Ω 外的像素值；$f|_{\partial\Omega}$ 用于确定 f 在区域边界处的像素值。

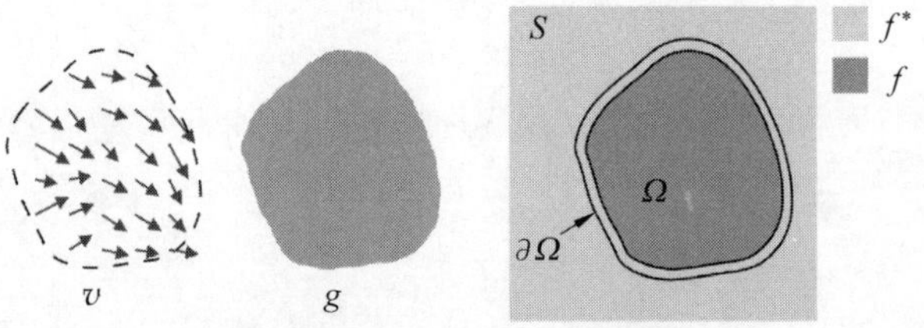

图 10.11 泊松融合示意图

上述问题是关于 f 的带约束最小二乘问题。对于离散化的图像而言，式(10.22)可表示为如下离散化的形式：

$$\min_{f|\Omega} \sum_{\langle p,q\rangle \cap \Omega \neq \varnothing} (f_p - f_q - v_{pq})^2, \quad \text{满足条件：} f_p = f_p^*, \quad \text{对所有 } p \in \partial\Omega \tag{10.23}$$

其中，$\langle p,q\rangle$ 表示由相邻像素组成的像素对；v_{pq} 是 $\langle p,q\rangle$ 之间的梯度(像素值之差)。式(10.23)的解满足以下线性方程组：

$$|N_p| f_p - \sum_{q\in N_p \cap \Omega} f_q = \sum_{q \in N_p \cap \partial\Omega} f_q^* + \sum_{q\in N_p} v_{pq} \quad \text{对所有 } p \in \Omega \tag{10.24}$$

通过求解该方程组便可得到 f。

1	2	3	4
5	6	7	8
9	10	11	12
13	14	15	16

图 10.12 泊松重建示例

接下来以如图 10.12 所示的 4×4 图像为例，进一步说明泊松重建的过程。假设算法的目标是求解内部像素点 6、7、10、11 的颜色值 f，给定的输入是 6、7、10、11 像素点上的梯度场 v，以及其他(边界)像素的颜色值 f^*。内部像素点 $p\in\{6,7,10,11\}$ 记为 $\mathrm{div}(p)=\sum_{q\in N_p} v_{pq}$，$\mathrm{div}(p)$ 可以基于内部像素的梯度场计算得到。如果考虑像素的四邻域，则根据式(10.24)，可以得到以下 4 个方程：

$$\left.\begin{aligned}
&4f(6)-[f(7)+f(10)]=[f^*(2)+f^*(5)]-\mathrm{div}(6)\\
&4f(7)-[f(6)+f(11)]=[f^*(3)+f^*(8)]-\mathrm{div}(7)\\
&4f(10)-[f(6)+f(11)]=[f^*(9)+f^*(14)]-\mathrm{div}(10)\\
&4f(11)-[f(7)+f(10)]=[f^*(12)+f^*(15)]-\mathrm{div}(11)
\end{aligned}\right\} \tag{10.25}$$

式(10.25)中只有 $f(6)$、$f(7)$、$f(8)$、$f(9)$为未知量，因此可以通过求解上式的线性方程组得到结果。

泊松融合不需要精确抠像便可以获得较好的融合效果，这在前景边缘不是特别明显的情况下尤为有效。与抠像融合不同，在泊松重建过程中，前景区域内部像素的颜色也会发生改变，且主要取决于边界条件，即接缝处背景像素的颜色值。这是泊松融合能够消除拼接边界并调整前景颜色的原因。不过，泊松融合对前景颜色的调整能力并非总是有益的，在有些情况下，将前景颜色调整为与背景一致可能会得到不自然的结果。因此，在实际应用中，还需要根据被融合图像的属性选择适合的融合方法。

扩展阅读

图像融合作为一种特殊的虚实融合方式，理论上也需要考虑几何一致性、光照一致性等问题。10.2.1 节提到的颜色调整方法实际上是一种简化的光照一致性处理，由于缺乏对前景和背景光照环境的估计，因此在很多情况下都难以获得令人满意的效果。对前、背景进行光照一致性合成的一个关键问题是如何评价合成图像的真实感。该问题最早在 J. F. Lalonde 等于 2007 年发表的论文"Using Color Compatibility for Assessing Image Realism"中进行了研究，并被应用于图像合成。J. Y. Zhu 等在 2015 年提出了基于深度学习的图像真实感评价方法，感兴趣的读者可参阅其论文"Learning a Discriminative Model for the Perception of Realism in Composite Images"。由于对任意的图像准确估计光照参数非常困难，因此，近年来主要的研究都集中在数据驱动的方法，借助深度学习直接对合成图像中的前景区域进行颜色调整，以及使之与背景尽量一致等，其中代表性的工作是 Y. H. Tsai 等在 2017 年发表的论文"Deep Image Harmonization"。在这一类方法中，训练数据一般通过合成的方式获得，对一幅真实图像，提取出其中一个对象作为前景，并对前景区域进行一定的颜色、亮度变换，合成一幅非真实图像作为输入，同时以原图像作为真值。采用这种方式可以容易地生成大量训练数据，但也使得算法效果在很大程度上取决于训练数据的合成方法。

习题

1. 基于图像融合实现增强现实效果有何优点和局限性？
2. 在图像合成中，像素的 α 值是 0～1 的连续值，如果先将 α 值以 0.5 为阈值进行二值化处理，之后再进行图像合成，会导致什么不好的效果？
3. 基于色差法的蓝幕抠像，在实际场景中可能存在哪些问题？
4. 针对自然图像抠像的采样法和传播法各有什么优缺点？是否可以将二者结合以进一步提升抠像的效果？
5. 简述高斯金字塔和拉普拉斯金字塔的构造过程。
6. 实现一种蓝幕抠像方法，并对输入图像的背景进行替换。
7. 实现基于图割的图像融合。

第 11 章 人机交互与应用

CHAPTER 11

增强现实与虚拟现实一样，在符合人类知觉的感知通道上与虚拟景象交流，本质上是一种基于现实的交互技术，是人机交互的新型界面。在增强现实的环境中，一切均以人为中心。增强现实从交互性上与虚拟现实有很多相似性，在如何观察虚拟物体及与虚拟物体的交互意义上是一致的。由于受到现实世界的约束，增强现实还需要同时观察到现实世界，并且虚拟物体需要受到现实世界的约束和反馈，因此人机交互不仅要协调人与虚拟物体之间的相互关系，还需要与现实世界保持一致性。

11.1 AR 交互概述

人机交互的目的是在利用计算机实现某个目标的过程中，弥合人的行为愿望与实际执行效果之间的鸿沟。例如，考虑如何摆放虚拟空间的物体？当然是用手直接将其抓获，再将其移动放置到某个心仪的位置。但是，由于现实世界与虚拟空间是分离的，因此，使计算机感知到人的行为愿望并实现该愿望并不容易，需要采用人机交互技术来实现。

11.1.1 人机交互的概念与基本模式

人机交互(human-computer interaction，HCI)指人与计算机之间为完成确定任务而进行的信息交换与互动过程。由于人与计算机具有完全相异的构造和运行机制，因此，二者在信息交换上存在巨大的鸿沟。人机交互技术研究的是如何通过更加“友好”的方式来实现人与计算机之间的信息交换与互动，是不可或缺的。

在现实生活中，人类无时无刻不在与周围的环境进行交互。可以把交互的方式做一个简单的表示，如图 11.1(a)所示，人类受自己意愿的驱使，会有所行动，其对象可能是物体，也可能是其他人，如用手推物体、扔出物体、发出语音、做出表情等。对于物体而言，用户的行为会导致物体的物理运动或化学反应，这由世界的客观规律所决定。这些反馈为用户所感知，又会引发用户行为的变化，如此循环往复。由于这种感知-反馈-作用的过程是不断运动、变化的，这也体现在人机交互的技术中，如图 11.1(b)所示，因此需要高度的并行处理。

既然人机交互是人与机器之间的信息交流，那么就涉及 3 个要素：人、计算机及人与计算机之间的界面。在这 3 个要素中，最佳方式是以人为中心的，因为计算机是为人服务的。迄今为止，计算机尽管是具有强大的计算能力，但作为非自然的工具，其在交流的过程中仍

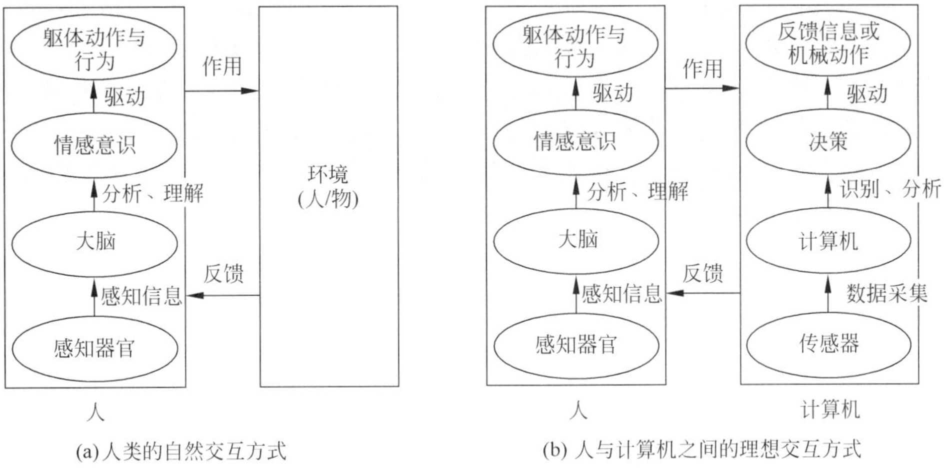

图 11.1　人机交互模式是对人类自然交互模式的模仿

存在巨大的障碍。这种障碍主要体现在两个方面，即用户的意愿和行为如何为计算机所准确及时地感知、计算机做出的响应和反馈如何传递给用户。这是计算机的输入/输出问题，也是人机交互技术的核心问题。

人机交互有两个显著的特点。①信息反馈：人能够及时地把信息传递给对象，对象也能够及时地把信息反馈给人，并且人能够根据反馈的信息做出判断。②人的参与性和主动性：人是交互过程中的参与者，具有接受、判断、决策和操作的权利，同时也是主动的，而不是被动地接受信息。人机交互在不同阶段的界面，都是基于这样的原则来设计的。

人机交互首先考虑人类感知与行为的特点，并根据其特点来设计和开发人机交互的界面或设备。人类通过感知器官去感知世界，并通过信息交流的方式去反馈和认知世界。同样地，在人与计算机的交互过程中，用户感知计算机传来的信息，然后对计算机做出响应。在这个交互过程中，人的视觉、听觉、味觉、触觉和嗅觉都用来感知信息。由于人类感知器官的差异性，因此用于不同感知器官的传感器和呈现方式也各有不同。人机交互技术在发展过程中往往受到技术的制约，只能部分满足人类的便利性、精确性等需求。人机交互经历了打孔带与键盘、鼠标与触摸屏、手势与语音交互、自然人机交互等多个发展阶段。

人机交互尽管发展到越来越高级的阶段，但是主流的人机交互技术仍是多种模式共存的形态。鼠标键盘在台式机的日常工作中是常见的，而触摸屏是大众使用智能手机或平板电脑的主流，语音与手势等自然交互在游戏等少量场合使用，虚拟现实和增强现实技术则正在走向大众视野，是5G时代的重要发展方向。

11.1.2　人机交互的发展历史

自从第一台计算机出现以来，人机交互就成为计算机科学非常重要的一个分支。随着计算机技术的发展，人机交互技术也在不断进步，交互内容由机械、明确的指令，变为灵活、模糊的交互信息的处理和反馈；由简单的文字等信息通道上的交流，变为多通道、多媒体的智能交互方式。人机交互从最初的人适应计算机，发展为计算机不断地适应人，甚至以人为中心的技术。其发展主要经历了以下几个阶段。

(1) **命令行界面交互阶段**。早期,人与计算机交互基于机器语音或汇编语言进行,通过纸带输入机输入命令,计算机通过打印机输出计算结果。人与计算机是通过手工操作的形式进行交互,特别耗时与烦琐,同时又特别容易出错。键盘及高级编程语言的出现,使人们可以通过熟悉的符号来描述计算过程,受过训练的程序员可以完成此操作。程序员在命令行界面,通过敲击键盘,使用高级交互语言将信息输入计算机,通过命令行界面,计算机将计算的结果反馈给用户,实现交互。这个阶段的交互技术通常只能进行简单、机械的交互。

(2) **图形用户界面交互阶段**。鼠标的出现使得人机交互进入图形用户界面(WIMP)阶段。图形用户界面是以窗口(window)、图标(icon)、菜单(menu)和指点装置(pointing device)为基础的人机界面,具有直接操纵和"所见即所得"的特点。与命令行界面交互阶段相比,图形用户界面能通过鼠标点击的形式实现人机交互。这种交互形式不需要记忆大量的符号交互命令,直观易学,减少了符号命令的输入,使得普通用户也能够熟练掌握和使用,因此得到广泛普及。随着触摸屏的出现,图形界面成为智能手机设备上的标配,大大提升了手机交互的便利性。但是交互信息的输入只能通过用户的"手"来完成,这使得交互方式过于单一,影响交互体验。

(3) **自然人机交互阶段**。网络及多媒体技术的发展使得人机交互技术面临着巨大的机遇与挑战。人们不再满足于图形界面的便利性,而是希望人机交互能够自然和谐地进行。与图形用户界面交互相比,自然人机交互不再局限于使用鼠标或键盘进行信息输入,而是利用人的多种感觉与动作通道(语音、手势、表情、视线等输入),进一步通过高层语义与计算机进行信息交互,这使人们从传统的交互方式中解放出来,实现自然和谐的交互体验。

虚拟现实与增强现实的出现使人机交互技术发展到一个新的高度,是基于现实的交互方式。与自然的人机交互相比,虚拟现实和增强现实技术构建了一个感觉上很逼真的环境,因此用户在视觉、听觉、触觉(包括力反馈)等感官通道上,通过人的自然行为直接与计算机交互。从概念上说,彻底消除了人机之间的壁垒。使人与机器之间可以自由地交换信息。

人机交互技术从打孔、键盘、鼠标等基本的输入设备,发展到触摸、数据手套、体感等更为自然的交互设备。虚拟现实与增强现实技术的出现,极大地改变了人机交互技术的方式。由于虚拟现实与增强现实技术在很大程度上追求沉浸感,因此传统的交互方式显得格格不入,所以采用了更为自然的、符合人类认知方式的交互技术,并且要么采用3D交互界面,要么采用完全透明的界面。

在新兴的交互方式中,通过比较图形界面、虚拟现实、普适计算、增强现实之间的差异可以发现,图形界面(GUI)在人机交互的过程中,计算机与现实是完全分离的,人们只能分别与机器交互,或者与现实交互,如图11.2(a)所示。普适计算则更进一步,将计算单元分布在各处,人与之分别进行单独的交互,如图11.2(c)所示。虚拟现实则屏蔽了现实,构成了一个封闭的环境,人以一种自然的方式与计算机直接交互,如图11.2(b)所示。增强现实进一步打开了虚拟现实的封闭系统,使虚拟物体可以与现实世界交互,如图11.2(d)所示。因此,从人机交互的角度来看,增强现实具有天然的优越性。在人工智能突飞猛进的时代,增强现实在人类的认知系统中建立了计算机与现实世界之间的桥梁。

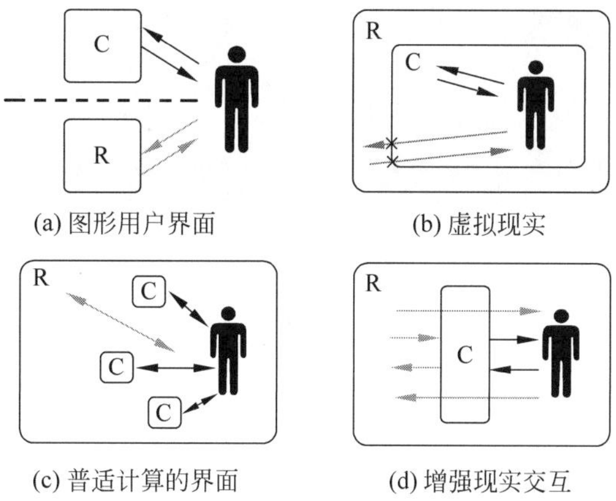

图 11.2　人机交互的模式比较，其中 R 代表现实世界、C 代表计算机

11.1.3　增强现实环境中交互的特点

从人机交互的角度来看，增强现实是要打通人与计算机之间的交流壁垒，使交互过程跟人与现实世界的交互类似。因此，增强现实环境的营造需要比较复杂的技术支持。从交互界面来说，理想的增强现实界面是没有界面，即人难以明确感知到增强现实界面的存在。当然，这是非常困难的，一般需要非常复杂的显示、交互设备及软件来实现。

现阶段，增强现实环境存在多种模式，增强现实的交互界面主要分为以下 4 种。

(1) 信息浏览界面：将 AR 信息呈现在现实之上，主要用于在实物上标注文字等说明信息。

(2) 3D 用户界面：用 3D 交互技术操纵虚拟 3D 空间内容。

(3) 实体用户界面(tangible user interface)：用真实物体的运动驱动虚拟内容实现交互。

(4) 自然用户界面(natural user interface)：采用肢体语言和语音手势作为输入。

信息的浏览界面为现实世界中的物体给出标注信息，说明其名称、功能、参数等，是增强现实不可或缺的任务，如图 11.3(a)所示。信息浏览的主要目的是提供文字信息，因此在输入输出的界面设计上相对较简单，一般采用键盘也能够处理。需要注意的是，即便标注的文字信息看起来不是 3D 的，被标注的物体也是 3D 的，当观察者不断运动时，也需要进行 3D 空间注册，只是在交互上通常不是 3D 的。一般情况下，增强现实需要采用 3D 用户界面，如图 11.3(b)所示，因为增强现实的主体对象通常是 3D 物体，需要考察这些物体与现实世界的关系，因此对 3D 物体的操纵技术非常重要。实体交互界面则是最具增强现实特点的界面，用户通过操控实物，来实现对虚拟物体的驱动，如图 11.3(c)所示。自然交互界面是以智能输入模式为基础的交互界面，通过语音、肢体等人体自然行为实现输入，是近年来新的交互形式。

在增强现实环境中，总是存在虚拟物体，二者有很多相似之处。增强现实技术与虚拟现实技术的共性在于都需要处理用户与虚拟物体间的相互关系，因此增强现实环境中的交互技术在很大程度上共享了虚拟现实所采用的人机交互技术，例如，在 3D 用户界面中操纵虚拟物体。但是，增强现实环境还涉及虚拟物体与现实世界之间的相互作用，例如，虚拟的乒

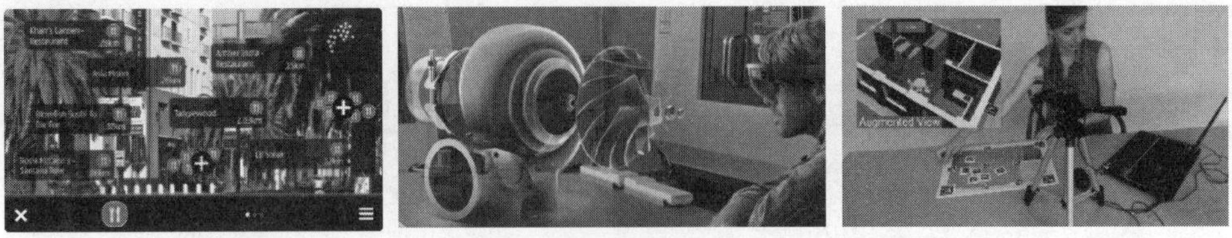

(a) 信息浏览　　(b) 3D用户界面　　(c) 实体交互界面

图 11.3　交互界面

（参考来源见附录 E）

乓球从空中下落，在地面被反弹跳起。因此，将增强现实环境中的交互技术分为两部分，即用户与虚拟环境的交互，以及虚拟环境与真实环境的交互。

从交互设备上来看，人与虚拟物体之间的交互与虚拟现实相同，可以采用体感设备、数据手套、定位跟踪器、手势、语音等来实现。如果采用智能手机或平板电脑，则其交互界面通常加上触摸屏的图形界面；如果采用头盔显示器，则其交互界面通常采用手势、语音等交互方式。

虚拟物体与现实世界之间的交互原则上不属于传统人机交互的范畴，是增强现实技术所独有的。从自然交互技术的角度来说，人机交互需要计算机感知人的交互意图，以做出相应的反馈，而虚拟物体与现实世界之间的交互也需要感知现实环境，以使虚拟物体做出符合环境约束的反馈，因此二者在技术上的原理具有很高的相似性。例如，虚拟物体是虚拟化身这样的智能体时，尽管计算机技术能够模拟虚拟化身的行为，但虚拟化身所遇到的困难是无法改变现实世界所在的状态，如虚拟化身无法推开一个现实存在的门。如果要让虚拟化身根据行为与现实世界产生实际的交互，那么这个虚拟化身必须是具有物理世界行为能力的对象，如机器人。从智能交互的技术角度来说，机器人技术与增强现实技术在感知与反馈上，有极为密切的联系。

增强现实环境中的交互是基于现实的交互技术，仍在高速的发展过程中。可以预见的是，增强现实作为人机交互的高级形式，将越来越多地出现在社会的生产、生活活动中。

11.2　用户与虚拟物体的交互

在增强现实环境中，关注的主体是虚拟环境及虚拟物体与现实世界的关系。因此，如何观看、驱动、操作虚拟物体，是增强现实环境中的关键技术。这本质上就是虚拟现实的交互技术。虚拟现实技术有很多交互技术，主要是实现用户与虚拟物体之间的操作，如选取、移动、旋转、放大、缩小等。更高一层的交互是在语义上进行的，例如，通过识别手势等实现操作，通过语音识别实现语言的识别并进而操控虚拟物体等。人类操控物体的方法有很多，人机交互技术通过各种传感器来模仿人类操作物体的能力。

11.2.1　3D 交互

增强现实环境是一个自然的交互平台，其主要困难是执行 3D 的交互任务。3D 交互的目的是操作 3D 物体，一般归纳为 3 类：选择、操作与导航。

物体的选择是比较简单的操作。理论上，屏幕画面上的一个点对应于由虚拟相机位置发出的射线，这条射线经过了被选中的点。这条射线与场景中的物体求交，具有最近交点的物体就被选中。最为简单的方式是通过鼠标在界面上的点击来实现选择，因为人很容易通过鼠标来操作光标在屏幕上的位置。不过，在增强现实这样的环境中，鼠标反倒是不方便的。一般来说，传统的3D交互设备支持物体的选择。3D交互设备是控制3D运动的设备，通过操纵设备来驱动3D"光标"或3D物体的运动。新型的自然交互方式是通过数据手套等穿戴式设备捕获人的肢体运动来实现选择，也可以通过非穿戴的手部姿态跟踪等技术来捕获人的肢体运动，基于相似的原理也能判断物体是否被手选择。

物体一旦被选中，就可以实施3D操作。3D操作一般包括物体的移动、旋转和缩放，都是非常精密的操作，只有通过对位姿参数进行精确描述才能实现。例如，通过特定手势调整物体的尺度，使得物体持续放大或缩小。双手的相对位置差异通常意味着物体尺寸的大小，双手靠拢时物体缩小，双手分开时物体放大。双手的位置关系只有进行稳定精确的跟踪，物体的放大缩小才会是光滑流畅的。比较而言，物体操作需要更高精度的跟踪设备，如手势的跟踪设备。人体的手部位姿定位跟踪技术为抓取和操纵虚拟物体提供了技术基础。随着视觉计算精度的不断提高，手势的跟踪精度技术已经可以流畅地操纵物体。

导航技术指在3D空间中寻找到达目的地路径的过程。事实上，2D地图上的导航路径看起来也很清楚，但是需要用户通过观察来对齐地图与现实场景，否则仍将造成方向性的困惑。AR导航在现实环境中表达路径，将导航信息直接叠加在地面上，产生非常直观的导航效果，因此成为新型的城市导航技术。在大型建筑的室内导航中，由于环境通常是多楼层的，是传统地图无法表示的，特别需要新型的导航技术。因此，在这种复杂的3D环境中，从单一视角观察规划路径常常无法准确定位，需要从各种角度的观察来丰富对空间关系的理解。在复杂设备的装配、维修等环境中，AR导航技术也是非常重要的。

在VR/AR环境中，人机之间的交互强调知觉系统在不同通道之间的一致性，因此在交互界面上，除了有视觉系统对交互输入的反馈，还最好有听觉系统和触觉系统的反馈。声音的绘制技术已经有了长足的进步，但是触觉反馈仍是困难的。图11.4是M. Adcock等于2003年所制作的带触觉装置的增强现实实例，也是一种3DUI。触觉界面不仅作为3D设备进行工作，而且还提供力和触觉反馈，并通过创造虚拟物体的物理存在错觉来补充视觉体验。力和触觉反馈在仿真训练、虚拟手术等应用场景中非常重要。

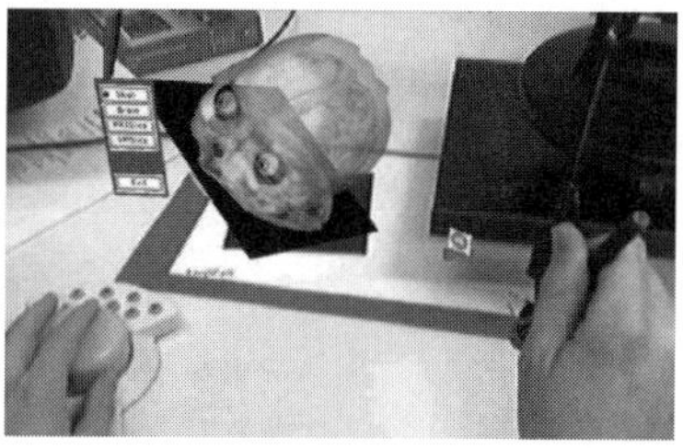

图11.4　带力反馈的增强现实

11.2.2　虚拟现实的交互设备

增强现实与虚拟现实的共性是都需要与虚拟物体进行交互，因此在与虚拟物体的交互设备上具有雷同之处。虚拟现实强调人的沉浸感，即从知觉通道上，使人的感受与真实的物理环境相同。这是非常困难的目标，一般的虚拟现实系统只能部分地满足这个条件。虚拟现实的交互设备总是希望建立人与环境的直接通道，如果不能建立直接的通道，那么应尽可能采取能与人的知觉通道交流顺畅的方式。传统的3D交互设备，如3D鼠标、杖式指向设备、6DoF操纵杆、空间球等，逐渐淡出了视野，而眼球跟踪、手势跟踪、肢体跟踪等新型的自然方式成为焦点。原则上，这些在虚拟现实环境中使用的交互设备，也同样适用于增强现实环境。

1. 数据手套

数据手套是佩戴在人体手部的传感设备，用于感知手部关节的运动参数。数据手套是一种重要的输入设备，主要用于虚拟现实环境中对虚拟物体的操纵，原则上也可以在增强现实环境中使用。数据手套通常配备有测量手指弯曲度的传感器，以及手部运动的跟踪器等，能实时获取手指各个关节的运动及相对位姿信息。计算机通过数据手套的数据来判断虚拟物体是否被抓取或驱动，并据此作出相应的反馈，因此用户能够观察到抓取或移动虚拟物体的景象。类似地，计算机还可以根据数据手套的数据来判断用户手势的语义，实现基于语义的手势命令。一些数据手套还能够实现触觉模拟，即当用户触碰到虚拟物体时，会“感觉”到一个虚拟物体对手部的刺激，给用户以虚拟物体真实存在的感觉。

目前，主流的数据手套有 Glovenone，该数据手套具有独特的触觉反馈功能，可以兼容多款虚拟现实头盔，能通过振动模拟真实的触摸体验，可以模拟出物品的形状、重量和冲击时产生的力量。例如，当用它模拟弹钢琴时，手指具有琴键的触感；当用它抓起一个物体时，可以感受到物品的重量。Senso 是另一款虚拟现实手套输入设备，具有可提供每个手指的触觉反馈和模拟温度差异的能力。在技术上，手部的跟踪功能主要是基于惯性测量单元(IMU)来实现。

数据手套是重要的虚拟现实交互设备，图 11.5 中的用户戴着头盔，正在使用数据手套与虚拟物体进行交互。数据手套的主要缺点是需要佩戴，并且通常价格昂贵，这为实际应用造成了障碍。

图 11.5 数据手套

(参考来源见附录 E)

2. 手持式交互设备

手持设备是常用的虚拟现实交互设备，常作为工具由用户操纵。系统通过跟踪定位手持设备的位姿来确定用户操纵的动作参数，计算机根据这些信息将处理的结果反馈给用户。手持交互设备属于 3D 感知设备，其 3D 测量可以采用惯性测量单元来实现位姿测量，也可以采用红外激光测距来实现位姿跟踪，也可以通过红外的摄影测量来实现。HTC Vive 是经典的、采用手持式交互设备的虚拟现实系统，通过在屋顶和手持设备上配置红外激光的定位设备，来实时精确跟踪手持设备的位姿。图 11.6 中用户手持的是 HTC Vive 的手柄，用户对该手持设备的操作能输入计算机，用于操纵虚拟物体并形成虚拟物体的反馈。

3. 体感交互设备

体感交互指通过感知到用户肢体骨架的运动参数来实现交互的设备，通常是基于

图 11.6 HTC Vive 的手持式交互设备
(参考来源见附录 E)

Kinect、RealSense 等深度视频来捕获的。采用红外光斑等结构光技术,可以准确地实时捕获场景深度视频。随着机器学习技术的进步,从深度视频中能较为准确地估计人体的手部或人体的关节位置,极大地提升了动作识别和语义理解的准确性,成为了自然交互的重要设备。近年来,随着深度学习的发展,从普通视频序列中也能够较为准确地获取人体关节的位置,因此体感交互具有广阔的应用前景。由于体感交互设备是非接触式的,无须穿戴就能够进行较为准确的交互,因此对用户的约束较少,用户体验也很好。目前,体感交互在游戏中有良好的应用,在虚拟现实和增强现实中也是很好的交互设备,并已在很大程度上取代了数据手套等穿戴式设备。但是,正是由于体感交互设备是非接触的,因此,尽管这提高了自然性,但也无法产生触觉上的反馈。

在虚拟现实技术的发展过程中,虽然开发了很多交互设备,尤其是 3D 交互设备,但也有很多设备因为性能的关系而被淘汰。数据手套和手持式交互设备都是需要穿戴和手持的设备,体感交互设备对于用户而言是透明的,无须穿戴和接触,是自然交互方式的重要基础。

11.2.3 自然交互

自然交互指采用人类的肢体和语音等自然方式来实现与计算机的信息互动。图形界面极大地改善了交互的便利性,尤其是触摸屏上的图形界面。但是,自然交互更符合人类天然的交互方式,是虚拟现实交互的重要基础。或者说,虚拟现实与增强现实大量采用了自然交互的界面。

自然交互界面一般采用智能传感器,特别是视觉传感器,来分析人体的身体动作、手势、表情、语音等,理解用户的意图。一般说来,计算机的反馈也更为自然,且以 3D 图形的界面直观呈现。自然交互的语义一般分为两类:一类是语义识别的结果,例如,通过约定的手势驱动物体出现或消失;另一类是估计肢体语言的语义及其连续变化参数,例如,采用手势来拉伸或缩小物体的尺度。目前,要在更高程度上感知和理解人类的意图,仍是非常困难的,例如,在感知用户的情绪或微妙表情的基础上,与虚拟角色互动。

自然交互所采用的设备多种多样,这里主要陈述用于虚拟现实与增强现实中的设备。无论是穿戴或手持的接触性设备,还是基于体感交互的非接触式设备,自然交互都需要从人体的动作和语音中,获得准确的分类信息或运动参数。从技术上来说,无论哪种设备,都需要获得一些关键点在时序上的位置信息,并根据这些信息分析动作的语义。例如,数据手套通过穿戴的传感器来感知手指的弯曲程度,体感设备也通过分析深度视频来估计手部关节的位置,进而估计手指的弯曲程度及手部姿势。在此基础上，进一步分析手势的语义及参数。

在技术上，人体姿态和手势估计、语音识别等技术是通过人工智能和机器学习等方法来获取的。随着深度学习的迅猛发展，语音识别和参数估计的准确性也越来越高。也许在不久的将来，捕获深度视频的体感交互设备将不再是必需的，转而由更为廉价的光学摄像头替代，因为光学摄像头也可以准确地理解基本的肢体与手势。在准确的手势识别和参数估计的基础上，可以徒手抓取和驱动3D物体。

需要指出的是，由于增强现实与现实世界紧密相连，因此对交互设备的移动性要求较高。虚拟现实可以采用"欺瞒"的方式，来混淆空间关系，例如，观察者实际移动了1m，在虚拟空间可以呈现移动5m的景象；观察者实际转动了10°，在虚拟空间可以呈现转动30°的景象。这在增强现实环境中是行不通的，因为现实景物在观察者看来仅仅移动了1m，而虚拟景物移动一旦过快或过慢，就会导致与现实景物的脱节，从而被观察者觉察。这样，在增强现实环境中，数据手套这样的穿戴式交互设备由于移动性的限制而带来很多弊端，体感交互设备成为重要的发展方向。

增强现实的交互通常采用智能式的自然交互方式。由于增强现实环境将计算机与人体的感知通道直接连接，因此自然交互是必要的基础性交互方式。在增强现实环境中，动作、手势、表情、眼球跟踪等人体的肢体语言所产生的反馈也是自然的，因此基于现实的交互是自然交互的高级形式。无须穿戴和接触的传感器，采用智能技术分析交互意图并呈现反馈画面，是增强现实交互的特点。由O. Hilliges于2012年提出的微软Holodesk演示了如何使用Kinect识别用户的手和其他对象，并与光学透视AR工作台上显示的虚拟对象交互，如图11.7(a)所示。S. Corbett-Davies等于2013年展示了一种类似的技术，应用于基于AR的暴露治疗应用，如图11.7(b)所示。随着人们对AR手势交互的应用越来越广泛，2013年T. Piumsomboon等将用户定义的手势集归类，这样该手势集就可应用于AR中的各种任务。微软公司新近发布的增强现实交互开发平台所开发的应用显示，佩戴Hololens的用户可以在增强现实环境中非常便利地利用手势选择、放大、缩小物体，如图11.8所示。这样的交互模式在游戏、培训或演习中，都非常有用。

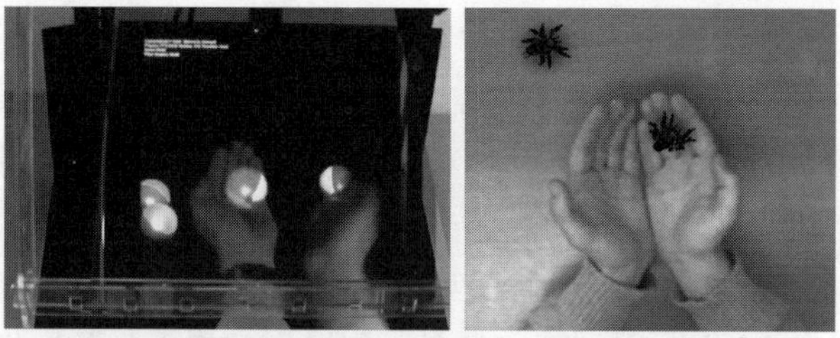

(a) 实景图　　(b) 效果图

图11.7　通过光学透视AR工作台的交互

多模态交互指将不同的输入模式结合起来实现交互。语音和手势识别组合是最常见的组合之一。先前的研究表明，将语音和手势输入结合起来的多模态接口(multimodal interface，MMI)可以成为与2D接口和3D图形交互的直观方式。这是因为输入模式是互补的，语音有利于定量输入，而手势则是定性输入的理想方式。

(a) 用户与3D界面交互　　(b) 用户徒手弹虚拟钢琴　　(c) 用户徒手操作虚拟物体

图 11.8　通过体感交互徒手操作虚拟物体

（参考来源见附录 E）

在虚拟现实界面中，通常使用语音和手势等多模态输入。例如，海军研究实验室的 P. Cohen 等于 1999 年开发的 Dragon3DVR 系统。该系统使用多模态系统在 3D 地形场景中创建数字内容，允许用户在 3D 空间中打手势时通过说话来创建和定位对象。J. Ciger 等于 2003 年提出了一个多模式的用户界面，将魔杖和施法结合起来。用户可以在虚拟环境中导航，还可以使用语音组合抓取和操作对象，并可以使用物理魔杖指向对象。这些例子表明 MMI 也是沉浸式虚拟环境中的自然交互方式。

早期的多模态系统一般要求用户要么戴上手套，要么手里拿着一个特殊的输入工具。G. A. Lee 等于 2013 年开发了一个多模式系统，该系统使用立体摄像机跟踪用户的手势，并允许他们发出语音和手势命令，以在 AR 界面操作虚拟内容，如图 11.9 所示。对该系统的研究发现，这样的多模态系统比仅使用手势交互快，用户认为该系统是最有效、最快和最准确的界面。

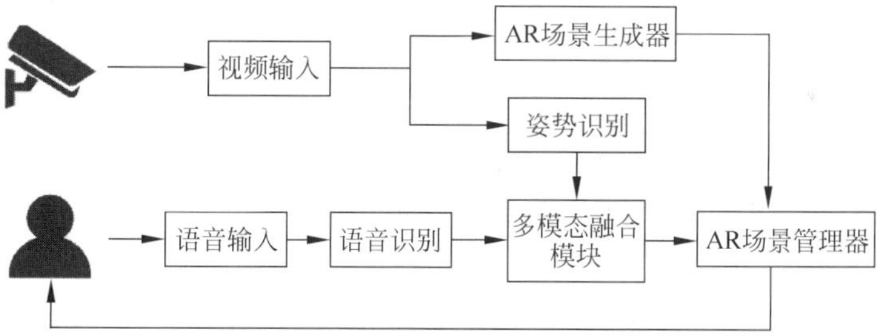

(a) 流程图

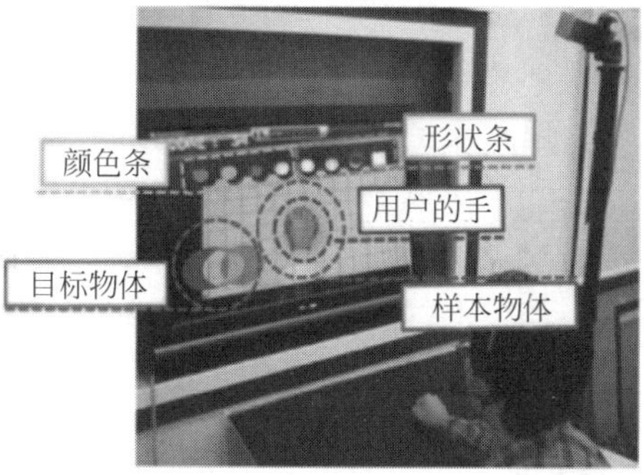

(b) 效果图

图 11.9　多模态交互系统

11.3 虚拟物体与现实环境的交互

在增强现实环境中，常会发生虚拟物体与现实环境的交互，这是增强现实与虚拟现实的重要区别。虚拟物体在角色设定以后，会受到用户的驱使而产生运动或反馈。在这样的环境中，虚拟物体可能产生各种运动，而这些运动应该受到现实环境的约束。如果虚拟物体是一个虚拟角色，那么这种运动或反馈还带有智能性。这是交互一致性的重要内容。

11.3.1 实体交互界面

如何便捷地驱动信息世界的物体，是现代人机界面技术研究的主要主题之一。利用物理对象作为与计算机交互的媒介称为实体用户界面(TUI)。通过现实世界的物理对象在虚拟世界的映射，来表示虚拟物体和信息。

TUI 以自然和直观的交互方式通过操纵物理对象来操控虚拟物体。通常对实物的操作非常便捷。如图 11.10 所示，MIT 的 H. Ishii 团队研制的实体用户界面。用户可以直接通过触控来编辑曲面的形状，每个曲面由一个长杆阵列构成，每个长杆的高度均由机器感知，这样，曲面的形状就会通过设备为计算机所感知。在此基础上，计算机可以叠加增强现实的效果，如曲面的高度信息在曲面上。

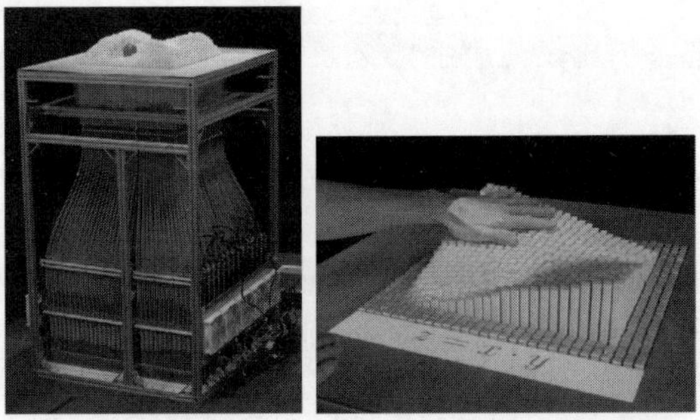

(a) 实体交互设备　　(b) 叠加了增强现实的实例

图 11.10　实体用户界面(见彩插)

H. Kato 等于 2000 年提出的增强现实实体交互(tangible AR，TAR)同样采用实物来驱动虚拟物体。事实上，采用平面标志的增强现实技术，都属于实体增强现实的范畴。TAR 使用增强显示技术，将覆盖在物理对象上的虚拟信息可视化。图 11.11 显示了一个典型的实体 AR 接口示例，由 M. Billinghurst 等于 2010 年提出。该示例使用物理书籍作为有形 UI，同时将其页面上的虚拟对象可视化。在这种情况下，可以看出交互空间和显示空间是无缝合并在一起的。

图 11.11　有形增强现实界面的实例

M. Billinghurst 等于 2005 年将实体 AR 接口的特性定义为①每个虚拟对象注册到一个物理对象上；②用户通过操作物理对象来与虚拟对象交互。使用物理对象作为交互的输入设备，需要对该物理对象进行精确的跟踪，为此，许多实体 AR 应用程序都使用基于计算机视觉的跟踪软件，如 ARKit。通过精确的跟踪，计算机系统不仅可以识别不同的物理物体，而且可以估计物体的 3D 运动，还可以使物体的姿态用于各种交互。这种交互方式是通过隐喻(metaphor)来实现的，即将一个实物与一个虚拟物体绑定，对实物的操控就转变为对虚拟物体的操控。一般说来，设计师应该首先考虑物理对象、虚拟内容和交互隐喻这 3 个核心元素，然后将它们连接起来。

类似于物理工具的设计，实体 AR 界面有两种不同的设计方法。一种方法是空间复用界面，其中每个标志专用于一个功能；另一种是时间复用界面，其中每种标志可用于多个功能和用途，具体用于哪一种功能和用途，取决于当前的状态和上下文。空间复用界面可直观地学习，因为每个功能都映射到一个单一的标志，而时间复用界面的功能需要根据对操作流程的理解和分析来决定。场景中采用多个标志时，通过这两种方式，来赋予每个标志以不同的功能，从而实现复杂的交互功能。

虽然实体 AR 界面提供了一种直观、自然和无缝的方式来与 AR 应用程序中的物理对象和虚拟对象进行交互，但也有一个缺点，对于移动或可穿戴的 AR 应用程序来说，采用实体对象来进行交互可能是不合适的。

11.3.2 标志物驱动的交互

在增强现实中，空间注册一般有两种方式。一种是通过相机拍摄的图像来实现虚拟物体对现实世界的静态环境注册。这样，环境中运动的物体虽然是一种干扰，但是只要运动物体不是太多，一般可以采用算法予以避免。另一种方式是直接通过标志物体进行注册，比较常用的是平面标志物体。当标志物体被驱动时，与该标志物体空间绑定的虚拟物体也被驱动。在视觉上，虚拟物体可以随着用户的驱动而变化，从而实现了虚拟物体与现实环境的交互。因此，标志驱动的交互环境是一种实体 AR 界面。

标志物(marker)在增强现实技术中具有重要作用。通常采用平面标志来预先设定好标志图案与虚拟物体的相对位姿关系，这样，当标志物出现在场景中时，虚拟物体就可以随着标志物的运动而运动，产生实时的交互体验。平面标志采用视觉计算的方法来实现跟踪定位，是非接触式的传感器。平面标志因为使用方便、算法简单、可靠性好，而在增强现实的初期有广泛的应用。

平面标志一般分为人工标志和自然标志两种。人工标志一般采用黑白色块来提高特征的显著性，增强算法的抗干扰能力，因此算法简单鲁棒。但是，人工标志通常比较突兀，在视觉上与场景不太协调。自然标志则依赖图案的特征来实现标志的对齐，因此，在一定程度上依赖于特征配准的准确性。由于自然标志可以选择与场景相融的图案，因此对场景的自然状态破坏性较小。

由标志物实现的增强现实交互是通过对标志物的跟踪定位来实现的。标志物的实时 3D 跟踪方法已经在第 3 章进行陈述。最为简单的基于标志物的交互方式是将虚拟物体的位姿与标志物绑定，使物体的运动与标志物的运动保持一致。这样的应用实例有很多。如图 11.12 所示，首先，讲解员手持平面标志并不断移动和旋转，摄像头拍摄讲解员和平面标志，并将视频传送至计算机；然后，由计算机估计平面标志与摄像机之间的位姿关系，并将动物的影像合成到视频中；最后，将合成视频投放至屏幕上，完成视频式增强现实的应用。

在这个模型中，讲解员通过操纵平面标志来达到操纵虚拟物体的目的，使观众对动物获得更为直观的体验。

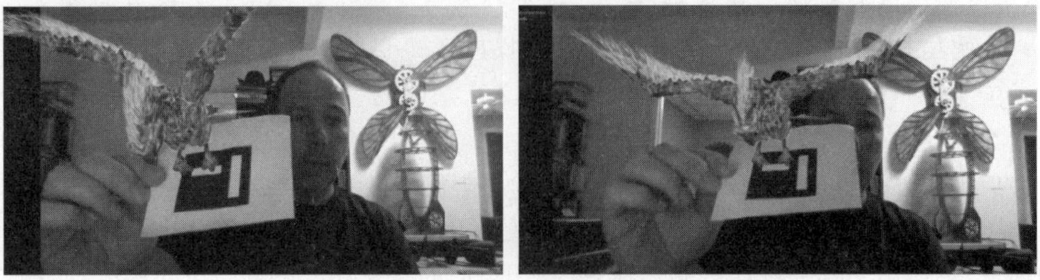

(a) (b)

图 11.12 通过标志物实现的虚拟物体呈现

(参考来源见附录 E)

标志物的图案要具备可区分性，与它所绑定的物体形成一一对应关系。计算机通过识别这些标志图案，来赋予不同标志物各自不同的语义，从而通过标志物的不同组合来控制多个虚拟物体的运动或单个物体的复杂运动。如图 11.13(a)所示，可以通过 3 个标志来控制物体的平移和旋转，这样标志就成为物体 3D 运动的控制手段，得到的增强现实效果如图 11.13(b)所示。

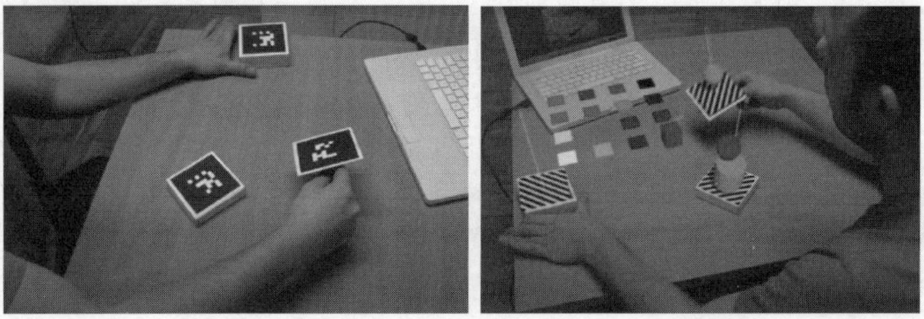

(a) 原始场景画面 (b) 增强现实画面

图 11.13 通过标志物来控制虚拟物体的 3D 运动

(参考来源见附录 E)

现实应用中通常对 3D 物体的运动更为关注，将标志物附着在 3D 实体上，就可以实现对 3D 物体的实时跟踪，从而实现基于实体的交互。这时，标志物起到特征标识的作用。当 3D 物体自由运动时，标识一旦不可见就会造成跟踪的失败，因此采用多个标志物是一个良好的解决方案。在物体的各个朝向上都贴上标志物，并预先建立这些标志物之间的坐标关系，就可以持续稳定地实现跟踪与交互。有时为了实现相机的鲁棒跟踪，也会通过在场景中贴上标志物来实现。但是，这样的标志物毕竟不是自然的物体，在实际使用中仍然有很多不便之处。

在实际的生产和生活中，通常操纵和使用的是 3D 实体，如果能够准确跟踪定位这个 3D 物体，也就可以实现准确的交互。一般说来，如果预先给出了物体的 3D 模型，那么该物体便成为 3D 的标志物，可以将该 3D 模型作为物体的模板来跟踪。不过，3D 物体的跟踪相对比较困难，其鲁棒性仍容易受到影响。图 11.14 是通过跟踪背景画面中的浅棕色猫模型，来驱动前景中的小机器人的实例。

视频讲解

图 11.14 通过 3D 模板跟踪来实现虚拟物体的运动交互

11.3.3 虚拟物体在现实中的几何约束

在增强现实环境中，静态的虚拟物体一般保持空间位置不变，如放置在桌面上或挂在墙上，空间注册完成以后就不需要额外的处理了。但处于运动状态的虚拟物体则应受到现实环境的约束。

如果需要使用户感受到虚实物体间的融洽性，那么，虚拟物体的运动就需要符合现实世界的物理规律，且受到真实世界的约束力。例如，用户推动物体，物体就会运动，且运动轨迹与物体的表面形状相关。若要准确描绘虚拟物体的运动轨迹，则需要准确重构物体运动可能接触的表面，并与现实世界对齐，然后，基于物理模型给出其运动轨迹，呈现给用户。图 11.15 呈现了一个实例，通过对狗的 2D 跟踪及标定的地面，来得到狗的运动轨迹，然后驱动一只虚拟足球在地面滚动，以跟随这只狗。这里的关键一步是对现实世界的相关部分(即地面)进行有限重构。采用视觉计算的方法已经可以较好地获得场景的表面几何，但是技术仍然具有较高的门槛。由于现实世界建模技术的精度和速度仍有待提高，因此，一些精细的交互作用模拟起来仍十分困难。

图 11.15 由对动物(狗)的跟踪驱动的虚拟物体(足球)的运动

虚拟物体在融入现实场景的过程中，如何要求其空间位置和运动轨迹符合现实世界的规律？首先，物体空间位置的摆放，一般要放置在物体的表面上，如桌面、地面等。为此，需要对场景中的平面进行检测和识别，详细算法参见 6.3.4 节。其次，物体的放置需要是稳定的，也就是说，虚拟物体需要在现实物体表面找到合适的支撑点，并且考虑重力等物理约束条件。虚拟物体与现实物体的接触点可以通过碰撞检测来实现。最后，如果虚拟物体是运动的,则需要按照现实世界的运动规律来计算物体的运动轨迹。如果物体在空中做自由运动,则根据自由落体定律,用碰撞检测技术估计虚拟物体在现实场景中的落点;根据物体的落点、落点表面法向、落点处的材质属性等条件,计算物体的反弹轨迹。在这个过程中,所有与现实场景关联的物体表面都需要是已经重建的。图 11.16 是一只虚拟足球在真实的地面弹跳的实例。由于考虑了光影效果,因此,虚拟足球与背景完美融合。

图 11.16 在地面上运动的物体

虚拟物体对真实世界的改变是非常困难的问题。既然真实环境能够影响虚拟物体,那么相应的虚拟物体也应该作用于真实环境,从而改变真实环境。例如,一块石头从高空落入水面,水面由于石头的作用会产生水花。但是由于真实环境中并不存在虚拟物体,因此要模拟虚拟物体作用于真实环境从而引起真实环境变化,需要复杂的建模与渲染技术来实现这一目标。

11.3.4 虚拟角色在现实中的语义约束

虚拟物体也可能是具有智能的角色,嵌入现实世界后,其行为需要符合社会行为的准则和心理规范。这对虚实融合技术是一个新的挑战。虚实融合中的交互一致性强调虚拟物体在与现实世界共享统一空间时,现实空间的约束条件和语义环境对其行为的影响。

虚拟角色的空间位置和运动轨迹必然受现实世界物体表面形状的约束,例如,虚拟角色在行走过程中,其脚需通过与地面保持接触来提供支撑力;当与道路上的真实行人相遇时,需要礼貌避让;过马路遇到红灯时,需要停止行走;进入商场时需与身边的顾客保持一定的社交距离等。为此,既要准确感知现实世界中的各种信号与语义,又要根据智慧生物在现实生活中的行为举止来模拟虚拟角色的行为。不过,在增强现实中,在将虚拟角色融入视频场景后,真实行人并不能看见虚拟角色而产生避让行为。因此,虚拟角色的行为规划需要考虑到这个特点。

图 11.17 展示了虚拟人群朝目的地行走的过程中避让真实行人的行为,从而实现虚实人群相互穿越的情景。算法采用视觉方法检测真实人群在行走过程中每个人的空间位置,进而不断重新规划虚拟人的行走轨迹。

随着计算机的计算性能不断提高,采用计算机视觉的方法来实现增强现实的感知正在成为主流。除了视觉计算的便捷与成本低廉外,真实场景的影像中还蕴涵了丰富的智能信息,因此具有更为广阔的发展前景。

视频讲解

图 11.17　真实人群与虚拟人群间的融合模拟

11.4　增强现实的开发平台

增强现实技术作为一种交互技术，需要开发平台的支撑。随着视觉技术的进步和发展，增强现实逐渐成为大众使用的工具，出现了各种增强现实开发平台。随着手机技术的发展，基于智能手机的增强现实开发平台逐渐成熟。

ARToolKit 是最早用于增强现实的软件开发包（software development kit，SDK），采用人工标志来实现基于视觉的空间注册与交互，不需要特殊的设备就可以实现增强现实的效果。ARToolKit 最早由华盛顿大学的增强现实小组开发并进行商业化，之后逐渐发布了一些商业版本，并在手机上发布了相应的开发包。

Vuforia 是一个用于创建增强现实应用程序的软件平台。开发人员可以轻松地为任何应用程序添加先进的计算机视觉功能，能够识别图像和对象或重建现实世界中的环境。无论是用于构建企业应用程序以便提供详细步骤的说明和培训，还是用于创建交互式的营销活动或产品可视化，甚至是实现购物体验，Vuforia 都具有满足这些需求的功能和性能。Vuforia 是全球最广泛使用的 AR 平台之一，使用 Vuforia 平台，应用程序可以选择各种各样的东西，如对象、图像、用户定义的图像、圆柱体、文本、盒子及 VuMark（用于定制和品牌意识设计），其 Smart Terrain 功能为实时重建地形的智能手机和平板电脑，创建环境的 3D 几何图。

Kudan AR SDK 是适用于 iOS、Android 和 Unity 的轻型跨平台 Augumented Reality SDK。它提供了富有创造性的、先进的计算机视觉技术，是可用于 AR/VR、机器人和人工智能应用程序的 SLAM 跟踪技术。Kudan SDK 平台是唯一可用于 iOS 和 Android 的高级跟踪 Markerless AR 引擎，提供了图像识别、低内存占用、闪电般的开发速度和无限数量的标记。

ARCore/ARKit 是 2018 年由谷歌公司和苹果公司同步发布的智能手机上的增强现实开发包，具有 SLAM、平面检测、虚拟物体绘制与合成等功能。由于 SLAM 使用了手机中的惯性测量单元，因此跟踪的稳定性和精确性都很高。不过，ARCore/ARKit 对虚拟物体的处理能力较弱，因此一般将其嵌入 Unity3D 中使用。Unity3D 是著名的虚拟现实开发平台，对虚拟现实环境有很强的造型和处理能力。微软公司提供了一个在 Unity 平台上的插件——混合现实工具包(mixed reality toolkit,MRTK),可以提供直接与 Hololens 连接的增强现实以及交互界面的开发工具,如图 11.5 所示就是该开发工具发布会上的实例。

国内的一些著名公司也在不断研发增强现实的开发平台,主要针对智能手机。如商汤科技的 SenseAR、华为的 AR Engine、上海视辰的 EasyAR 等。这些平台的发布对营造我国增强现实的应用生态具有深远意义。

扩展阅读

增强现实是人机交互的高级形式,是智能化的交互平台。有关的综述可以阅读黄进等于 2016 年的综述论文《混合现实中的人机交互综述》。*Marc Billinghust* 等在 2015 年发表了综述"A survey of augmented reality",该综述对交互技术进行了诸多陈述。目前,增强现实技术作为人机交互的工具还比较初级,离理想化的目标尚有距离。增强现实这样基于现实的交互消除了人、物与计算机之间的隔离,与人类的知觉系统直接连接,是极具发展前景的人机交互形式。随着人工智能技术的飞速发展,增强现实技术的智能性将进一步提高。目前,满足基本空间一致性的平台较多,然而高度智能化的系统尚待时日。

习题

1. 为什么说增强现实是人机交互的一种高级形式?增强现实在哪些方面体现了人机交互的特点?又是由增强现实的哪些属性来实现交互的?

2. 增强现实环境中所使用的与虚拟物体交互的工具虽然在理论上可以是相同的,但是在实际中,仍然存在差异。请比较增强现实与虚拟现实环境中交互工具的差异性。

3. 增强现实中都有哪几种重要的交互方式?

4. 增强现实中未来的交互方式会向哪些方向发展?

5. 增强现实技术与人机交互技术的共同点和差异是什么?

参 考 文 献

请扫描下方二维码查阅相关文献。

附录 A 优化方法

APPENDIX A

A.1 线性最小二乘法

一般的线性求解问题很简单,有清晰明确的表述。线性方程组的表示很简单,设有实数域上的 $m \times n$ 个数 a_{ij} ($i=1,2,\cdots,m$; $j=1,2,\cdots,n$),n 维空间的未知向量 $\boldsymbol{x}=(x_1,x_2,\cdots,x_n)^{\mathrm{T}} \in \mathbb{R}^n$,非零向量 $\boldsymbol{b}=(b_1,b_2,\cdots,b_m)^{\mathrm{T}} \in \mathbb{R}^m$,存在关系:

$$\left.\begin{aligned} a_{11}x_1+a_{12}x_2+\cdots+a_{1n}x_n &= b_1 \\ a_{21}x_1+a_{22}x_2+\cdots+a_{2n}x_n &= b_2 \\ &\vdots \\ a_{m1}x_1+a_{m2}x_2+\cdots+a_{mn}x_n &= b_m \end{aligned}\right\} \tag{A.1}$$

令矩阵 $\boldsymbol{A}=\begin{pmatrix} a_{11} & a_{12} & \cdots & a_{1n} \\ a_{21} & a_{22} & \cdots & a_{2n} \\ \vdots & \vdots & & \vdots \\ a_{m1} & a_{m2} & \cdots & a_{mn} \end{pmatrix}$,则式(A.1)也可以表示为 $\boldsymbol{Ax}=\boldsymbol{b}$。

问题的定义:设有线性方程组 $\boldsymbol{Ax}=\boldsymbol{b}$,其中已知 $m \times n$ 的矩阵 $\boldsymbol{A}$ 与非零向量 $\boldsymbol{b} \in \mathbb{R}^m$,未知向量 $\boldsymbol{x} \in \mathbb{R}^n$,求 $\boldsymbol{x}$。

根据线性代数的结论:当 $m<n$ 时,方程组有无穷解;当 $m=n$ 时,方程组有唯一解;当 $m>n$ 时,方程组无解。在实际问题中,$m<n$ 意味着已知条件过少,或者问题欠约束,无法确定问题的解。在几何上考虑线性方程组的意义,该方程组其实表示了 m 个线性方程,每个方程都是 n 维空间中的 $n-1$ 维超平面,也是数据产生的一个约束。举例说明,如图 A.1 所示,当 $n=2$ 时,未知数 $\boldsymbol{x}$ 在平面上,每个方程表示一条直线;当 $m=1$ 时,只有一条直线作为条件,那么直线上所有的点都满足这个唯一的方程,所以有无穷多个解;当 $m=2$ 时,两条直线交于一点,所以有唯一解;如果 $m>2$,那么 3 条以上的直线会两两之间形成不相同的交点,因此无解。也就是说,过多的方程产生的约束使得没有一个点能满足所有方程。

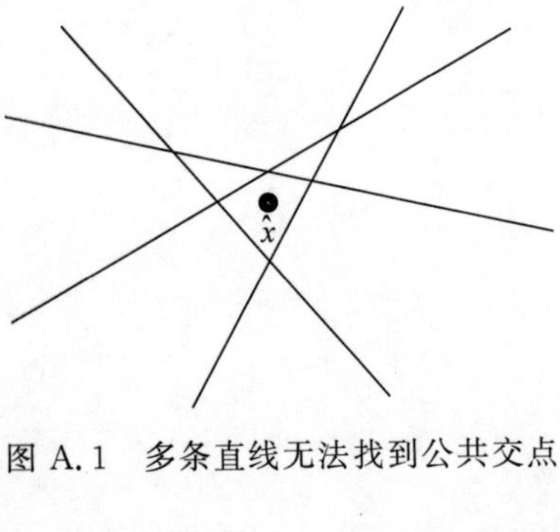

图 A.1 多条直线无法找到公共交点

在应用问题中,每个实际的约束条件,都会产生一个或一个以上的方程。例如,在求解投影矩阵参数的过程中，一个 3D 空间点在图像上的投影坐标，会产生两个方程，因此建立起 3D 空间点与图像点的对应关系，即建立起了模型。由于在理论上模型通常是固定的，即一张图像对应的投影矩阵是唯一的，因此，对应点越多，结果越准确。在实际情况中，即使当 $m=n$ 时，获得了方程组的唯一解，由于噪声的干扰，这样的唯一解也通常是不准确的。当 $m>n$ 时，矩阵 $\boldsymbol{A}$ 是瘦高形的，说明获得了更多的数据或者约束条件。但是，按照传统的线性代数理论，该方程组无解。

考虑将方程组形变为 $\boldsymbol{Ax}-\boldsymbol{b}=\boldsymbol{0}$。如果不能找到严格正确的解，那么能不能找到最可能靠近正确值的解呢？这样的解应该使得 $\boldsymbol{Ax}-\boldsymbol{b}$ 尽可能地接近于 $\boldsymbol{0}$ 向量，也就是其模长应该尽可能地小。那么就转化为如下问题。

最小二乘问题的定义：设有 $m\times n(m>n)$、秩为 n 的矩阵 $\boldsymbol{A}$ 与非零向量 $\boldsymbol{b}\in\mathbb{R}^m$，未知向量 $\boldsymbol{x}\in\mathbb{R}^n$。求最优的 $\boldsymbol{x}$，使得 $\frac{1}{2}\|\boldsymbol{Ax}-\boldsymbol{b}\|^2$ 最小。形式化的表示为

$$\hat{\boldsymbol{x}}=\arg\min_{\boldsymbol{x}\in\mathbb{R}^n}\frac{1}{2}\|\boldsymbol{Ax}-\boldsymbol{b}\|^2 \tag{A.2}$$

这里的 $E(\boldsymbol{x})=\frac{1}{2}\|\boldsymbol{Ax}-\boldsymbol{b}\|^2$ 是目标函数。也称 $\hat{\boldsymbol{x}}$ 是 $\boldsymbol{Ax}=\boldsymbol{b}$ 在 $m>n$ 时的最小二乘解。

在最小二乘问题的定义中，将矩阵 $\boldsymbol{A}$ 的秩限定为 n，是因为实际应用中的数据常常包含噪声，通常都能满足矩阵 $\boldsymbol{A}$ 的秩为 n 的条件。如果秩小于 n，问题将没有最小二乘解，因此不予考虑。先将目标函数表示为矩阵形式。一个向量的模平方是向量的转置与向量的乘积，即对任意向量 $\boldsymbol{a}$ 有：$\|\boldsymbol{a}\|^2=\boldsymbol{a}^{\mathrm{T}}\boldsymbol{a}$。那么，目标函数有：

$$E(\boldsymbol{x})=\frac{1}{2}\|\boldsymbol{Ax}-\boldsymbol{b}\|^2=\frac{1}{2}(\boldsymbol{Ax}-\boldsymbol{b})^{\mathrm{T}}(\boldsymbol{Ax}-\boldsymbol{b})=\frac{1}{2}(\boldsymbol{x}^{\mathrm{T}}\boldsymbol{A}^{\mathrm{T}}\boldsymbol{Ax}-\boldsymbol{b}^{\mathrm{T}}\boldsymbol{Ax}-\boldsymbol{x}^{\mathrm{T}}\boldsymbol{A}^{\mathrm{T}}\boldsymbol{b}+\boldsymbol{b}^{\mathrm{T}}\boldsymbol{b}) \tag{A.3}$$

其中：$\boldsymbol{b}^{\mathrm{T}}\boldsymbol{b}=\|\boldsymbol{b}\|^2$ 是一个常数，不会在最小化过程中影响目标函数的值，可以不予考虑；$\boldsymbol{x}^{\mathrm{T}}\boldsymbol{A}^{\mathrm{T}}\boldsymbol{b}$ 是一个标量，而标量的转置是其自身，因此有：$\boldsymbol{x}^{\mathrm{T}}\boldsymbol{A}^{\mathrm{T}}\boldsymbol{b}=\boldsymbol{b}^{\mathrm{T}}\boldsymbol{Ax}$，从而目标函数可简化为

$$E(\boldsymbol{x})=\frac{1}{2}\boldsymbol{x}^{\mathrm{T}}\boldsymbol{A}^{\mathrm{T}}\boldsymbol{Ax}-\boldsymbol{b}^{\mathrm{T}}\boldsymbol{Ax} \tag{A.4}$$

根据拉格朗日法则，最优解一定出现在导数为零处。因此，将式(A.4)对 $\boldsymbol{x}$ 求偏导，并令偏导数为零，得到：

$$\frac{\partial E(\boldsymbol{x})}{\partial \boldsymbol{x}}=\boldsymbol{A}^{\mathrm{T}}\boldsymbol{Ax}-(\boldsymbol{b}^{\mathrm{T}}\boldsymbol{A})^{\mathrm{T}}=\boldsymbol{0},\quad 即\ \boldsymbol{A}^{\mathrm{T}}\boldsymbol{Ax}=\boldsymbol{A}^{\mathrm{T}}\boldsymbol{b} \tag{A.5}$$

由线性代数的知识可知，$\boldsymbol{A}^{\mathrm{T}}\boldsymbol{A}$ 是一个 $n\times n$ 的实对称矩阵。矩阵是秩为 n，因此 $\boldsymbol{A}^{\mathrm{T}}\boldsymbol{A}$ 是一个满秩的矩阵，存在逆矩阵。因此有：

$$\hat{\boldsymbol{x}}=(\boldsymbol{A}^{\mathrm{T}}\boldsymbol{A})^{-1}\boldsymbol{A}^{\mathrm{T}}\boldsymbol{b} \tag{A.6}$$

这里，$\hat{\boldsymbol{x}}$ 称为问题的最小二乘解。$(\boldsymbol{A}^{\mathrm{T}}\boldsymbol{A})^{-1}\boldsymbol{A}^{\mathrm{T}}$ 称为矩阵的广义逆矩阵。最小二乘方法解的几何意义是该点与所有超平面(即每个线性方程所表示的超平面)的距离平方和最小。

A.2 齐次线性最小二乘法

问题的定义：设有齐次线性方程组 $\boldsymbol{Ax}=\boldsymbol{0}$，其中已知 $n\times m(m>n)$ 的矩阵 $\boldsymbol{A}$，未知向量 $\boldsymbol{x}\in\mathbb{R}^n$，求 $\boldsymbol{x}$。

显而易见，$\boldsymbol{x}=\boldsymbol{0}$ 总是方程的解。但是，在实际问题中，这往往是没有意义的，需要获得非零解。根据线性代数的结论，当矩阵 $\boldsymbol{A}$ 有 $m<n$ 时，方程组有无穷非零解；当 $m\geqslant n$ 时，方程组没有非零解。将问题转化为最小二乘问题。

齐次最小二乘问题的定义：设有一个 $m\times n(m>n)$、秩为 n 的矩阵 $\boldsymbol{A}$，未知向量 $\boldsymbol{x}\in\mathbb{R}^n$。求最优的 $\boldsymbol{x}$，使得 $\|\boldsymbol{Ax}\|^2$ 最小。形式化的表示为

$$\hat{\boldsymbol{x}}=\underset{x\in\mathbb{R}^n}{\arg\min}\ \|\boldsymbol{Ax}\|^2,\quad \text{s.t.}\ \|\boldsymbol{x}\|=1 \tag{A.7}$$

这里，目标函数 $E(\boldsymbol{x})=\|\boldsymbol{Ax}\|^2$。

将目标函数表示为矩阵形式，有：

$$E(\boldsymbol{x})=\|\boldsymbol{Ax}\|^2=(\boldsymbol{Ax})^{\mathrm{T}}(\boldsymbol{Ax})=\boldsymbol{x}^{\mathrm{T}}\boldsymbol{A}^{\mathrm{T}}\boldsymbol{Ax} \tag{A.8}$$

这个优化函数使用拉格朗日法则，仍只能得到零解。那么，如何得到最优的非零解呢？观察目标函数，容易知道，当 $\|\boldsymbol{x}\|$ 增加时，目标函数也会相应增加。但这对优化是没有意义的，因此限定 $\|\boldsymbol{x}\|=1$，即 $\boldsymbol{x}$ 位于 n 维球面上，求在此约束条件下，目标函数的最小值。再观察 $\boldsymbol{A}^{\mathrm{T}}\boldsymbol{A}$，这是一个满秩的 $n\times n$ 实对称矩阵，有 n 个实特征根，记这些特征根为 $\lambda_1,\lambda_2,\cdots,\lambda_n$，不妨假设所有特征根已经按照由大到小的顺序排序；这些特征根对应的特征向量为 $\boldsymbol{e}_1,\boldsymbol{e}_2,\cdots,\boldsymbol{e}_n$，并已经进行单位化处理。那么，存在实正交矩阵 $\boldsymbol{U}$，将 $\boldsymbol{A}^{\mathrm{T}}\boldsymbol{A}$ 形变为

$$\boldsymbol{A}^{\mathrm{T}}\boldsymbol{A}=\boldsymbol{U}\begin{pmatrix}\lambda_1 & & \\ & \ddots & \\ & & \lambda_n\end{pmatrix}\boldsymbol{U}^{\mathrm{T}} \tag{A.9}$$

其中 $\boldsymbol{U}=(\boldsymbol{e}_1\quad \boldsymbol{e}_2\quad \cdots\quad \boldsymbol{e}_n)$。根据线性代数的矩阵理论，实对称矩阵 $\boldsymbol{A}^{\mathrm{T}}\boldsymbol{A}$ 的所有单位特征向量是两两正交的，即 $\boldsymbol{e}_i^{\mathrm{T}}\boldsymbol{e}_j=\delta_{ij}$（$\delta_{ij}$ 的定义为若 $i=j$，则 $\delta_{ij}=1$；若 $i\neq j$，则 $\delta_{ij}=0$），因此矩阵 $\boldsymbol{U}$ 为正交矩阵。代入目标函数：

$$E(\boldsymbol{x})=\boldsymbol{x}^{\mathrm{T}}\boldsymbol{A}^{\mathrm{T}}\boldsymbol{Ax}=\boldsymbol{x}^{\mathrm{T}}\boldsymbol{U}\begin{pmatrix}\lambda_1 & & \\ & \ddots & \\ & & \lambda_n\end{pmatrix}\boldsymbol{U}^{\mathrm{T}}\boldsymbol{x}=(\boldsymbol{U}^{\mathrm{T}}\boldsymbol{x})^{\mathrm{T}}\begin{pmatrix}\lambda_1 & & \\ & \ddots & \\ & & \lambda_n\end{pmatrix}\boldsymbol{U}^{\mathrm{T}}\boldsymbol{x} \tag{A.10}$$

令 $\boldsymbol{x}'=\boldsymbol{U}^{\mathrm{T}}\boldsymbol{x}$，由于 $\boldsymbol{U}$ 是正交矩阵，且 $\|\boldsymbol{x}\|=1$，因此也有 $\|\boldsymbol{x}'\|=1$，且有：

$$E(\boldsymbol{x})=\boldsymbol{x}'^{\mathrm{T}}\begin{pmatrix}\lambda_1 & & \\ & \ddots & \\ & & \lambda_n\end{pmatrix}\boldsymbol{x}' \tag{A.11}$$

由于 $\boldsymbol{x}'$ 在单位球面上任意变化，因此，目标函数值均大于或等于最小特征根的值，即当 $\boldsymbol{x}'=\begin{pmatrix}0\\ \vdots\\ 1\end{pmatrix}$，也即 $\boldsymbol{x}=\boldsymbol{U}\begin{pmatrix}0\\ \vdots\\ 1\end{pmatrix}$ 时，目标函数达到最小值，即 $\hat{\boldsymbol{x}}=\boldsymbol{e}_n$。

证明：

若空间中的任意单位向量 $\boldsymbol{x}$ 都可以用特征向量来线性表达，则存在实数 $\mu_1,\mu_2,\cdots,\mu_n$，使得：

$$\boldsymbol{x}=\mu_1\boldsymbol{e}_1+\mu_2\boldsymbol{e}_2+\cdots+\mu_n\boldsymbol{e}_n, \quad 且\ \mu_1^2+\mu_2^2+\cdots+\mu_n^2=1 \tag{A.12}$$

将其写为矩阵形式：

$$\boldsymbol{x}=(\boldsymbol{e}_1\quad \boldsymbol{e}_2\quad \cdots\quad \boldsymbol{e}_n)\begin{pmatrix}\mu_1\\ \mu_2\\ \vdots\\ \mu_n\end{pmatrix} \tag{A.13}$$

代入 $\boldsymbol{x}$ 与 $\boldsymbol{U}$，由于矩阵满足结合律及特征根的正交性，因此有：

$$\boldsymbol{x}^{\mathrm{T}}\boldsymbol{A}^{\mathrm{T}}\boldsymbol{A}\boldsymbol{x}=(\mu_1\quad \mu_2\quad \cdots\quad \mu_n)\begin{pmatrix}\boldsymbol{e}_1^{\mathrm{T}}\\ \boldsymbol{e}_2^{\mathrm{T}}\\ \vdots\\ \boldsymbol{e}_n^{\mathrm{T}}\end{pmatrix}(\boldsymbol{e}_1\quad \boldsymbol{e}_2\quad \cdots\quad \boldsymbol{e}_n)\cdot$$

$$\begin{pmatrix}\lambda_1 & & & \\ & \lambda_2 & & \\ & & \ddots & \\ & & & \lambda_n\end{pmatrix}\begin{pmatrix}\boldsymbol{e}_1^{\mathrm{T}}\\ \boldsymbol{e}_2^{\mathrm{T}}\\ \vdots\\ \boldsymbol{e}_n^{\mathrm{T}}\end{pmatrix}(\boldsymbol{e}_1\quad \boldsymbol{e}_2\quad \cdots\quad \boldsymbol{e}_n)\begin{pmatrix}\mu_1\\ \mu_2\\ \vdots\\ \mu_n\end{pmatrix}$$

$$=(\mu_1\quad \mu_2\quad \cdots\quad \mu_n)\begin{pmatrix}1 & & & \\ & 1 & & \\ & & \ddots & \\ & & & 1\end{pmatrix}\begin{pmatrix}\lambda_1 & & & \\ & \lambda_2 & & \\ & & \ddots & \\ & & & \lambda_n\end{pmatrix}\begin{pmatrix}1 & & & \\ & 1 & & \\ & & \ddots & \\ & & & 1\end{pmatrix}\begin{pmatrix}\mu_1\\ \mu_2\\ \vdots\\ \mu_n\end{pmatrix}$$

$$=\lambda_1\mu_1^2+\lambda_2\mu_2^2+\cdots+\lambda_n\mu_n^2$$

计算任意点 $\boldsymbol{x}$ 与特征向量 $\boldsymbol{e}_n$ 之间的能量函数差有：

$$\begin{aligned}E(\boldsymbol{x})-E(\boldsymbol{e}_n)&=\boldsymbol{x}^{\mathrm{T}}\boldsymbol{A}^{\mathrm{T}}\boldsymbol{A}\boldsymbol{x}-\boldsymbol{e}_n^{\mathrm{T}}\boldsymbol{A}^{\mathrm{T}}\boldsymbol{A}\boldsymbol{e}_n\\ &=\lambda_1\mu_1^2+\lambda_2\mu_2^2+\cdots+\lambda_n\mu_n^2-\lambda_n\\ &\geqslant\lambda_n(\mu_1^2+\mu_2^2+\cdots+\mu_n^2)-\lambda_n\\ &=0\end{aligned} \tag{A.14}$$

因此有：$E(\boldsymbol{x})\geqslant E(\boldsymbol{e}_n)$，即当 $\hat{\boldsymbol{x}}=\boldsymbol{e}_n$ 时，$E(\boldsymbol{e}_n)$ 达到最小值。证毕。

A.3　高斯-牛顿最小二乘法

非线性最小二乘特指以非线性函数的平方和为目标函数的一类优化问题。由于形式上与线性最小二乘有相似性，故而得名。设有非线性方程组：

$$\left.\begin{aligned} f_1(\boldsymbol{x}) &= b_1 \\ &\vdots \\ f_m(\boldsymbol{x}) &= b_m \end{aligned}\right\} \tag{A.15}$$

其中，$f_i(\boldsymbol{x})(i=1,2,\cdots,m)$为非线性函数，非零向量 $\boldsymbol{b}=(b_1,b_2,\cdots,b_m)^{\mathrm{T}}\in\mathbb{R}^m$，未知向量 $\boldsymbol{x}\in\mathbb{R}^n$，求 $\boldsymbol{x}$。定义该问题对应的最优化问题，即高斯-牛顿最小二乘问题，为求解如下优化问题。

$$\hat{\boldsymbol{x}} = \arg\min_{\boldsymbol{x}\in\mathbb{R}^n} \frac{1}{2}\sum_{i=1}^{m} \| f_i(\boldsymbol{x}) - b_i \|^2 = \arg\min_{\boldsymbol{x}\in\mathbb{R}^n} \frac{1}{2} \| \boldsymbol{f}(\boldsymbol{x}) - \boldsymbol{b} \|^2 \tag{A.16}$$

其中，记：$\boldsymbol{f}(\boldsymbol{x})=\begin{pmatrix} f_1(\boldsymbol{x}) \\ \vdots \\ f_m(\boldsymbol{x}) \end{pmatrix}$。这里的目标函数 $E(\boldsymbol{x})=\frac{1}{2}\|\boldsymbol{f}(\boldsymbol{x})-\boldsymbol{b}\|^2$。

由于目标函数是二次型的形式，因此其求解方法与线性最小二乘非常相似。尽管非线性问题看起来很复杂，但通过泰勒级数展开后，非线性问题将可以转变为线性最小二乘问题。由于泰勒级数展开的精度与点的位置相关，因此初值的选择非常重要，有些情况下会因为初值的选择而产生错误的结果。假设给定初值 $\boldsymbol{x}=\boldsymbol{x}_0$，那么，非线性函数在该点作一阶泰勒级数展开，并忽略高阶项，有：

$$\left.\begin{aligned} f_1(\boldsymbol{x}) &= f_1(\boldsymbol{x}_0) + \left(\left.\frac{\partial f_1(\boldsymbol{x})}{\partial \boldsymbol{x}}\right|_{\boldsymbol{x}=\boldsymbol{x}_0}\right)^{\mathrm{T}} \Delta\boldsymbol{x} \\ &\vdots \\ f_m(\boldsymbol{x}) &= f_m(\boldsymbol{x}_0) + \left(\left.\frac{\partial f_m(\boldsymbol{x})}{\partial \boldsymbol{x}}\right|_{\boldsymbol{x}=\boldsymbol{x}_0}\right)^{\mathrm{T}} \Delta\boldsymbol{x} \end{aligned}\right\} \tag{A.17}$$

其中，$\left.\frac{\partial f_i(\boldsymbol{x})}{\partial \boldsymbol{x}}\right|_{\boldsymbol{x}=\boldsymbol{x}_0}(i=1,2,\cdots,n)$为函数 $f_i(\boldsymbol{x})$在 $\boldsymbol{x}_0$ 处的梯度向量。方程可变为

$$\left.\begin{aligned} \left(\left.\frac{\partial f_1(\boldsymbol{x})}{\partial \boldsymbol{x}}\right|_{\boldsymbol{x}=\boldsymbol{x}_0}\right)^{\mathrm{T}} \Delta\boldsymbol{x} &= b_1 - f_1(\boldsymbol{x}_0) \\ &\vdots \\ \left(\left.\frac{\partial f_m(\boldsymbol{x})}{\partial \boldsymbol{x}}\right|_{\boldsymbol{x}=\boldsymbol{x}_0}\right)^{\mathrm{T}} \Delta\boldsymbol{x} &= b_m - f_m(\boldsymbol{x}_0) \end{aligned}\right\} \tag{A.18}$$

记矩阵：

$$\boldsymbol{J} = \begin{bmatrix} \left(\left.\frac{\partial f_1(\boldsymbol{x})}{\partial \boldsymbol{x}}\right|_{\boldsymbol{x}=\boldsymbol{x}_0}\right)^{\mathrm{T}} \\ \vdots \\ \left(\left.\frac{\partial f_m(\boldsymbol{x})}{\partial \boldsymbol{x}}\right|_{\boldsymbol{x}=\boldsymbol{x}_0}\right)^{\mathrm{T}} \end{bmatrix}, \quad \text{且 } \boldsymbol{c} = \begin{pmatrix} b_1 - f_1(\boldsymbol{x}_0) \\ \vdots \\ b_m - f_m(\boldsymbol{x}_0) \end{pmatrix} \tag{A.19}$$

这里的矩阵 $\boldsymbol{J}$ 称为雅可比矩阵(Jacobi matrix)，则问题变形为 $\boldsymbol{J}\Delta\boldsymbol{x}=\boldsymbol{c}$，即

$$(\boldsymbol{J}^{\mathrm{T}}\boldsymbol{J})\Delta\boldsymbol{x} = \boldsymbol{J}^{\mathrm{T}}\boldsymbol{c} \tag{A.20}$$

其中，$\boldsymbol{J}$ 是一个 $m\times n$ 的矩阵。采用线性最小二乘法，即可求解最优的 $\Delta\hat{\boldsymbol{x}}=(\boldsymbol{J}^{\mathrm{T}}\boldsymbol{J})^{-1}\boldsymbol{J}^{\mathrm{T}}\boldsymbol{c}$，也因此得到最佳的 $\hat{\boldsymbol{x}}_1=\boldsymbol{x}_0+\Delta\hat{\boldsymbol{x}}$。将泰勒级数的展开点设置为 $\boldsymbol{x}_0=\hat{\boldsymbol{x}}_1$，重复上述过程，直

到求解得到的 $\|\Delta\hat{\boldsymbol{x}}\|$ 充分小。这里，无论向量 $\boldsymbol{b}$ 是否为零，只要向量 $\boldsymbol{c}$ 非零，就都可以采用线性最小二乘求解。只有当 $\boldsymbol{c}$ 成为零向量，才需要采用齐次最小二乘求解。因此，不再单独分析齐次的非线性最小二乘问题的求解方法。

高斯-牛顿法在雅可比矩阵接近退化时很危险，L-M 方法对其进行了改进。即将高斯-牛顿方程改为

$$(\boldsymbol{J}^{\mathrm{T}}\boldsymbol{J}+\mu\boldsymbol{I})\Delta\boldsymbol{x}=\boldsymbol{J}^{\mathrm{T}}\boldsymbol{c}\Rightarrow\Delta\boldsymbol{x}=(\boldsymbol{J}^{\mathrm{T}}\boldsymbol{J}+\mu\boldsymbol{I})^{-1}\boldsymbol{J}^{\mathrm{T}}\boldsymbol{c} \tag{A.21}$$

其中，μ 是阻尼系数；$\boldsymbol{I}$ 是单位矩阵。阻尼系数的作用是使得矩阵$(\boldsymbol{J}^{\mathrm{T}}\boldsymbol{J}+\mu\boldsymbol{I})$的对角线占优，从而保持正定。当阻尼系数较大时，迭代的步长较小；特别地，当 $\mu\rightarrow\infty$时，算法退化为梯度下降法。当阻尼系数较小时，比较适合优化的最终阶段；特别地，当 $\mu=0$ 时，算法退化为高斯-牛顿法。

这里 μ 的选择很重要，并且需要在求解过程中进行动态调整。μ 的初值一般可由用户决定，其值在迭代过程中通常不断变化，而步长调整策略一般是根据目标函数采用一阶近似的优劣来决定，该系数称为增益比。当增益比过大时，则缩小步长，降低 μ 的值；当增益比过小时，则加大步长，增加 μ 的值。详细的描述请参阅参考文献[74～77]。L-M 方法很好地改进了高斯-牛顿法中的不稳定性，在计算机视觉的优化算法中得到广泛应用，是通常使用的非线性优化方法。

附录 B 旋转矩阵的优化

APPENDIX B

问题是已知矩阵 $\boldsymbol{W}$、$\boldsymbol{Y}$、$\boldsymbol{X}$，求使 $\operatorname{tr}(\boldsymbol{W}\boldsymbol{Y}^{\mathrm{T}}\boldsymbol{R}\boldsymbol{X})$ 达到最大值时的旋转矩阵 $\boldsymbol{R}$。因为矩阵的迹满足性质 $\operatorname{tr}(\boldsymbol{A}\boldsymbol{B})=\operatorname{tr}(\boldsymbol{B}\boldsymbol{A})$，故：

$$\operatorname{tr}(\boldsymbol{W}\boldsymbol{Y}^{\mathrm{T}}\boldsymbol{R}\boldsymbol{X})=\operatorname{tr}((\boldsymbol{W}\boldsymbol{Y}^{\mathrm{T}})(\boldsymbol{R}\boldsymbol{X}))=\operatorname{tr}(\boldsymbol{R}\boldsymbol{X}\boldsymbol{W}\boldsymbol{Y}^{\mathrm{T}}) \tag{B.1}$$

令一 $d\times d$ 矩阵 $\boldsymbol{S}=\boldsymbol{X}\boldsymbol{W}\boldsymbol{Y}^{\mathrm{T}}$，对 $\boldsymbol{S}$ 进行 SVD，有 $\boldsymbol{S}=\boldsymbol{U}\boldsymbol{\Sigma}\boldsymbol{V}^{\mathrm{T}}$，因此：

$$\operatorname{tr}(\boldsymbol{R}\boldsymbol{X}\boldsymbol{W}\boldsymbol{Y}^{\mathrm{T}})=\operatorname{tr}(\boldsymbol{R}\boldsymbol{S})=\operatorname{tr}(\boldsymbol{R}\boldsymbol{U}\boldsymbol{\Sigma}\boldsymbol{V}^{\mathrm{T}})=\operatorname{tr}(\boldsymbol{\Sigma}\boldsymbol{V}^{\mathrm{T}}\boldsymbol{R}\boldsymbol{U}) \tag{B.2}$$

再令 $\boldsymbol{M}=\boldsymbol{V}^{\mathrm{T}}\boldsymbol{R}\boldsymbol{U}$，由于 $\boldsymbol{V}$、$\boldsymbol{R}$、$\boldsymbol{U}$ 皆为正交矩阵，因此 $\boldsymbol{M}$ 也是正交矩阵。则 $\boldsymbol{M}$ 中每列都是正交向量，且对于每个列向量 $\boldsymbol{m}_j$ 而言，都有 $\boldsymbol{m}_j^{\mathrm{T}}\boldsymbol{m}_j=1$。故：

$$1=\boldsymbol{m}_j^{\mathrm{T}}\boldsymbol{m}_j=\sum_{i=1}^{d}m_{ij}^2\Rightarrow m_{ij}^2\leqslant 1\Rightarrow |m_{ij}|\leqslant 1 \tag{B.3}$$

则问题变成求解 $\operatorname{tr}(\boldsymbol{\Sigma}\boldsymbol{M})$ 的最大值来得出 $\boldsymbol{R}$。又 $\boldsymbol{\Sigma}$ 为对角线矩阵，且对角线上每项都是非负的，即

$$\boldsymbol{\Sigma}=\begin{pmatrix}\sigma_1 & & & \\ & \sigma_2 & & \\ & & \ddots & \\ & & & \sigma_d\end{pmatrix},\quad 其中\ \sigma_1,\sigma_2,\cdots,\sigma_d\geqslant 0 \tag{B.4}$$

则有

$$\operatorname{tr}(\boldsymbol{\Sigma}\boldsymbol{M})=\begin{pmatrix}\sigma_1 & & & \\ & \sigma_2 & & \\ & & \ddots & \\ & & & \sigma_d\end{pmatrix}\begin{pmatrix}m_{11} & m_{12} & \cdots & m_{1d}\\ m_{21} & m_{22} & \cdots & m_{2d}\\ \vdots & \vdots & & \vdots\\ m_{d1} & m_{d2} & \cdots & m_{dd}\end{pmatrix}=\sum_{i=1}^{d}\sigma_i m_{ii}\leqslant\sum_{i=1}^{d}\sigma_i \tag{B.5}$$

故当 $m_{ii}=1$ 时，$\operatorname{tr}(\boldsymbol{\Sigma}\boldsymbol{M})$ 取最大值。又因为 $\boldsymbol{M}$ 是正交矩阵，所以可以推出 $\boldsymbol{M}$ 应该是单位阵。即当 $\boldsymbol{R}$ 的取值使得 $\boldsymbol{M}=\boldsymbol{V}^{\mathrm{T}}\boldsymbol{R}\boldsymbol{U}$ 为单位阵 $\boldsymbol{I}$ 时，$\operatorname{tr}(\boldsymbol{\Sigma}\boldsymbol{M})$ 达到最大值：

$$\boldsymbol{I}=\boldsymbol{M}=\boldsymbol{V}^{\mathrm{T}}\boldsymbol{R}\boldsymbol{U}\Rightarrow\boldsymbol{V}=\boldsymbol{R}\boldsymbol{U}\Rightarrow\boldsymbol{R}=\boldsymbol{V}\boldsymbol{U}^{\mathrm{T}} \tag{B.6}$$

注意，数学上的正交变换除了包含旋转外，还包含反射（镜像映射）。如果是旋转，则矩阵行列式为 1；而如果是反射，则矩阵行列式将为 -1。通过上述方法求得的旋转矩阵 $\boldsymbol{R}$ 将有可能是反射，即 $\det(\boldsymbol{R})=\det(\boldsymbol{V}\boldsymbol{U}^{\mathrm{T}})=-1$。在这种情况下，可以通过如下变换将其变换为旋转矩阵：

$$
\boldsymbol{R}=\boldsymbol{V}\begin{pmatrix}1 & & & & \\ & 1 & & & \\ & & \ddots & & \\ & & & 1 & \\ & & & & -1\end{pmatrix}\boldsymbol{U}^{\mathrm{T}} \tag{B.7}
$$

式(B.7)表示的矩阵一定是正交矩阵。

附录 C PnP 问题的雅可比矩阵

APPENDIX C

PnP 问题中基于 3 个或 4 个点对的方法虽然非常高效，但由于点对的匹配误差和噪声等，通过少量点对难以获得高精度的结果。因此，基于少量点对的方法适用于估计变换的初始值，或者被用于 RANSAC 算法中的每步迭代过程。但是，为了获得高精度的结果，还需要尽量利用更多点对进行进一步的优化，这可以通过最小化所有 3D 点在图像上的投影误差来实现。假设 $\boldsymbol{\phi}$ 为对变换($\boldsymbol{R},\boldsymbol{t}$)的参数化表示，则最小化投影误差等价于最小化如下目标函数：

$$F(\boldsymbol{\phi})=\sum_i \|\boldsymbol{K}(\boldsymbol{R},\boldsymbol{t})\boldsymbol{p}_i-\boldsymbol{x}'_i\|^2=\sum_i D(\boldsymbol{x}_i)^2 \tag{C.1}$$

其中 $\boldsymbol{p}_i$ 为一个 3D 点，$\boldsymbol{x}'_i$ 是其在图像上的对应点，$\tilde{\boldsymbol{x}}_i=\boldsymbol{K}(\boldsymbol{R},\boldsymbol{t})\tilde{\boldsymbol{p}}_i$ 为 $\boldsymbol{p}_i$ 根据当前($\boldsymbol{R},\boldsymbol{t}$)在图像上的投影点，$D(\boldsymbol{x}_i)$即第 i 个点对的投影误差。

上述问题是一个非线性优化问题，如 6.3.4 节所述，对该问题进行求解的关键是计算 $F(\boldsymbol{\phi})$相对于$\boldsymbol{\phi}$ 的雅可比矩阵：

$$\boldsymbol{J}=\frac{\partial F(\boldsymbol{\phi})}{\partial \boldsymbol{\phi}}=\sum_i \frac{\partial D(\boldsymbol{x}_i)^2}{\partial \boldsymbol{\phi}}=\sum_i \frac{\partial D(\boldsymbol{x}_i)^2}{\partial \boldsymbol{x}_i}\frac{\partial \boldsymbol{x}_i}{\partial \boldsymbol{\phi}} \tag{C.2}$$

其中：

$$\frac{\partial D(\boldsymbol{x}_i)^2}{\partial \boldsymbol{x}_i}=\frac{\partial \|\boldsymbol{x}_i-\boldsymbol{x}'_i\|^2}{\partial \boldsymbol{x}_i}=2(\boldsymbol{x}_i-\boldsymbol{x}'_i) \tag{C.3}$$

所以，计算雅可比矩阵的关键在于计算$\dfrac{\partial \boldsymbol{x}_i}{\partial \boldsymbol{\phi}}$，即投影点 $\boldsymbol{x}_i$ 对于物体 3D 姿态微小变化$\partial\boldsymbol{\phi}$ 的变化规律。记 $\tilde{\boldsymbol{c}}_i=(\boldsymbol{R},\boldsymbol{t})\tilde{\boldsymbol{p}}_i$，则 $\boldsymbol{c}_i$ 是 $\boldsymbol{p}_i$ 在相机坐标系下的对应坐标。相应地，$\tilde{\boldsymbol{x}}_i=\boldsymbol{K}\tilde{\boldsymbol{c}}_i$ 是物体从相机坐标系到图像中的映射。根据链式求导法则可以得到：

$$\frac{\partial \boldsymbol{x}_i}{\partial \boldsymbol{\phi}}=\frac{\partial \boldsymbol{x}_i}{\partial \boldsymbol{c}_i}\frac{\partial \boldsymbol{c}_i}{\partial \boldsymbol{\phi}} \tag{C.4}$$

为了计算$\dfrac{\partial \boldsymbol{x}_i}{\partial \boldsymbol{c}_i}$，假设相机内参矩阵 $\boldsymbol{K}=\begin{pmatrix} f_x & 0 & c_x \\ 0 & f_y & c_y \\ 0 & 0 & 1 \end{pmatrix}$，且 $\boldsymbol{c}_i=(X_i\ Y_i\ Z_i)^{\mathrm{T}}$，则有

$$\left.\begin{aligned} x_i &= f_x\frac{X_i}{Z_i}+c_x \\ y_i &= f_y\frac{Y_i}{Z_i}+c_y \end{aligned}\right\} \tag{C.5}$$

因此：

$$\frac{\partial \boldsymbol{x}_i}{\partial \boldsymbol{c}_i}=\begin{bmatrix}\frac{\partial x_i}{\partial X_i} & \frac{\partial x_i}{\partial Y_i} & \frac{\partial x_i}{\partial Z_i}\\ \frac{\partial y_i}{\partial X_i} & \frac{\partial y_i}{\partial Y_i} & \frac{\partial y_i}{\partial Z_i}\end{bmatrix}=\begin{bmatrix}\frac{f_x}{Z_i} & 0 & -\frac{f_x X_i}{Z_i^2}\\ 0 & \frac{f_y}{Z_i} & -\frac{f_y Y_i}{Z_i^2}\end{bmatrix} \tag{C.6}$$

为计算$\frac{\partial \boldsymbol{c}_i}{\partial \boldsymbol{\phi}}$，其中 $\tilde{\boldsymbol{c}}_i=(\boldsymbol{R}\quad \boldsymbol{t})\tilde{\boldsymbol{p}}_i=\boldsymbol{R}\boldsymbol{p}_i+\boldsymbol{t}$，$\boldsymbol{\phi}$ 是对$(\boldsymbol{R},\boldsymbol{t})$的参数化表示。就需要首先决定对旋转矩阵的参数化形式。3D 旋转矩阵有多种参数化形式，这里选择其轴角表示形式，将一个 3D 旋转表示为其旋转轴 $\hat{\boldsymbol{n}}$ 和旋转角度 θ 或等同地表示为一个 3D 向量$\boldsymbol{\omega}=\theta\hat{\boldsymbol{n}}$，其中 $\hat{\boldsymbol{n}}$ 是一个单位向量。这样便可以定义：

$$\boldsymbol{\phi}=(t_x\quad t_y\quad t_z\quad \omega_x\quad \omega_y\quad \omega_z)^{\mathrm{T}} \tag{C.7}$$

易知：

$$\frac{\partial \boldsymbol{c}_i}{\partial \boldsymbol{\phi}}=\begin{pmatrix}\frac{\partial \boldsymbol{c}_i}{\partial \boldsymbol{t}} & \frac{\partial \boldsymbol{c}_i}{\partial \boldsymbol{\omega}}\end{pmatrix}=\begin{pmatrix}I_{3\times3} & \frac{\partial \boldsymbol{R}\boldsymbol{p}_i}{\partial \boldsymbol{\omega}}\end{pmatrix} \tag{C.8}$$

其中 $I_{3\times3}$ 是 3×3 的单位矩阵。

对任意 3D 向量$\boldsymbol{v}$ 而言，为了计算$\frac{\partial \boldsymbol{R}\boldsymbol{v}}{\partial \boldsymbol{\omega}}$，首先根据罗德里格斯(Rodriguez)公式可知，旋转矩阵 $\boldsymbol{R}$ 与$\boldsymbol{\omega}$ 具有如下关系：

$$\boldsymbol{R}(\boldsymbol{\omega})=\boldsymbol{I}+\sin\theta[\hat{\boldsymbol{n}}]_\times+(1-\cos\theta)[\hat{\boldsymbol{n}}]_\times^2 \tag{C.9}$$

其中$[\hat{\boldsymbol{n}}]_\times$ 为叉积算子的矩阵形式(即 $\hat{\boldsymbol{n}}\times\boldsymbol{v}=[\hat{\boldsymbol{n}}]_\times\boldsymbol{v}$)。对于小幅度的旋转($\theta$ 足够小)来说，可以认为 $1-\cos\theta\approx0$，$\sin\theta\approx\theta$，因此：

$$\boldsymbol{R}(\boldsymbol{\omega})\approx\boldsymbol{I}+\theta[\hat{\boldsymbol{n}}]_\times=\boldsymbol{I}+[\boldsymbol{\omega}]_\times=\begin{pmatrix}1 & -\omega_z & \omega_y\\ \omega_z & 1 & -\omega_x\\ -\omega_y & \omega_x & 1\end{pmatrix} \tag{C.10}$$

可见在 θ 足够小的情况下，$\boldsymbol{\omega}$ 和 $\boldsymbol{R}$ 之间存在线性关系。进一步地可以得到：

$$\boldsymbol{R}[\boldsymbol{\omega}]\boldsymbol{v}\approx(\boldsymbol{I}+[\boldsymbol{\omega}]_\times)\boldsymbol{v}=\boldsymbol{v}+\boldsymbol{\omega}\times\boldsymbol{v}=\boldsymbol{v}-[\boldsymbol{v}]_\times\boldsymbol{\omega} \tag{C.11}$$

因此：

$$\frac{\partial \boldsymbol{R}(\boldsymbol{\omega})\boldsymbol{v}}{\partial \boldsymbol{\omega}}=-[\boldsymbol{v}]_\times \tag{C.12}$$

式(C.12)代入式(C.8)中，结合式(C.4)和(C.6)，可以由式(C.2)计算出雅可比矩阵 $\boldsymbol{J}\in\mathbb{R}^{1\times6}$，进而可以采用高斯-牛顿法或 Levenberg-Marquart 法进行求解。

附录 D 基础矩阵的一般性推导

APPENDIX D

在双视图几何中，相机坐标系如果可以任意定义，那么如何推导基础矩阵呢？张正友给出了详细的推导。沿用 6.1 节中的变量符号，并定义矩阵 $\boldsymbol{P}$ 的广义逆矩阵 $\boldsymbol{P}^{+}$，即

$$\boldsymbol{P}^{+}=\boldsymbol{P}^{\mathrm{T}}(\boldsymbol{P}\boldsymbol{P}^{\mathrm{T}})^{-1} \tag{D.1}$$

可以验证 $\boldsymbol{P}\boldsymbol{P}^{+}=\boldsymbol{P}\boldsymbol{P}^{\mathrm{T}}(\boldsymbol{P}\boldsymbol{P}^{\mathrm{T}})^{-1}=\boldsymbol{I}$。对于空间中一点 $\boldsymbol{X}$，所有在射线 $O\boldsymbol{X}$ 上的点，都会投影到图像点 $\boldsymbol{x}$，因此 $\boldsymbol{X}$ 可以具有任意深度。由于 $\boldsymbol{P}$ 不满秩，且其零子空间 $\boldsymbol{p}^{\perp}$ 满足 $\boldsymbol{P}\boldsymbol{p}^{\perp}=\boldsymbol{0}$，即在图像上的投影均为 0，因此加上这样的点向量，其投影不变。这样，就可将 3D 点表达为

$$\boldsymbol{X}=s\boldsymbol{P}^{+}\tilde{\boldsymbol{x}}+\boldsymbol{p}^{\perp} \tag{D.2}$$

其中，s 为点的深度，事实上 $\boldsymbol{p}^{\perp}=\boldsymbol{O}$，也就是这个相机的光心。可以验证，$\boldsymbol{P}\widetilde{\boldsymbol{X}}=s\boldsymbol{P}\boldsymbol{P}^{\mathrm{T}}(\boldsymbol{P}\boldsymbol{P}^{\mathrm{T}})^{-1}\tilde{\boldsymbol{x}}+\boldsymbol{P}\boldsymbol{p}^{\perp}=s\tilde{\boldsymbol{x}}\sim\tilde{\boldsymbol{x}}$，也就是式(6.3)表示的点 $\boldsymbol{X}$ 满足式(6.1)，因此是正确的。同理可由 $s'\tilde{\boldsymbol{x}}'=\boldsymbol{P}'\widetilde{\boldsymbol{X}}$，将式(7.3) 代入，有

$$s'\tilde{\boldsymbol{x}}'=s\boldsymbol{P}'\boldsymbol{P}^{\mathrm{T}}(\boldsymbol{P}\boldsymbol{P}^{\mathrm{T}})^{-1}\tilde{\boldsymbol{x}}+\boldsymbol{P}'\boldsymbol{p}^{\perp} \tag{D.3}$$

两边同时从左侧叉乘 $\boldsymbol{P}'\boldsymbol{p}^{\perp}$，由于向量的自叉乘乘积为 0，因此，等式右侧的这一项被消去，有

$$s'(\boldsymbol{P}'\boldsymbol{p}^{\perp})\times\tilde{\boldsymbol{x}}'=s(\boldsymbol{P}'\boldsymbol{p}^{\perp})\times(\boldsymbol{P}'\boldsymbol{P}^{+}\tilde{\boldsymbol{x}}) \tag{D.4}$$

由于 $s'(\boldsymbol{P}'\boldsymbol{p}^{\perp})\times\tilde{\boldsymbol{x}}'$ 总是与向量 $\tilde{\boldsymbol{x}}'$ 垂直，两边同时与向量 $\tilde{\boldsymbol{x}}'^{\mathrm{T}}$ 做内积，所以式(D.4)左边内积为 0，等式成为

$$0=s\tilde{\boldsymbol{x}}'^{\mathrm{T}}(\boldsymbol{P}'\boldsymbol{p}^{\perp})\times(\boldsymbol{P}'\boldsymbol{P}^{+}\tilde{\boldsymbol{x}}) \tag{D.5}$$

这时可以消掉系数 s，并将叉乘用矩阵来表示，再记矩阵$[\boldsymbol{P}'\boldsymbol{p}^{\perp}]_{\times}\boldsymbol{P}'\boldsymbol{P}^{+}=\boldsymbol{F}$，则等式成为

$$\tilde{\boldsymbol{x}}'^{\mathrm{T}}\boldsymbol{F}\tilde{\boldsymbol{x}}=0 \tag{D.6}$$

矩阵 $\boldsymbol{F}$ 称为**基础矩阵**(fundamental matrix)。采用不同的坐标系，投影矩阵是不同的，但无论坐标系如何建立，基础矩阵都只与左右视图的相对变化相关联。

图片参考来源

附录 E

APPENDIX E

请扫描下方二维码查阅图片参考来源。

图书资源支持

感谢您一直以来对清华版图书的支持和爱护。为了配合本书的使用，本书提供配套的资源，有需求的读者请扫描下方的“书圈”微信公众号二维码，在图书专区下载，也可以拨打电话或发送电子邮件咨询。

如果您在使用本书的过程中遇到了什么问题，或者有相关图书出版计划，也请您发邮件告诉我们，以便我们更好地为您服务。

我们的联系方式：

地　　址：北京市海淀区双清路学研大厦 A 座 714

邮　　编：100084

电　　话：010-83470236　010-83470237

客服邮箱：2301891038@qq.com

QQ：2301891038（请写明您的单位和姓名）

资源下载：关注公众号“书圈”下载配套资源。

资源下载、样书申请

书圈

图书案例

清华计算机学堂

观看课程直播